D1670169

Ingenieur-Mathematik in Beispielen 3

Integralrechnung – Fouriersche Reihen

252 vollständig durchgerechnete Beispiele
mit 170 Bildern

von
Dr. Helmut Wörle,
Hans-Joachim Rumpf
und
Dr. Joachim Erven
Professoren an der Fachhochschule München

4., verbesserte Auflage

R. Oldenbourg Verlag München Wien 1994

Die Deutsche Bibliothek - CIP-Einheitsaufnahme

Ingenieur-Mathematik in Beispielen. - München ; Wien :
Oldenbourg.
3. Integralrechnung - Fouriersche Reihen / von
   Helmut Wörle... - 4., verb. Aufl. - 1994
   ISBN 3-486-23039-5
NE: Wörle, Helmut

© 1994 R. Oldenbourg Verlag GmbH, München

Das Werk einschließlich aller Abbildungen ist urheberrechtlich geschützt. Jede Ver-
wertung außerhalb der Grenzen des Urheberrechtsgesetzes ist ohne Zustimmung des
Verlages unzulässig und strafbar. Das gilt insbesondere für Vervielfältigungen, Über-
setzungen, Mikroverfilmungen und die Einspeicherung und Bearbeitung in elektroni-
schen Systemen.

Gesamtherstellung: R. Oldenbourg Graphische Betriebe GmbH, München

ISBN 3-486-23039-5

INHALT

VORWORT ZUR VIERTEN AUFLAGE

Ein erfolgreiches technisches Studium erfordert neben guten theoretischen mathematischen Kenntnissen vor allem die Beherrschung einschlägiger Rechenverfahren und deren Umsetzung auf praxisbezogene Aufgabenstellungen. Die "Ingenieur-Mathematik in Beispielen" mit vollständiger und ausführlicher Wiedergabe der Lösungswege sämtlicher Aufgaben entlastet hierbei von zeitraubender Rechenarbeit, unterstützt die Prüfungsvorbereitung und leitet zur korrekten Bearbeitung eigener Probleme an.

Im vorliegenden Band III werden Integralrechnung, Fouriersche Reihen sowie dazugehörige numerische und graphische Verfahren behandelt. Der zweite Teil des bisherigen Bandes III über gewöhnliche Differentialgleichungen wird zusammen mit Aufgaben aus Wahrscheinlichkeitsrechnung und Statistik in Kürze als Band IV erscheinen.

Band I umfaßt lineare und nichtlineare Algebra, spezielle transzendente Funktionen und komplexe Zahlen, Band II Analytische Geometrie und Differentialrechnung. Das ebenfalls im Verlag R. Oldenbourg erscheinende "Taschenbuch der Mathematik" enthält die theoretischen Grundlagen und Formeln für alle vier Bände der "Mathematik in Beispielen".

H. Wörle, H. Rumpf, J. Erven

INTEGRALRECHNUNG

1. Rationale algebraische Funktionen

1. Gegeben ist in der Grundmenge $\mathbb{G} = \mathbb{R}^2$ die ganzrationale Funktion 2. Grades $f = \{(x;y) \mid y = 3x^2 + 4x + 5 \wedge x \in \mathbb{R}\}$ oder kürzer $y = f(x) = 3x^2 + 4x + 5$ mit der Definitionsmenge $\mathbb{D}_y = \mathbb{R}$.

Es ist die Menge $\mathbb{M}$ aller Stammfunktionen von f zu ermitteln.

$\mathbb{M} = \{F \mid F' = \{(x;y) \mid y = 3x^2 + 4x + 5\}\} = \{F \mid F = \{(x;\bar{y}) \mid \bar{y} = x^3 + 2x^2 + 5x + C \wedge C \in \mathbb{R}\}\}$.

Dieser Sachverhalt wird meist einfacher durch $\int f(x)\, dx = x^3 + 2x^2 + 5x + C$ beschrieben, wobei $C \in \mathbb{R}$ die Integrationskonstante dieses unbestimmten Integrals ist.*)

Für jedes $C \in \mathbb{R}$ ist somit $\bar{y} = F(x) = x^3 + 2x^2 + 5x + C$ eine Stammfunktion von $y = f(x) = 3x^2 + 4x + 5$ im Intervall $]-\infty; +\infty[$, da hier $\dfrac{dF(x)}{dx} = f(x)$.

---

2. Man bestimme $\displaystyle\int \dfrac{2x^3 - x^2 + 3x - 7}{x^2}\, dx$.

Der Integrand (Integrandenfunktion) $y = f(x) = \dfrac{2x^3 - x^2 + 3x - 7}{x^2}$ ist für $x \in \mathbb{D}_y = \mathbb{R} \setminus \{0\}$ definiert. Anstatt jeweils die Definitionsmenge zu benennen, kann man sich der Einfachheit halber mit der Aufzählung derjenigen Elemente begnügen, für die in der Grundmenge $\mathbb{R}$ die Funktion nicht definiert ist, hier also $x \neq 0$. Die Integration läßt sich unter Verwendung der Formeln 1.1 und 1.2 im Anhang folgendermaßen durchführen:

$$\int f(x)\, dx = \int \left(2x - 1 + \frac{3}{x} - \frac{7}{x^2}\right) dx = x^2 - x + 3 \cdot \ln|x| + \frac{7}{x} + C;$$

gültig in jedem, die Stelle $x = 0$ nicht enthaltendem Teilintervall von $\mathbb{R}$.

---

*) Soweit im vorliegenden Band als Grundmengen und Definitionsmengen, die Menge $\mathbb{R}$ der reellen Zahlen oder kartesische Produkmengen $\mathbb{R}^2$, $\mathbb{R}^3$, ... verwendet werden, unterbleibt im folgenden der Kürze halber meist ein entsprechender Hinweis. Die Integrationskonstante ist, wenn nicht anders vermerkt, Element von $\mathbb{R}$.

3.   Man ermittle $\displaystyle\int \frac{1}{(2+3x)^2}\, dx$.

Der Integrand $f(x) = \dfrac{1}{(2+3x)^2}$ ist für $x \neq -\dfrac{2}{3}$ definiert. Um eine Stamm-funktion von $f(x)$ zu bekommen, kann die l i n e a r e S u b s t i t u t i o n $2+3x = z$ herangezogen werden (siehe Formel 3.1). In Verbindung mit $3\,dx = dz$ ergibt sich dann

$$\int f(x)\,dx = \int \frac{dx}{(2+3x)^2} = \frac{1}{3}\cdot\int \frac{dz}{z^2} = \frac{1}{3}\cdot\int z^{-2}\,dz = -\frac{1}{3}\cdot z^{-1} + C.$$

Setzt man wieder $z = 2+3x$, so folgt $\displaystyle\int \frac{dx}{(2+3x)^2} = -\frac{1}{3}\cdot\frac{1}{2+3x} + C$ in

$$\left]-\infty;\, -\frac{2}{3}\right[\quad \text{und} \quad \left]-\frac{2}{3};\, +\infty\right[.$$

Das Integral kann auch unmittelbar unter Verwendung der Formel 1.3 er-halten werden.

---

4. $y = f(x) = \dfrac{3}{7-6x}$ mit $\mathbb{D}_y = \mathbb{R}\setminus\left\{\dfrac{7}{6}\right\}$. [*)]

$$\int f(x)\,dx = 3\cdot\int \frac{dx}{7-6x} = -\frac{1}{2}\cdot\int \frac{dz}{z} = -\frac{1}{2}\cdot\ln|z| + C = -\frac{1}{2}\cdot\ln|7-6x| + C$$

unter Verwendung der linearen Substitution $7-6x = z$, also $-6dx = dz$. Das Ergebnis gilt in jedem Intervall aus $\mathbb{D}_y$ und kann auch unmittelbar mit der Formel 1.4 gefunden werden.

---

5. $y = f(x) = \dfrac{x}{ax^2+b}$ für $a\in\mathbb{R}\setminus\{0\}$, $b\in\mathbb{R}$ und $\mathbb{D}_y = \mathbb{R}$, falls $\operatorname{sgn} a = \operatorname{sgn} b$ bzw. $\mathbb{D}_y = \mathbb{R}\setminus\left\{-\sqrt{\dfrac{-b}{a}};\ \sqrt{\dfrac{-b}{a}}\right\}$ andernfalls.

Die Darstellung $\displaystyle\int f(x)\,dx = \frac{1}{2a}\cdot\int \frac{2ax}{ax^2+b}$ führt auf ein Integral vom Typ $\displaystyle\int \frac{g'(x)}{g(x)}\,dx$. Nun besteht aber für jedes Intervall, in welchem $g'(x)$ vorhanden und $g(x)\neq 0$ ist, die Beziehung $\displaystyle\int \frac{g'(x)}{g(x)}\,dx = \ln|g(x)| + C$.

[*)] Wird im folgenden nur $y = f(x)$ angegeben, so soll stets $\int f(x)\,dx$ berechnet werden.

Somit ist $\int f(x)\,dx = \frac{1}{2a} \cdot \ln|ax^2 + b| + C$ in jedem Intervall aus $\mathbb{D}_y$. Dieses

Ergebnis kann über die Umformung $f(x) = \frac{1}{a} \cdot \frac{x}{x^2 + \frac{b}{a}}$ auch unmittelbar aus

Formel 1.16 erhalten werden.

---

6. $\quad y = f(x) = \dfrac{24x^2 + 10}{4x^3 + 5x - 9}\quad$ für $x \neq 1$.

Ähnlich wie in Nr. 5 ergibt sich

$\int f(x)\,dx = 2 \cdot \int \dfrac{12x^2 + 5}{4x^3 + 5x - 9}\,dx = 2 \cdot \ln|4x^3 + 5x - 9| + C$ für jedes

Intervall aus $\mathbb{R} \setminus \{1\}$.

---

7. $\quad y = f(x) = (x^2 + 3x - 1)^3 \cdot (2x + 3)\quad$ und $\mathbb{D}_y = \mathbb{R}$;

$\int f(x)\,dx = \int z^3 dz = \frac{1}{4} \cdot z^4 + C = \frac{1}{4} \cdot (x^2 + 3x - 1)^4 + C$

mit $z = x^2 + 3x - 1$ und $dz = (2x + 3)dx$.

Allgemein gilt $\int G[g(x)] \cdot g'(x)\,dx = \int G(z)\,dz = F(z) + C$ mit $z = g(x)$ und zwar in jedem x-Intervall, in welchem $g'(x)$ existiert und dem durch $z = g(x)$ ein z-Intervall zugeordnet wird, worin $F'(z) = G(z)$ ist.

Danach stellt das gefundene Ergebnis in jedem Intervall aus $\mathbb{R}$ die Stammfunktionen von $y = f(x)$ dar.

---

8. $\quad y = f(x) = \dfrac{x}{(x^2 - 1)^2}\quad$ für $x \neq \pm 1$;

$\int f(x)\,dx = \frac{1}{2} \cdot \int (x^2 - 1)^{-2} \cdot 2x\,dx = \frac{1}{2} \cdot \int z^{-2}dz = -\frac{1}{2} \cdot \frac{1}{z} + C =$

$= -\frac{1}{2} \cdot \dfrac{1}{x^2 - 1} + C\quad$ mit $x^2 - 1 = z$ und $2x\,dx = dz$

in jedem Intervall aus $\mathbb{R} \setminus \{-1; 1\}$.

---

9. $\quad y = f(x) = \dfrac{1}{x^2 + x}\quad$ für $x \neq 0$ und $x \neq -1$.

$$\int f(x)\,dx = -\int \frac{dz}{z^2 \cdot \left(\dfrac{1}{z^2} + \dfrac{1}{z}\right)} = -\int \frac{dz}{1 + z} = -\ln|1 + z| + C =$$

$$= -\ln\left|1 + \frac{1}{x}\right| + C = \ln|x| - \ln|1 + x| + C$$

mit $x = \dfrac{1}{z}$, also $z = \dfrac{1}{x}$ und $dx = -\dfrac{1}{z^2}\,dz$.

Allgemein gilt $\int G(x)\,dx = \int G[g(z)] \cdot g'(z)\,dz = F(z) + C = F[h(x)] + C$
mit $x = g(z)$ und der Umkehrung $z = h(x)$.

Voraussetzungen und Geltungsbereich dieser Formel:
Wird einem z-Intervall, in welchem $F'(z) = G[g(z)] \cdot g'(z)$ ist, durch die
stetig differenzierbare Funktion $x = g(z)$ umkehrbar eindeutig ein x-Intervall zugeordnet, so gilt das Ergebnis in diesem, soweit es auch ein Stetig-
keitsintervall von $y = G(x)$ ist.

Im vorliegenden Beispiel ist $F(z) = -\ln|1 + z|$ Stammfunktion von $\dfrac{-1}{1 + z}$

in $]-\infty;-1[$ und $]-1;+\infty[$. Durch $x = g(z) = \dfrac{1}{z}$ werden aus diesen Inter-

vallen die Teilintervalle $]-\infty;-1[$, $]-1;0[$, $]0;+\infty[$ umkehrbar eindeutig den
x-Intervallen $]-1;0[$, $]-\infty;-1[$, $]0;+\infty[$ zugeordnet, die auch Stetigkeitsinter-
valle von $y = f(x)$ sind. Das Ergebnis gilt also, kurz gesagt, in jedem Intervall aus $\mathbb{R} \setminus \{-1;0\}$. Es kann auch unmittelbar unter Verwendung der Formel
1.18 erhalten werden.

---

10. $y = f(x) = \dfrac{1}{1 - 3x^2}$ für $x \neq \pm\dfrac{1}{3}\sqrt{3}$;

$$\int f(x)\,dx = \int \frac{dx}{1 - (x \cdot \sqrt{3})^2} = \frac{1}{\sqrt{3}} \cdot \int \frac{dz}{1 - z^2} = \frac{1}{2 \cdot \sqrt{3}} \cdot \ln\left|\frac{1 + z}{1 - z}\right| + C =$$

$$= \frac{1}{2 \cdot \sqrt{3}} \ln\left|\frac{1 + x\sqrt{3}}{1 - x\sqrt{3}}\right| + C \quad \text{mit } x\sqrt{3} = z \text{ und Formel 1.15, gültig}$$

für jedes Intervall aus $\mathbb{R} \setminus \left\{-\dfrac{1}{3}\sqrt{3}; \dfrac{1}{3}\sqrt{3}\right\}$.

Bei vorhergehender Umformung des Integranden in $\dfrac{1}{3} \cdot \dfrac{1}{\dfrac{1}{3} - x^2}$ kann die For-

mel 1.15 unmittelbar verwendet werden.

11. Welchen Wert hat das bestimmte Integral $\displaystyle\int_0^1 \frac{dx}{x^2 - 2x + 2}$?

Die Integrandenfunktion $y = f(x) = \dfrac{1}{x^2 - 2x + 2}$ ist für alle $x \in \mathbb{R}$ stetig.

Somit gilt auch im Integrationsintervall $[0;1]$

$$\int_0^1 f(x)\,dx = \int_0^1 \frac{dx}{1 + (x-1)^2} = \int_{(0)}^{(1)} \frac{dz}{1 + z^2} = \arctan z \,\Big|_{(0)}^{(1)} =$$

$$= \arctan(x-1)\,\Big|_0^1 = \arctan 0 - \arctan(-1) = 0 - \left(-\frac{\pi}{4}\right) = \frac{\pi}{4}$$

mit $x - 1 = z$ und $dx = dz$ (Formel 1.14).

Bei Einführung der Integrationsgrenzen bezüglich der neuen Veränderlichen z mit Hilfe von $0 - 1 = -1$ und $1 - 1 = 0$ verkürzt sich der Rechnungsgang auf

$$\int_0^1 f(x)\,dx = \arctan z\,\Big|_{-1}^0 = 0 - \left(-\frac{\pi}{4}\right) = \frac{\pi}{4}\,.$$

Das vorgelegte Integral stellt den Sonderfall der Formel 1.18 für $a = 1$, $b = -2$, $c = 2$ dar.

---

12. $y = f(x) = \dfrac{7}{3x^2 - 5x}$ für $x \neq 0$, $x \neq \dfrac{5}{3}$;

$$\int_2^5 f(x)\,dx = \frac{7}{3} \cdot \int_2^5 \frac{dx}{x^2 - \frac{5}{3}x + \frac{25}{36} - \frac{25}{36}} = -\frac{7}{3} \cdot \int_2^5 \frac{dx}{\left(\frac{5}{6}\right)^2 - \left(x - \frac{5}{6}\right)^2}\,,$$

was mit der Substitution $x - \dfrac{5}{6} = z$ und $dx = dz$ unter Verwendung der Formel 1.15 auf

$$\int_2^5 f(x)\,dx = -\frac{7}{3} \cdot \int_{(2)}^{(5)} \frac{dz}{\left(\frac{5}{6}\right)^2 - z^2} = -\frac{7}{3} \cdot \frac{1}{2 \cdot \frac{5}{6}} \cdot \ln\left|\frac{\frac{5}{6} + z}{\frac{5}{6} - z}\right|\,\Bigg|_{(2)}^{(5)} =$$

$$= -\frac{7}{5} \cdot \ln\left|\frac{x}{\frac{5}{3} - x}\right|\,\Bigg|_2^5 = \frac{7}{5} \cdot \ln\left|\frac{5 - 3x}{3x}\right|\,\Bigg|_2^5 = \frac{7}{5} \cdot \left(\ln\frac{2}{3} + \ln 6\right) =$$

$$= \frac{7}{5} \cdot \ln 4 \approx 1,941 \quad \text{führt.}$$

Substituiert man die Grenzen, so ergibt sich aus $x - \dfrac{5}{6} = z$ für die neue

untere Integrationsgrenze $2 - \dfrac{5}{6} = \dfrac{7}{6}$ und für die obere $5 - \dfrac{5}{6} = \dfrac{25}{6}$.

Damit folgt wiederum

$$\int_2^5 f(x)\,dx = -\frac{7}{5}\cdot \ln\left|\frac{\frac{5}{6}+z}{\frac{5}{6}-z}\right|\Bigg|_{\frac{7}{6}}^{\frac{25}{6}} = -\frac{7}{5}\cdot\left(\ln\frac{3}{2} - \ln 6\right) = \frac{7}{5}\cdot\ln 4 \approx 1,941.$$

Die Integration kann auch mit Hilfe der Formel 1.18 erfolgen.

---

13. $y = f(x) = \dfrac{2x + 1}{x^2 + 4x + 8}$;

$$\int f(x)\,dx = \int \frac{2x + 4 - 3}{x^2 + 4x + 8}\,dx = \int \frac{2x + 4}{x^2 + 4x + 8}\,dx - 3\cdot\int \frac{dx}{x^2 + 4x + 8}.$$

Damit ist eine Zerlegung in eine Differenz zweier Integrale erfolgt, von denen der Zähler des ersten Integranden gleich der 1. Ableitung der dazugehörigen Nennerfunktion ist und das zweite Integral entsprechend dem in Nr. 11 behandelten Beispiel gelöst werden kann.
Es ergibt sich

$$\int f(x)\,dx = \ln(x^2 + 4x + 8) - \frac{3}{2}\cdot\text{arc tan}\left(\frac{x + 2}{2}\right) + C.$$

Der hier aufgezeigte Weg wird allgemein durch die Formel 1.19 in Verbindung mit Formel 1.18 geleistet.

---

14. $y = f(x) = \dfrac{2x + 3}{(x - 3)(x + 2)}$ für $x \neq -2,\ x \neq 3$;

$$\int f(x)\,dx = \int \frac{2x - 1 + 4}{x^2 - x - 6}\,dx = \int \frac{2x - 1}{x^2 - x - 6}\,dx + 4\cdot\int \frac{dx}{x^2 - x - 6}.$$

Hieraus folgt

$$\int f(x)\,dx = \ln|x^2 - x - 6| + \frac{4}{5}\cdot\ln\left|\frac{x - 3}{x + 2}\right| + C \quad \text{(Formel 1.18), was wegen}$$

$x^2 - x - 6 = (x - 3)\cdot(x + 2)$ noch auf die Form

$$\int f(x)\,dx = \ln|x - 3| + \ln|x + 2| + \frac{4}{5}\cdot\ln|x - 3| - \frac{4}{5}\cdot\ln|x + 2| =$$

$$= \frac{9}{5} \cdot \ln|x - 3| + \frac{1}{5} \cdot \ln|x + 2|$$ gebracht werden kann und für jedes Intervall aus $\mathbb{R} \setminus \{-2; 3\}$ gilt.

Die in den Beispielen 19 ff. näher erörterte P a r t i a l b r u c h z e r l e g u n g

$$f(x) = \frac{\frac{9}{5}}{x - 3} + \frac{\frac{1}{5}}{x + 2}$$ des Integranden liefert das Ergebnis noch rascher.

Schließlich kann die Aufgabe auch unter Benützung der Formeln 1.12 und 1.13 gelöst werden.

---

15. $y = f(x) = \dfrac{4x - 7}{(x - 3)^2}$ für $x \neq 3$;

$$\int f(x)\, dx = \int \frac{4 \cdot (x - 3) + 5}{(x - 3)^2}\, dx = \int \frac{4}{x - 3}\, dx + 5 \cdot \int \frac{dx}{(x - 3)^2} =$$

$$= 4 \cdot \ln|x - 3| - \frac{5}{x - 3} + C \quad \text{für jedes Intervall aus } \mathbb{R} \setminus \{3\}.$$

Auch die Partialbruchzerlegung (vgl. Aufgaben 19 ff.)

$$f(x) = \frac{5}{(x - 3)^2} + \frac{4}{x - 3}$$ sowie die Formel 1.19 führen zum Ziel.

---

16. Man bestimme $\displaystyle\int_{-1}^{0} \frac{6x^2}{(1 - 4x^3)^3}\, dx$.

Der gebrochenrationale Integrand ist für $x = \dfrac{1}{2} \sqrt[3]{2}$ nicht definiert, doch liegt diese Stelle nicht im Integrationsintervall $[-1; 0]$.

$$\int_{-1}^{0} \frac{6x^2}{(1 - 4x^3)^3}\, dx = 6 \cdot \int_{(-1)}^{(0)} \frac{-dz}{12z^3} = -\frac{1}{2} \cdot \int_{(-1)}^{(0)} z^{-3}\, dz = \frac{1}{4} \cdot z^{-2} \bigg|_{(-1)}^{(0)} =$$

$$= \frac{1}{4} \cdot \frac{1}{(1 - 4x^3)^2} \bigg|_{-1}^{0} = \frac{1}{4} - \frac{1}{100} = \frac{6}{25} = 0,24 \quad \text{mit } 1 - 4x^3 = z,$$

also $x^2 dx = -\dfrac{dz}{12}$.

Die Wiedereinführung der Veränderlichen x am Schluß dieser Rechnung kann unterbleiben, wenn man gemäß $(-1) \Rightarrow 1 - 4 \cdot (-1)^3 = 5$,

$(0) \Rightarrow 1 - 4 \cdot 0^3 = 1$ die Grenzen des transformierten Integrals bestimmt

und dadurch $\left. \frac{1}{4} z^{-2} \right|_{(-1)}^{(0)} = \left. \frac{1}{4} z^{-2} \right|_{5}^{1} = \frac{1}{4} - \frac{1}{100} = 0,24$ erhält.

---

17. Man bestimme für $y = f(x) = \dfrac{x^2}{1 + x^2}$ den Wert des bestimmten Integrals von $x = -4$ bis $x = 4$.

Da $f(-x) = f(x)$, also eine g e r a d e F u n k t i o n vorliegt, kann

$$\int_{-4}^{4} f(x)\,dx = 2 \cdot \int_{0}^{4} \frac{x^2}{1 + x^2}\,dx = 2 \cdot \int_{0}^{4} \frac{1 + x^2 - 1}{1 + x^2}\,dx = 2 \cdot \int_{0}^{4} dx - 2 \cdot \int_{0}^{4} \frac{dx}{1 + x^2}$$

geschrieben werden, was nach den Formeln 1.1 und 1.14 auf

$$\int_{0}^{4} f(x)\,dx = 2 \cdot [x - \arctan x]_{0}^{4} = 2 \cdot (4 - \arctan 4) \approx 2 \cdot (4 - 1,326) =$$
$$= 5,348 \quad \text{führt.}$$

---

18. Gegeben ist $y = f(x) = \dfrac{x^3 - 8}{x^2 + 2}$. Welchen Wert hat $\displaystyle\int_{0}^{\sqrt{2}} f(x)\,dx = ?$

Nach Zerlegen des Integranden in eine g a n z r a t i o n a l e und eine e c h t g e b r o c h e n r a t i o n a l e F u n k t i o n wird

$$\int_{0}^{\sqrt{2}} f(x)\,dx = \int_{0}^{\sqrt{2}} \left(x - 2 \cdot \frac{x + 4}{x^2 + 2} \right) dx = \int_{0}^{\sqrt{2}} \left(x - \frac{2x}{x^2 + 2} - 8 \cdot \frac{1}{x^2 + 2} \right) dx =$$

$$= \left[\frac{x^2}{2} - \ln(x^2 + 2) - 4 \cdot \sqrt{2} \cdot \arctan \frac{x}{\sqrt{2}} \right]_{0}^{\sqrt{2}} =$$

$$= 1 - 2 \cdot \ln 2 - 4 \sqrt{2} \cdot \frac{\pi}{4} + \ln 2 = 1 - \ln 2 - \pi \sqrt{2} \approx -4,136$$

(Formel 1.14).

---

19. $y = f(x) = \dfrac{1}{x^3 + 3x^2 + x - 5}$ für $x \neq 1$.

Die durch Nullsetzen der Nennerfunktion entstehende algebraische Gleichung dritten Grades hat die ganzzahlige Lösung $x = 1$, womit etwa unter Verwendung des H O R N E R s c h e n   S c h e m a s

$$
\begin{array}{rrrr}
 & 1 & 3 & 1 & -5 \\
1 & & 1 & 4 & 5 \\
\hline
 & 1 & 4 & 5 & —
\end{array}
$$

die Zerlegung $(x^3 + 3x^2 + x - 5) = (x - 1)(x^2 + 4x + 5)$ gefunden wird.

Da der quadratische Faktor in $G = \mathbb{R}$ nicht weiter zerlegt werden kann, gilt für die   P a r t i a l b r u c h z e r l e g u n g   der Ansatz

$$
\frac{1}{(x - 1) \cdot (x^2 + 4x + 5)} = \frac{A}{x - 1} + \frac{Bx + C}{x^2 + 4x + 5} \quad .
$$

Die Ermittlung der konstanten Koeffizienten A, B, C kann mit Hilfe der M e t h o d e   d e r   u n b e s t i m m t e n   K o e f f i z i e n t e n geschehen. Hierzu multipliziert man den ganzen Ansatz mit dem Nennerpolynom und erhält

$$
1 = A \cdot (x^2 + 4x + 5) + (Bx + C) \cdot (x - 1).
$$

Gleichsetzen der Koeffizienten bei denselben Potenzen links und rechts des Gleichheitszeichens (K o e f f i z i e n t e n v e r g l e i c h) führt auf das System

$$
\begin{aligned}
x^0 \,| \quad & 1 = 5A - C \\
x^1 \,| \quad & 0 = 4A - B + C \\
x^2 \,| \quad & 0 = A + B
\end{aligned}
$$

von drei linearen Gleichungen für die gesuchten Konstanten.

Mit der Lösung $A = \dfrac{1}{10}$, $B = -\dfrac{1}{10}$, $C = -\dfrac{1}{2}$ wird nun

$$
\int f(x)\, dx = \frac{1}{10} \cdot \int \frac{dx}{x - 1} - \frac{1}{10} \cdot \int \frac{(x + 5)\, dx}{x^2 + 4x + 5} \quad , \text{ woraus z. B. mit Hilfe der}
$$

Formeln 1.4, 1.18 und 1.19

$$
\int f(x)\, dx = \frac{1}{10} \cdot \ln|x - 1| - \frac{1}{20} \cdot \ln(x^2 + 4x + 5) - \frac{3}{10} \cdot \arctan(x + 2) + C
$$

für jedes Intervall aus $\mathbb{R} \setminus \{1\}$ erhalten wird.

---

20. $y = f(x) = \dfrac{1 + 2x}{x(x^2 - 1)}$ für $x \neq 0$, $|x| \neq 1$.

Da die Nennerfunktion als das Produkt von drei Linearfaktoren $x \cdot (x - 1) \cdot (x + 1)$ dargestellt werden kann, gilt für die P a r t i a l - b r u c h z e r l e g u n g der Ansatz

$$\frac{1 + 2x}{x \cdot (x - 1) \cdot (x + 1)} = \frac{A}{x} + \frac{B}{x - 1} + \frac{C}{x + 1}$$

oder $1 + 2x = A(x - 1)(x + 1) + Bx(x + 1) + Cx(x - 1)$.

Sind, wie im vorliegenden Beispiel, alle Nullstellen des Nennerpolynoms reell und verschieden, so setzt man zur Bestimmung der Konstanten zweckmäßig diese Nullstellen nacheinander in die letzte Gleichung ein.

Für $x = 0$, $x = 1$, $x = -1$ ergibt sich der Reihe nach $1 = -A$, $3 = 2B$, $-1 = 2C$.

Hiermit wird

$$\int f(x)\, dx = -\int \frac{dx}{x} + \frac{3}{2} \cdot \int \frac{dx}{x - 1} - \frac{1}{2} \cdot \int \frac{dx}{x + 1} =$$

$$= -\ln|x| + \frac{3}{2} \cdot \ln|x - 1| - \frac{1}{2} \cdot \ln|x + 1| + \overline{C}$$

für jedes Intervall aus $\mathbb{R} \setminus \{-1;\ 0;\ 1\}$ mit $\overline{C}$ als Integrationskonstante.

Schreibt man den Integranden in der Form

$$f(x) = \frac{1}{x(x^2 - 1)} + \frac{2}{x^2 - 1} \quad , \text{ so kann das Integral des ersten Summanden}$$

gemäß der Formel 1.20 in Verbindung mit Formel 1.18, das des zweiten Summanden mit Formel 1.15 gefunden werden.

---

21. $y = f(x) = \dfrac{1}{(x - 1) \cdot (x^2 - 1)}$ für $|x| \neq 1$.

Das Nennerpolynom hat für $x = -1$ eine einfache und für $x = 1$ eine zweifache Nullstelle. Es gilt deshalb für die P a r t i a l b r u c h z e r l e g u n g der Ansatz

$$\frac{1}{(x + 1) \cdot (x - 1)^2} = \frac{A}{x + 1} + \frac{B}{(x - 1)^2} + \frac{C}{x - 1} \quad ,$$

der nach Beseitigung der Nenner in der Form

$$1 = A \cdot (x - 1)^2 + B \cdot (x + 1) + C \cdot (x^2 - 1)$$

geschrieben werden kann.

Koeffizientenvergleich:

$x^0 \mid \quad 1 = A + B - C$

$x^1 \mid \quad 0 = -2A + B$

$x^2 \mid \quad 0 = A + C.$

Die Lösung dieses Gleichungssystems ist $A = \dfrac{1}{4}$, $B = \dfrac{1}{2}$, $C = -\dfrac{1}{4}$.

Damit folgt

$$\int f(x)\,dx = \frac{1}{4} \cdot \int \frac{dx}{x + 1} + \frac{1}{2} \cdot \int \frac{dx}{(x - 1)^2} - \frac{1}{4} \cdot \int \frac{dx}{x - 1} \ ,$$

woraus mit den Formeln 1.3 und 1.4

$$\int f(x)\,dx = \frac{1}{4} \cdot \ln\left|\frac{x + 1}{x - 1}\right| - \frac{1}{2} \cdot \frac{1}{x - 1} + \overline{C} \ \text{für jedes Intervall aus } \mathbb{R}\backslash\{-1;1\} \ \text{mit}$$

$\overline{C}$ als Integrationskonstante erhalten wird.

---

22. $y = f(x) = \dfrac{x^2 + x + 6}{x^3 \cdot (x + 1)^2 \cdot (x + 2)}$ für $x \neq -2$, $x \neq -1$, $x \neq 0$.

Ansatz:

$$\frac{x^2 + x + 6}{x^3 \cdot (x + 1)^2 \cdot (x + 2)} = \frac{A}{x^3} + \frac{B}{x^2} + \frac{C}{x} + \frac{D}{(x + 1)^2} + \frac{E}{x + 1} + \frac{F}{x + 2} \ ;$$

$$x^2 + x + 6 = A \cdot (x + 1)^2 \cdot (x + 2) + B \cdot x \cdot (x + 1)^2 \cdot (x + 2) +$$
$$+ \ C \cdot x^2 \cdot (x + 1)^2 \cdot (x + 2) + D \cdot x^3 \cdot (x + 2) +$$
$$+ \ E \cdot x^3 \cdot (x + 1) \cdot (x + 2) + F \cdot x^3 \cdot (x + 1)^2.$$

Die Methode der unbestimmten Koeffizienten führt hier auf ein lineares Gleichungssystem von 6 Gleichungen. Dieses läßt sich auf drei Gleichungen reduzieren, wenn man zunächst wie in der vorherigen Aufgabe durch Einsetzen der vorhandenen drei reellen Nullstellen des Nennerpolynoms drei der Koeffizienten bestimmt. Zur Ermittlung der übrigen Konstanten können dann irgendwelche reelle Zahlenwerte eingesetzt werden.

Für die Nullstellen $x = -2$, $x = -1$, $x = 0$ folgt über

$8 = F \cdot (-8)$, $6 = D \cdot (-1)$, $6 = A \cdot 2$

mit $F = -1$, $D = -6$ und $A = 3$ dann

für die beliebig gewählten weiteren Zahlenwerte $x = 1$, $x = 2$ und $x = 3$ das Gleichungssystem

$$2B + 2C + E = -1$$
$$3B + 6C + 4E = 7$$
$$4B + 12C + 9E = 17$$

mit der Lösung $B = -7$, $C = 12$, $E = -11$.

Damit ergibt sich

$$\int f(x)\,dx = 3 \cdot \int \frac{dx}{x^3} - 7 \cdot \int \frac{dx}{x^2} + 12 \cdot \int \frac{dx}{x} - 6 \cdot \int \frac{dx}{(x+1)^2} - 11 \cdot \int \frac{dx}{x+1} -$$

$$- \int \frac{dx}{x+2} = -\frac{3}{2x^2} + \frac{7}{x} + 12 \cdot \ln|x| + \frac{6}{x+1} - 11 \cdot \ln|x+1| -$$

$$- \ln|x+2| + \overline{C} \quad \text{für Intervalle aus } \mathbb{R} \setminus \{-2; -1; 0\} \text{ und } \overline{C} \text{ als}$$

Integrationskonstante.

---

23. Welchen Wert hat das bestimmte Integral $\displaystyle\int\limits_{0}^{3} \frac{3x^2 + x + 2}{(x+1)(x^2+1)^2}\,dx$?

Die Integrandenfunktion $y = f(x) = \dfrac{3x^2 + x + 2}{(x+1)(x^2+1)^2}$ ist im Integrations-

intervall $[0; 3]$ überall stetig. Das Nennerpolynom hat für $x = -1$ eine einfache reelle und für $x = \pm i$ ein zweifaches Paar konjugiert komplexer Nullstellen.

Ansatz für P a r t i a l b r u c h z e r l e g u n g :

$$\frac{3x^2 + x + 2}{(x+1)(x^2+1)^2} = \frac{A}{x+1} + \frac{Bx + C}{(x^2+1)^2} + \frac{Dx + E}{x^2+1}$$

oder

$$3x^2 + x + 2 = A \cdot (x^2+1)^2 + (Bx + C) \cdot (x+1) + (Dx + E) \cdot (x+1) \cdot (x^2+1).$$

K o e f f i z i e n t e n v e r g l e i c h :

$$x^0 \mid \quad 2 = A + C + E$$
$$x^1 \mid \quad 1 = B + C + D + E$$
$$x^2 \mid \quad 3 = 2A + B + D + E$$
$$x^3 \mid \quad 0 = D + E$$
$$x^4 \mid \quad 0 = A + D$$

Mit der Lösung A = B = E = 1, D = -1, C = 0
wird nun

$$\int_0^3 f(x)\,dx = \int_0^3 \frac{dx}{x+1} + \int_0^3 \frac{x\,dx}{(x^2+1)^2} - \int_0^3 \frac{x\,dx}{x^2+1} + \int_0^3 \frac{dx}{x^2+1} \quad,$$

was mit der Substitution $x^2 + 1 = z$ und $x\,dx = \frac{1}{2}dz$ auf

$$\int_0^3 f(x)\,dx = \ln|x+1|\Big|_0^3 + \frac{1}{2}\cdot\int_1^{10}\frac{dz}{z^2} - \frac{1}{2}\cdot\int_1^{10}\frac{dz}{z} + \arctan x\Big|_0^3 =$$

$$= \ln 4 + \arctan 3 - \frac{1}{2z}\Big|_1^{10} - \frac{1}{2}\cdot\ln|z|\Big|_1^{10} =$$

$$= \ln 4 + \arctan 3 - 0,05 + 0,5 - 0,5\cdot\ln 10 \approx 1,934 \quad \text{führt.}$$

---

24. Man ermittle den Wert von $\displaystyle\int_{-2}^0 \frac{16x^4}{8x^3 - 1}\,dx$.

Die Definitionslücke des Integranden für $x = \frac{1}{2}$ liegt außerhalb des Integrationsintervalls $[-2; 0]$.

Da die Partialbruchzerlegung nur für echt gebrochenrationale Funktionen erklärt ist, muß der Integrand durch Polynomdivision zunächst auf die Form

$$f(x) = 2x + 2\cdot\frac{x}{8x^3 - 1} \quad \text{gebracht werden.}$$

Ansatz:

$$\frac{x}{8x^3 - 1} = \frac{x}{(2x-1)(4x^2+2x+1)} = \frac{A}{2x-1} + \frac{Bx+C}{4x^2+2x+1}$$

oder

$$x = A\cdot(4x^2+2x+1) + (Bx+C)\cdot(2x-1);$$

Koeffizientenvergleich:

$x^0\big|\quad 0 = A - C$

$x^1\big|\quad 1 = 2A - B + 2C$

$x^2\big|\quad 0 = 4A + 2B$

$$A = C = \frac{1}{6}, \quad B = -\frac{1}{3}.$$

Damit folgt

$$\int_{-2}^{0} f(x)\,dx = x^2 \Big|_{-2}^{0} + \frac{1}{3} \cdot \int_{-2}^{0} \frac{dx}{2x-1} - \frac{1}{3} \cdot \int_{-2}^{0} \frac{2x-1}{4x^2+2x+1}\,dx =$$

$$= -4 + \frac{1}{6} \cdot \ln|2x-1| \Big|_{-2}^{0} - \frac{1}{12} \cdot \ln(4x^2+2x+1) \Big|_{-2}^{0} +$$

$$+ \frac{1}{2\sqrt{3}} \cdot \arctan\left(\frac{4x+1}{\sqrt{3}}\right) \Big|_{-2}^{0} =$$

$$= -4 - \frac{1}{6} \cdot \ln 5 + \frac{1}{12} \cdot \ln 13 + \frac{1}{2\sqrt{3}} \cdot \left[\arctan\left(\frac{1}{\sqrt{3}}\right) - \right.$$

$$\left. - \arctan\left(\frac{-7}{\sqrt{3}}\right)\right] \approx -3,520$$

(Formeln 1.4, 1.18, 1.19)

Das unbestimmte Integral von $\dfrac{x}{8x^3-1}$ läßt sich mittels der Formel 1.25

auch direkt angeben.

---

25. $y = f(x) = \dfrac{x^5}{x^3+1}$ für $x \neq -1$.

Die Auswertung des Integrals läßt sich in ähnlicher Weise wie in der vorherigen Aufgabe vornehmen. Wesentlich kürzer wird der Rechnungsgang jedoch bei Verwendung der Substitution $x^3 + 1 = z$ und damit $x^2 dx = \dfrac{dz}{3}$.

Man erhält

$$\int f(x)\,dx = \int \frac{x^3 \cdot x^2}{x^3+1}\,dx = \frac{1}{3} \cdot \int \frac{z-1}{z}\,dz = \frac{1}{3} \cdot (z - \ln|z|) + C_1 =$$

$$= \frac{1}{3} \cdot (x^3 + 1 - \ln|x^3+1|) + C_1 =$$

$$= \frac{1}{3} \cdot x^3 - \frac{1}{3} \cdot \ln|x^3+1| + C_2 \quad \text{für jedes } -1 \text{ nicht enthaltende}$$

Intervall mit C_1 und $C_2 = C_1 + \dfrac{1}{3}$ als Integrationskonstanten.

26. $\quad y = f(x) = \dfrac{x}{4 - x^4} \quad$ für $|x| \neq \sqrt{2}$.

Auch bei dieser Aufgabe wird statt Partialbruchzerlegung zweckmäßiger die Substitution $x^2 = z$ und damit $x\,dx = \dfrac{dz}{2}$ ausgeführt:

$$\int f(x)\,dx = \frac{1}{2} \cdot \int \frac{dz}{4 - z^2} = \frac{1}{8} \cdot \ln\left|\frac{2 + z}{2 - z}\right| + C =$$

$$= \frac{1}{8} \cdot \ln\left|\frac{2 + x^2}{2 - x^2}\right| + C \quad \text{für Intervalle, die } \pm\sqrt{2} \text{ nicht enthalten.}$$

Das Ergebnis kann auch unmittelbar aus Formel 1.33 entnommen werden.

---

27. $\quad y = f(x) = \dfrac{1}{(1 + ax^2)^n} \quad$ mit $a \in \mathbb{R}\setminus\{0\}$, $n \in \mathbb{N}\setminus\{1\}$.

Unter diesen Voraussetzungen ist $\mathbb{D}_y = \mathbb{R}$, falls $a > 0$,

$$\mathbb{D}_y = \mathbb{R}\setminus\left\{-\frac{1}{\sqrt{-a}}\,;\ \frac{1}{\sqrt{-a}}\right\}, \quad \text{falls } a < 0.$$

Der versuchsweise Ansatz

$$\int \frac{dx}{(1 + ax^2)^n} = \frac{Ax + B}{(1 + ax^2)^{n-1}} + C \cdot \int \frac{dx}{(1 + ax^2)^{n-1}}$$

ist gleichwertig mit der hieraus durch Differentiation entstehenden Gleichung

$$\frac{1}{(1 + ax^2)^n} = \frac{A \cdot (1 + ax^2) - 2a \cdot (n - 1) \cdot x \cdot (Ax + B)}{(1 + ax^2)^n} + \frac{C}{(1 + ax^2)^{n-1}}$$

und auch äquivalent

$$1 = A + C - 2a \cdot (n - 1) \cdot B \cdot x + [a \cdot A - 2a \cdot (n - 1) \cdot A + a \cdot C] \cdot x^2.$$

Das hieraus durch Koeffizientenvergleich entstehende lineare System

$$1 = A + C$$
$$0 = -2a \cdot (n - 1) \cdot B$$
$$0 = a \cdot A - 2a \cdot (n - 1) \cdot A + a \cdot C$$

hat die Lösung $A = \dfrac{1}{2(n - 1)}$, $B = 0$, $C = \dfrac{2n - 3}{2(n - 1)}$.

Damit folgt die R e k u r s i o n s f o r m e l

$$\int \frac{dx}{(1 + ax^2)^n} = \frac{1}{2(n - 1)} \cdot \frac{x}{(1 + ax^2)^{n-1}} + \frac{2n - 3}{2(n - 1)} \cdot \int \frac{dx}{(1 + ax^2)^{n-1}} \quad ,$$

gültig in jedem Intervall aus $\mathbb{D}_y$.

Für $n = 3$, $a = 1$ ergibt sich beispielsweise

$$\int \frac{dx}{(1 + x^2)^3} = \frac{1}{4} \cdot \frac{x}{(1 + x^2)^2} + \frac{3}{4} \cdot \int \frac{dx}{(1 + x^2)^2} =$$

$$= \frac{x}{4(1 + x^2)^2} + \frac{3}{4}\left[\frac{1}{2} \cdot \frac{x}{1 + x^2} + \frac{1}{2} \cdot \int \frac{dx}{1 + x^2}\right] =$$

$$= \frac{x}{4(1 + x^2)^2} + \frac{3x}{8(1 + x^2)} + \frac{3}{8} \cdot \arctan x + \overline{C}$$

mit $\overline{C}$ als Integrationskonstante, gültig in $]-\infty \; ; \infty[$.
Siehe hierzu auch Formel 1.21.

---

28.   Man berechne die Maßzahl A^* des Inhalts des durch

$\mathbb{B} = \left\{(x; y) \mid -3 \leqslant x \leqslant 2 \wedge 0 \leqslant y \leqslant \frac{1}{4}(x^2 + 6x + 17)\right\}$ beschriebenen

Flächenstückes.

x	...	-4	-3	-2	-1	0	1	2	3 ...	
y	...	2,25	2	2,25	3	4,25	6	8,25	11 ...	*) ;

R e l a t i v e s   M i n i m u m   M(-3; 2).

$$A^* = \int_{-3}^{2} \left(\frac{x^2}{4} + \frac{3x}{2} + \frac{17}{4}\right) dx =$$

$$= \left[\frac{x^3}{12} + \frac{3x^2}{4} + \frac{17x}{4}\right]_{-3}^{2} = \frac{245}{12} \approx$$

$$\approx 20,417.$$

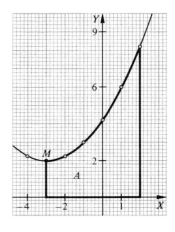

---

*) In Tabellen ist keine Unterscheidung zwischen genauen und gerundeten Werten getroffen; x und
  y sind rechtwinklige Koordinaten.

29. Welche geometrische Maßzahl $|\,A^*\,|$ hat der Inhalt A des durch

$$\mathbb{B} = \left\{(x;\,y) \ \middle|\ -4 \leqslant x \leqslant -1 \ \wedge\ 0 \geqslant y \geqslant \frac{4}{x}\right\} \text{ beschriebenen Flächenstücks?}$$

x	...	-5	-4	-3	-2	-1	-0,5	...
y	...	-0,8	-1	-1,33	-2	-4	-8	...

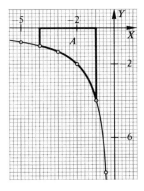

$$A^* = \int_{-4}^{-1} \frac{4}{x}\,dx = 4\,\ln|x|\ \Big|_{-4}^{-1} =$$

$$= -4 \cdot \ln 4 \approx -5,545\,;$$

also $|\,A^*\,| \approx 5,545.$

---

30. Man bestimme die geometrische Maßzahl $|\,A^*\,|$ des Inhalts A derjenigen Fläche, die von der X-Achse, der Parabel 3. Ordnung mit der Gleichung

$$y = f(x) = \frac{1}{3} \cdot (x^3 - 3x^2 + 20)$$ und dem zur Y-Achse parallelen Geradenpaar $g_{1;2} \equiv x \pm 3 = 0$ eingeschlossen ist.[*]

x	...	-4	-3	-2	-1	0	1	2	3	4	...
y	...	-30,67	-11,33	0	5,33	6,67	6	5,33	6,67	12	...

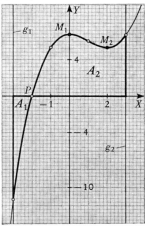

Relatives Maximum $M_1 \left(0;\ \dfrac{20}{3}\right)$,

relatives Minimum $M_2 \left(2;\ \dfrac{16}{3}\right)$.

Zur Ermittlung der geometrischen Flächenmaßzahl $|\,A^*\,|$ muß die Fläche in 2 Teilflächen mit den Maßzahlen A_1^* und A_2^* zerlegt werden, für welche beständig $f(x) \leqslant 0$ bzw. $f(x) \geqslant 0$ ist. Dann gilt $|\,A^*\,| = |\,A_1^*\,| + A_2^*$.

Mit $x = -2$ als Abszisse des Schnittpunktes P der Parabel mit der X-Achse folgt

---

[*] Wenn nicht anders vermerkt, beziehen sich die Koordinatenangaben immer auf ein kartesisches Koordinatensystem, d.h. auf ein Rechtssystem mit orthogonalen Achsen und gleichen Längeneinheiten auf diesen. Dies gilt auch dann, wenn aus Gründen der Zweckmäßigkeit in den Bildern unterschiedliche Maßstäbe auf beiden Achsen gewählt sind. Unter Koordinaten werden immer Maßzahlen verstanden; mit Einheiten mulitplizierte Koordinaten (Größen) werden als dimensionierte bezeichnet.

$$A_1^* = \int_{-3}^{-2} \frac{1}{3}(x^3 - 3x^2 + 20)\,dx = \frac{1}{3}\left(\frac{x^4}{4} - x^3 + 20x\right)\Bigg|_{-3}^{-2} = -\frac{61}{12},$$

$$A_2^* = \int_{-2}^{3} \frac{1}{3}(x^3 - 3x^2 + 20)\,dx = \frac{1}{3}\left(\frac{x^4}{4} - x^3 + 20x\right)\Bigg|_{-2}^{3} = \frac{325}{12} \quad \text{und damit}$$

$$|A^*| = \left|-\frac{61}{12}\right| + \frac{325}{12} \approx 32,167.$$

---

31. Welchen Wert hat das bestimmte Integral $\int_{-4}^{8} \frac{10x}{4 + x^2}\,dx$?

$y = \dfrac{10x}{4 + x^2}$, ungerade Funktion;

x	0	±1	±2	±4	±6	±8	±10	...
y	0	±2	±2,50	±2	±1,50	±1,18	±0,96	...

Relatives Maximum M_1 (2; 2,50),
relatives Minimum M_2 (-2; -2,50);
Schnittpunkt mit der X-Achse im Nullpunkt.

$$\int_{-4}^{8} \frac{10x}{4 + x^2}\,dx = 5 \cdot \ln(4 + x^2)\Bigg|_{-4}^{8} =$$

$$= 5 \cdot \ln 3,4 \approx 6,119$$

(Formel 1.16).

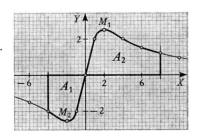

Das Ergebnis ist gleich der Differenz $A_2^* - |A_1^*|$ aus den geometrischen Maß-zahlen der Teilflächen mit den Inhalten A_1 und A_2.

---

32. Man berechne das bestimmte Integral $\int_{-3}^{3} \frac{5\,dx}{1 + 2x^2}$.

$y = \dfrac{5}{1 + 2x^2}$;

x	0	±0,5	±1	±2	±3	±4	...
y	5	3,33	1,67	0,56	0,26	0,15	...

Relatives Maximum M (0; 5).

Da der Integrand eine **gerade Funktion** ist, folgt

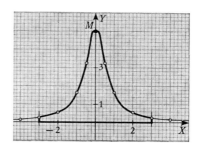

$$\int_{-3}^{3} \frac{5\ dx}{1 + 2x^2} = 5 \cdot \int_{0}^{3} \frac{dx}{\frac{1}{2} + x^2} =$$

$$= 5 \cdot \sqrt{2}\ \text{arc}\ \tan(x \cdot \sqrt{2})\ \Big|_{0}^{3} \approx$$
$$\approx 9,470.$$

(Formel 1.14)

---

33. Es ist das bestimmte Integral $\displaystyle\int_{-\frac{3}{2}}^{\frac{3}{2}} \frac{16\ dx}{16 - x^4}$ zu berechnen.

$$y = \frac{16}{16 - x^4} \quad \text{(gerade Funktion)};$$

x	0	±1	±1,5	±2	±2,5	±3	±4	...
y	1	1,07	1,46	±∞	-0,69	-0,25	-0,07	...

Relatives Minimum M (0; 1).

Nach der Formel 1.32 wird

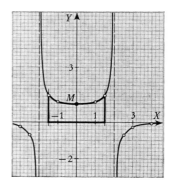

$$\int_{-\frac{3}{2}}^{\frac{3}{2}} \frac{16\ dx}{16 - x^4} = 32 \cdot \int_{0}^{\frac{3}{2}} \frac{dx}{16 - x^4} =$$

$$= \left[\ln \left| \frac{2 + x}{2 - x} \right| + 2 \cdot \text{arc}\ \tan \frac{x}{2} \right]_{0}^{\frac{3}{2}} =$$

$$= \ln 7 + 2 \cdot \text{arc}\ \tan 0,75 \approx 3,233.$$

---

34. Man ermittle $\displaystyle\int_{-4}^{2} \left| \frac{x + 2}{x - 3} \right| dx.$

Durch die Umformung $y = f(x) = \left| \dfrac{x + 2}{x - 3} \right| = \begin{cases} \dfrac{x + 2}{x - 3} & \text{, falls } x \leqslant -2 \lor x > 3 \\[3mm] -\dfrac{x + 2}{x - 3} & \text{, falls } -2 \leqslant x < 3 \end{cases}$

des Integranden kann die Betragsdarstellung vermieden werden.

x	...	-5	-4	-3	-2	-1	0	1	2	3	4	5	...
y	...	0,38	0,29	0,17	0	0,25	0,67	1,5	4	∞	6	3,5	...

S p i t z e in P (-2; 0).

Das Integral kann mit Hilfe der Formel 1. 11 ausgewertet werden:

$$\int_{-4}^{2} f(x)\,dx = \int_{-4}^{-2} \frac{x + 2}{x - 3}\,dx + \int_{-2}^{2} -\frac{x + 2}{x - 3}\,dx =$$

$$= \left[x + 5 \cdot \ln|x - 3| \right]_{-4}^{-2} - \left[x + 5 \cdot \ln|x - 3| \right]_{-2}^{2} =$$

$$= 2 + 5 \cdot \ln\frac{5}{7} - (4 - 5 \cdot \ln 5) \approx 4,365.$$

Unter Verzicht auf Formel 1. 11 errechnet sich

$$\int \frac{x + 2}{x - 3}\,dx = \int \frac{(x - 3) + 5}{x - 3}\,dx =$$

$$= \int \left(1 + \frac{5}{x - 3}\right) dx =$$

$$= x + 5 \cdot \ln|x - 3| + C$$

für Intervalle aus $\mathbb{R} \setminus \{3\}$.

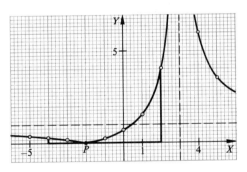

35.   Mit $y = f(x) = \begin{cases} \dfrac{1}{2} & \text{, falls } x = 0 \\[3mm] 2x^2 & \text{, falls } 0 < x \leqslant 1 \\[3mm] \dfrac{1}{x} & \text{, falls } 1 < x \leqslant 2 \end{cases}$ ermittle man

$\displaystyle\int_{0}^{2} f(x)\,dx$ und $\displaystyle\int_{0}^{2} x \cdot f(x)\,dx.$

x	0	0,25	0,5	0,75	1	1,5	2
$y = f(x)$	0,5	0,125	0,5	1,125	2	0,667	0,5
$\overline{y} = x \cdot f(x)$	0	0,031	0,25	0,844	2	1	1

Die Integrandenfunktionen
$y = f(x)$ und $\overline{y} = x \cdot f(x)$ sind
im Integrationsintervall
$[0; 2]$ stückweise stetig und
daher integrierbar. Zerlegt
man $[0; 2]$ in die Teilintervalle $[0; 1]$, $[1; 2]$ und ändert
man, falls erforderlich, die
Funktionswerte an den Rän-

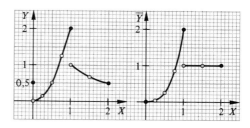

dern dieser Teilintervalle so ab, daß die Integrandenfunktionen hier
(einseitig) stetig sind, so ergibt sich

$$\int\limits_0^2 f(x)\, dx = \int\limits_0^1 f(x)\, dx + \int\limits_1^2 f(x)\, dx = \int\limits_0^1 2x^2\, dx + \int\limits_1^2 \frac{1}{x}\, dx =$$

$$= \frac{2}{3}x^3\Big|_0^1 + \ln|x|\Big|_1^2 = \frac{2}{3} + \ln 2 \approx 1,360 \quad \text{und}$$

$$\int\limits_0^2 x \cdot f(x)\, dx = \int\limits_0^1 x \cdot f(x)\, dx + \int\limits_1^2 x \cdot f(x)\, dx = \int\limits_0^1 2x^3\, dx + \int\limits_1^2 1 \cdot dx =$$

$$= \frac{1}{2}x^4\Big|_0^1 + x\Big|_1^2 = 1,5.$$

Hierbei findet die Tatsache Verwendung, daß eine über ein Intervall inte-
grierbare Funktion integrierbar bleibt und denselben Integralwert liefert,
wenn man an endlich vielen Stellen Funktionswerte abändert.

36. Gegeben sind die Punktmengen

$$\mathbb{M}_1 = \left\{ (x;y) \,\Big|\, x \in \mathbb{R} \wedge 0 \leqslant y \leqslant \frac{1}{5}(4x + 17) \right\} \quad \text{und}$$

$$\mathbb{M}_2 = \left\{ (x;y) \,\Big|\, x < 2 \wedge y \geqslant \left(\frac{1 + 2x}{2 - x}\right)^2 \right\}.$$

Es ist die Maßzahl A^* des Flächeninhalts A der Punktmenge $\mathbb{M} = \mathbb{M}_1 \cap \mathbb{M}_2$
zu ermitteln.
Die Graphen von $y = \frac{1}{5} \cdot (4x + 17)$ und $y = \left(\frac{1 + 2x}{2 - x}\right)^2$ schneiden sich in

den Punkten $S_1(-3;1)$ und $S_2\left(\dfrac{3}{4};4\right)$. In M $\left(-\dfrac{1}{2};0\right)$ liegt ein r e l a t i v e s

M i n i m u m des zweiten Graphen vor.

$$y = \left(\frac{1 + 2x}{2 - x}\right)^2$$

x	...	-5	-4	-3	-2	-1	0	1 ...
y	...	1,65	1,36	1	0,56	0,11	0,25	9 ...

Es ist

$$A^* = \frac{1}{2} \cdot (1 + 4) \cdot \frac{15}{4} - \int_{-3}^{0,75} \left(\frac{1 + 2x}{2 - x}\right)^2 dx =$$

$$= 9,375 - \int_{-3}^{0,75} \left(-2 + \frac{5}{2 - x}\right)^2 dx =$$

$$= 9,375 - \int_{-3}^{0,75} \left[4 - \frac{20}{2 - x} + \frac{25}{(2 - x)^2}\right] dx =$$

$$= 9,375 - \left[4x + 20 \cdot \ln|2 - x| + \frac{25}{2 - x}\right]_{-3}^{0,75} \approx 7,101.$$

(Formeln 1.3 und 1.4)

37. Man bestimme den Wert des u n e i g e n t l i c h e n   I n t e g r a l s

$$\int_1^{+\infty} \frac{dx}{x^n} \quad \text{für } n \in \mathbb{R} \wedge n \geqslant 1.$$

Für $n > 1$ folgt

$$\int_1^{+\infty} \frac{dx}{x^n} = \lim_{x_0 \to +\infty} \int_1^{x_0} \frac{dx}{x^n} =$$

$$= \lim_{x_0 \to +\infty} \frac{1}{1 - n} \cdot \left[\frac{1}{x^{n - 1}}\right]_1^{x_0} =$$

$$= \frac{1}{1 - n} \cdot \lim_{x_0 \to +\infty} \left(\frac{1}{x_0^{n - 1}} - 1\right) = \frac{1}{n - 1}.$$

x	... 0,5	1	2	3	4	...
x^{-3}	... 8	1	0,13	0,04	0,02	...
x^{-2}	... 4	1	0,25	0,11	0,06	... .
x^{-1}	... 2	1	0,50	0,33	0,25	...

Wenn n = 1 ist, gilt

$$\int\limits_{1}^{+\infty} \frac{dx}{x} = \lim_{x_0 \to +\infty} \int\limits_{1}^{x_0} \frac{dx}{x} = \lim_{x_0 \to +\infty} \left[\ln |x|\right]_{1}^{x_0} = \lim_{x_0 \to +\infty} \ln x_0 = \infty .$$

Das uneigentliche Integral $\displaystyle\int\limits_{1}^{\infty} \frac{dx}{x^n}$ ist somit **konvergent** für

n > 1 und **divergent** für n = 1.

---

38. Für das von der negativen X-Achse und dem Graphen von $y = 2 \cdot \dfrac{x+1}{x^3}$

begrenzte, sich ins Unendliche erstreckende Flächenstück vom Inhalt A soll die Inhaltsmaßzahl A^* mit Hilfe des zugeordneten **uneigentlichen Integrals** bestimmt werden.

x	-∞	-4	-3	-2	-1	-0,5	0	0,5	1	2	3	4	...
y	0	0,09	0,15	0,25	0	-8	∓∞	24	4	0,75	0,30	0,16...	.

Relatives Maximum M $\left(-\dfrac{3}{2}; \dfrac{8}{27}\right)$; Schnittpunkt mit der X-Achse

S(-1; 0).

$$A^* = \int\limits_{-\infty}^{-1} \frac{2(x+1)}{x^3}\ dx =$$

$$= 2 \cdot \lim_{x_0 \to -\infty} \int\limits_{x_0}^{-1} \left(\frac{1}{x^2} + \frac{1}{x^3}\right)\ dx =$$

$$= 2 \cdot \lim_{x_0 \to -\infty} \left[-\frac{1}{x} - \frac{1}{2x^2}\right]_{x_0}^{-1} =$$

$$= 2 \cdot \lim_{x_0 \to -\infty} \left(1 - \frac{1}{2} + \frac{1}{x_0} + \frac{1}{2x_0^2}\right) = 1.$$

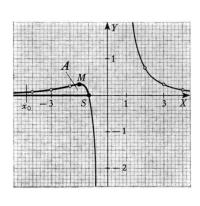

39. Mit Hilfe eines uneigentlichen Integrals ermittle man die Maßzahl A^* des Inhalts A des durch die Punktmenge $\mathbb{B} = \left\{(x; y) \mid x \in \mathbb{R} \wedge \right.$

$\left. \wedge\, 0 \leqslant y \leqslant \dfrac{18}{9 + x^2} \right\}$ beschriebenen Flächenstücks.

x	0	±1	±2	±3	±4	±5	±6	...
y	2	1,80	1,38	1	0,72	0,53	0,40	...

Relatives Maximum $M(0; 2)$.

Bei Zwischenschaltung einer beliebigen Integrationsgrenze $a \in \mathbb{R}$ folgt

$$A^* = \int\limits_{-\infty}^{+\infty} \frac{18\ dx}{9 + x^2} = 18 \cdot \int\limits_{-\infty}^{a} \frac{dx}{9 + x^2} + 18 \cdot \int\limits_{a}^{\infty} \frac{dx}{9 + x^2} =$$

$$= 18 \cdot \lim_{x_0 \to -\infty} \int\limits_{x_0}^{a} \frac{dx}{9 + x^2} + 18 \cdot \lim_{x_1 \to +\infty} \int\limits_{a}^{x_1} \frac{dx}{9 + x^2} =$$

$$= 6 \cdot \lim_{x_0 \to -\infty} \left[\arctan \frac{x}{3} \right]_{x_0}^{a} + 6 \cdot \lim_{x_1 \to +\infty} \left[\arctan \frac{x}{3} \right]_{a}^{x_1} =$$

$$= 6 \cdot \lim_{x_0 \to -\infty} \left(\arctan \frac{a}{3} - \arctan \frac{x_0}{3} \right) + 6 \cdot \lim_{x_1 \to +\infty} \left(\arctan \frac{x_1}{3} - \right.$$

$$\left. - \arctan \frac{a}{3} \right) = -6 \cdot \left(-\frac{\pi}{2} \right) + 6 \cdot \frac{\pi}{2} = 6\pi \approx 18,850.$$

(Formel 1.14)

Da $y = \dfrac{18}{9 + x^2}$ eine gerade Funktion ist, kann auch kürzer gerechnet werden

$$A^* = 2 \cdot \frac{A^*}{2} = 2 \cdot \int\limits_{0}^{\infty} \frac{18\ dx}{9 + x^2} =$$

$$= 36 \cdot \lim_{x_1 \to +\infty} \int\limits_{0}^{x_1} \frac{dx}{9 + x^2} =$$

$$= 12 \cdot \lim_{x_1 \to \infty} \left[\arctan \frac{x}{3} \right]_{0}^{x_1} =$$

$$= 12 \cdot \frac{\pi}{2} = 6\pi \approx 18,850.$$

40. Von welcher durch den Ursprung verlaufenden Geraden g wird das von der Parabel $P \equiv y - 2x + \frac{1}{3} x^2 = 0$ und der X-Achse begrenzte Flächenstück mit Inhalt A halbiert?

$$y = 2x - \frac{1}{3} x^2 ;$$

x	...	-1	0	1	2	3	4	5	6	7	...
y	...	-2,33	0	1,67	2,67	3	2,67	1,67	0	-2,33	...

Relatives Maximum M(3; 3).

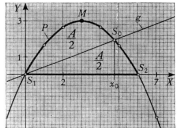

Mit $S_1(0; 0)$ und $S_2(6; 0)$ als Schnittpunkte der Parabel P mit der X-Achse gilt der Ansatz

$$\int_0^{x_o} \left(2x - \frac{1}{3} x^2 \right) dx - \frac{x_o}{2} \left(2x_o - \frac{1}{3} x_o^2 \right) =$$

$$= \frac{1}{2} \int_0^6 \left(2x - \frac{1}{3} x^2 \right) dx, \text{ aus dem über}$$

$$\left[x^2 - \frac{x^3}{9} \right]_0^{x_o} - x_o^2 + \frac{x_o^3}{6} = \frac{1}{2} \left[x^2 - \frac{x^3}{9} \right]_0^6 \text{ und}$$

$$x_o^2 - \frac{x_o^3}{9} - x_o^2 + \frac{x_o^3}{6} = \frac{1}{2} (36 - 24)$$

die Abszisse $x_o = 3 \cdot \sqrt[3]{4}$ des Schnittpunktes S_o der Parabel P mit der Geraden g erhalten wird.

Damit folgt die Gleichung der gesuchten Geraden zu

$$y = \frac{2 \cdot x_o - \frac{1}{3} \cdot x_o^2}{x_o} \cdot x$$

oder $g \equiv y - (2 - \sqrt[3]{4}) \cdot x = 0$.

---

41. Wie groß ist das arithmetische Mittel m_a der Funktion

$$y = f(x) = \frac{60 x}{x^3 + 8} \quad \text{in } [0; 10] ?$$

x	...	0	1	2	3	4	5	6	7	8	9	10	...
y	...	0	6,67	7,50	5,14	3,33	2,26	1,61	1,20	0,92	0,73	0,60	...

Relatives Maximum $M(\sqrt[3]{4}; 5 \cdot \sqrt[3]{4})$.

Nach der Formel

$$m_a = \frac{1}{b - a} \cdot \int_a^b f(x)\, dx \quad \text{für das}$$

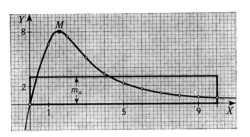

arithmetische Mittel der über [a; b] integrierbaren Funktion y = f(x) wird

$$m_a = \frac{1}{10 - 0} \cdot \int_0^{10} \frac{60x}{x^3 + 8}\, dx.$$

Unter Verwendung der Formel 1.25 oder über Partialbruchzerlegung ergibt sich

$$m_a = \frac{1}{2} \cdot \ln \frac{4 - 2x + x^2}{(2 + x)^2} \bigg|_0^{10} + \sqrt{3} \cdot \arctan\left(\frac{x - 1}{\sqrt{3}}\right)\bigg|_0^{10} \approx 3,029.$$

---

42. Für eine in [a; b] stetige Funktion y = f(x) gilt nach dem Mittel-wertsatz der Integralrechnung: $\int_a^b f(x)\, dx = (b - a) \cdot f(x_0) =$

$= (b - a) \cdot f[a + \Theta \cdot (b - a)]$ mit $x_0 \in\,]a; b[$ bzw. $\Theta \in\,]0; 1[$. Man bestim-me geeignete Werte für x_0 bzw. Θ, falls $y = f(x) = \frac{1}{7}\left(x^2 + \frac{28}{x^2}\right)$, a = 1 und b = 6.

x	...	0,8	1	1,5	2	3	4	5	6	6,5	...
y	...	6,34	4,14	2,10	1,57	1,73	2,54	3,73	5,25	6,13	...

In [1; 6] ist M(2,30; 1,51) relatives Minimum.

Mit $\int_1^6 f(x)\, dx = \frac{1}{7} \cdot \int_1^6 \left(x^2 + \frac{28}{x^2}\right) dx =$

$= \frac{1}{7} \cdot \left[\frac{x^3}{3} - \frac{28}{x}\right]_1^6 = \frac{95}{7}$ ergibt sich die

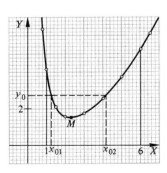

Gleichung $\frac{95}{7} = (6 - 1) \cdot \frac{1}{7} \cdot \left(x_0^2 + \frac{28}{x_0^2}\right)$,

welche über

$x_o^4 - 19x_o^2 + 28 = 0$ zunächst auf $x_o = \pm \sqrt{\dfrac{19 \pm \sqrt{249}}{2}}$ führt. Durch Kombination der Vorzeichen ergeben sich 4 Lösungen, von denen jedoch wegen der Forderung $x_o \in \,]1;\,6[$ nur $x_{o1} \approx 1,269$ und $x_{o2} \approx 4,170$ brauchbar sind. $f(x_{o1}) = f(x_{o2}) = y_o = \dfrac{19}{7} \approx 2,714$.

Die Darstellung $x_o = 1 + \Theta \cdot (6 - 1)$ führt auf $\Theta = \dfrac{x_o - 1}{5}$, woraus sich $\Theta_1 \approx 0,0538$ und $\Theta_2 \approx 0,634$ ergeben.

---

43. Gegeben ist eine Kurve durch die P a r a m e t e r d a r s t e l l u n g $x = f(t) = 4t - t^3$, $y = g(t) = 4 - t^2$ mit $t \in \mathbb{R}$. Wie groß ist die Maßzahl A^* des Inhalts A des von der auftretenden Schleife begrenzten Flächenstücks?

Da $f(-t) = -f(t)$ und $g(-t) = g(t)$, ist der Kurvenverlauf symmetrisch zur Y-Achse.

t	0	± 0,5	± 1	± 1,5	± 2	± 2,5	. . .
x	0	± 1,88	± 3	± 2,63	0	∓ 5,63	. . .
y	4	3,75	3	1,75	0	-2,25	. . .

R e l a t i v e s   M a x i m u m   M(0;4) bezüglich Y-Richtung, D o p p e l p u n k t   P(0;0).
Unter Verwendung der F o r m e l   v o n   LEIBNIZ

$$A^* = \frac{1}{2} \cdot \int_{t_0}^{t_1} \left[f(t) \cdot \frac{dg(t)}{dt} - g(t) \cdot \frac{df(t)}{dt} \right] dt$$

ergibt sich mit $\dfrac{df(t)}{dt} = 4 - 3t^2$, $\dfrac{dg(t)}{dt} = -2t$

$$A^* = \frac{1}{2} \cdot \int_{2}^{-2} [(4t - t^3) \cdot (-2t) -$$

$$- (4 - t^2) \cdot (4 - 3t^2)] \, dt =$$

$$= \frac{1}{2} \cdot \int_{2}^{-2} (-t^4 + 8t^2 - 16) \, dt \approx$$

$$\approx 17,067.$$

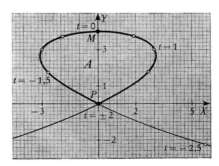

44. Man bestimme die Maßzahl A^* der durch den Graphen von

$r = f(\varphi) = 2 \cdot \left(\varphi - \dfrac{\varphi^2}{6} \right)^{*)}$ umschlossenen Fläche von Inhalt A.

φ	0	$\dfrac{\pi}{4}$	$\dfrac{\pi}{2}$	$\dfrac{3}{4}\pi$	π	$\dfrac{5}{4}\pi$	$\dfrac{3}{2}\pi$	$\dfrac{7}{4}\pi$	6
r	0	1,37	2,32	2,86	2,99	2,71	2,02	0,92	0

Die Formel $A^* = \dfrac{1}{2} \cdot \displaystyle\int_{\varphi_0}^{\varphi_1} [f(\varphi)]^2 \, d\varphi$

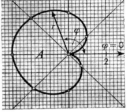

für die Maßzahl der vom Radiusvektor r
zwischen den Grenzen φ_0 und φ_1 überstrichenen Fläche liefert

$A^* = 2 \cdot \displaystyle\int_0^6 \left(\varphi - \dfrac{\varphi^2}{6} \right)^2 d\varphi =$

$= 2 \cdot \displaystyle\int_0^6 \left(\varphi^2 - \dfrac{\varphi^3}{3} + \dfrac{\varphi^4}{36} \right) d\varphi = 2 \cdot \left[\dfrac{\varphi^3}{3} - \dfrac{\varphi^4}{12} + \dfrac{\varphi^5}{180} \right]_0^6 = 14,4.$

---

45. Die dargestellte **S p i r a l e   d e s** ARCHIMEDES genügt der Gleichung
$r = f(\varphi) = a \cdot \varphi$ mit $a \in \mathbb{R}^+$. Welchen Inhalt A hat die Fläche, die der zugehörige Radiusvektor zwischen $\varphi = 0$ und $\varphi = 2\pi$ überstreicht?

φ	0	$\dfrac{\pi}{4}$	$\dfrac{\pi}{2}$	$\dfrac{3}{4}\pi$	π	$\dfrac{5}{4}\pi$	$\dfrac{3}{2}\pi$	$\dfrac{7}{4}\pi$	2π	$\dfrac{9}{4}\pi$	$\ldots$
$\dfrac{r}{a}$	0	0,79	1,57	2,36	3,14	3,93	4,71	5,50	6,28	7,07	$\ldots$

$A = \dfrac{1}{2} \cdot \displaystyle\int_0^{2\pi} [f(\varphi)]^2 \, d\varphi = \dfrac{1}{2} \cdot \displaystyle\int_0^{2\pi} a^2 \varphi^2 d\varphi =$

$= \dfrac{a^2}{2} \cdot \dfrac{\varphi^3}{3} \Big|_0^{2\pi} =$

$= \dfrac{4}{3} a^2 \cdot \pi^3 \approx 41,342 \, a^2.$

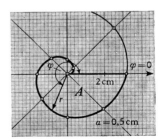

a = 0,5 cm

---

*) r und φ sind Polarkoordinaten mit $r \geqq 0$ als Radiusvektor und φ als Drehwinkel.

46. Die von dem Parabelbogen mit der Gleichung $y = 2\sqrt{x}$, der Geraden $g \equiv x - 9 = 0$ und der X-Achse begrenzte Fläche rotiere um diese Achse. Wie groß ist die Maßzahl V_x^* des entstehenden P a r a b o l o i d s vom Volumen V_x?

x	0	1	2	4	6	8	10	...
$2\sqrt{x}$	0	2	2,83	4	4,90	5,66	6,32	...

Nach der Formel

$$V_x^* = \pi \cdot \int_a^b [f(x)]^2 \, dx$$ für die Volumenmaßzahl eines Drehkörpers folgt mit

$y = f(x) = 2 \cdot \sqrt{x}$, $a = 0$

und $b = 9$ sogleich

$$V_x^* = \pi \cdot \int_0^9 4x \, dx = 2\pi \cdot x^2 \Big|_0^9 =$$

$$= 162\pi \approx 508,938.$$

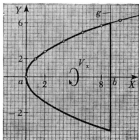

47. Gegeben ist die NEILsche P a r a b e l mit der Gleichung $y = \dfrac{1}{2} x^{\frac{3}{2}}$.

Man bestimme die Volumenmaßzahl V^* des entstehenden Drehkörpers, wenn die von dieser Kurve, der Geraden $g \equiv y - 4 = 0$ und der Y-Achse berandete Fläche um die X-Achse rotiert.

x	0	1	2	3	4	5	...
y	0	0,50	1,41	2,60	4	5,59	...

Das Volumen V des Drehkörpers kann, wie aus der Abbildung ersichtlich, aufgefaßt werden als Differenz der Volumina des geraden Kreiszylinders mit Radius $\overline{SC}$ und Höhe $\overline{SA}$ sowie des Körpers, der durch Drehung des Flächenstücks mit den Eckpunkten S, A, B um die X-Achse entsteht.

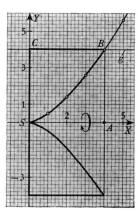

Diese Überlegung führt auf

$$V^* = \overline{SC}^{*2} \cdot \overline{SA}^* \cdot \pi - \pi \cdot \int_0^4 \frac{x^3}{4} \, dx = 64\pi - \frac{\pi}{16} x^4 \Big|_0^4 = 48\pi \approx 150,796.$$

48. Man berechne das Volumen V_y des einschaligen Rotations-hyperboloids, das durch Drehung der von der Hyperbel

$$H \equiv \frac{x^2}{a^2} - \frac{y^2}{b^2} - 1 = 0 \text{ und dem Geradenpaar } g_{1;2} \equiv y \mp c = 0 \text{ mit}$$

a, b, c > 0 ausgeschnittenen Fläche um die Y-Achse entsteht.

Die Formel $V_y = \pi \cdot \int\limits_{-c}^{c} [g(y)]^2 \, dy$ für das Volumen eines derartigen Dreh-körpers liefert mit

$$x = g(y) = \frac{a}{b} \cdot \sqrt{b^2 + y^2}$$

$$V_y = \frac{2 a^2 \pi}{b^2} \cdot \int\limits_{0}^{c} (b^2 + y^2) \, dy =$$

$$= \frac{2 a^2 \pi}{b^2} \cdot \left[b^2 y + \frac{y^3}{3} \right]_0^c =$$

$$= \frac{2 a^2 c}{3 b^2} \cdot (3 b^2 + c^2) \pi .$$

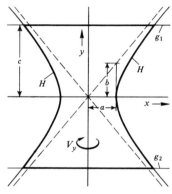

---

49. Wie groß ist das Volumen V_y eines Fasses mit elliptischem Quer-schnitt und den Abmessungen R, r, h gemäß der Abbildung?

Das Volumen dieses Drehkörpers läßt sich durch $V_y = 2 \pi \cdot \int\limits_{0}^{h} [g(y)]^2 \, dy$

darstellen, wobei sich $x = g(y) = \frac{R}{H} \cdot \sqrt{H^2 - y^2}$ aus der Ellipsengleichung

$$\frac{x^2}{R^2} + \frac{y^2}{H^2} = 1 \text{ errechnet.}$$

Die Länge H der großen Halbachse ergibt sich aus

$$\frac{r^2}{R^2} + \frac{h^2}{H^2} = 1 \quad \text{zu} \quad H = \frac{h R}{\sqrt{R^2 - r^2}} .$$

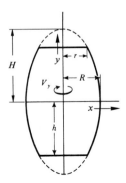

Damit folgt

$$V_y = 2\pi \cdot \int_0^h \frac{R^2}{H^2}(H^2 - y^2)\,dy = \frac{2\pi \cdot (R^2 - r^2)}{h^2} \cdot \int_0^h \left(\frac{h^2 R^2}{R^2 - r^2} - y^2\right)dy =$$

$$= \frac{2\pi \cdot (R^2 - r^2)}{h^2} \cdot \left[\frac{h^2 R^2}{R^2 - r^2} \cdot y - \frac{y^3}{3}\right]_0^h =$$

$$= \frac{2\pi \cdot (R^2 - r^2)}{h^2} \cdot \left(\frac{h^3 R^2}{R^2 - r^2} - \frac{h^3}{3}\right) = \frac{2\pi h}{3} \cdot (2R^2 + r^2).$$

---

50. Das von der Hyperbel mit der Gleichung $y = \dfrac{2}{1 + x}$ und den beiden positiven Koordinatenachsen begrenzte Flächenstück rotiere um die X-Achse. Mit Hilfe eines u n e i g e n t l i c h e n   I n t e g r a l s bestimme man die Volumenmaßzahl V_x^* des hierdurch beschriebenen Körpers.

x	...	-1	-0,5	0	1	3	5	7	9	...
y	...	$\pm\infty$	4	2	1	0,5	0,33	0,25	0,20	...

;

$$V_x^* = \pi \cdot \int_0^\infty \frac{4\,dx}{(1 + x)^2} =$$

$$= 4\pi \cdot \lim_{x_0 \to \infty} \int_0^{x_0} \frac{dx}{(1 + x)^2} =$$

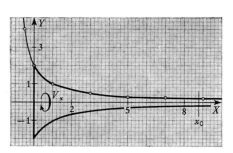

$$= -4\pi \cdot \lim_{x_0 \to \infty} \left.\frac{1}{1 + x}\right|_0^{x_0} = -4\pi \cdot \lim_{x_0 \to \infty} \left(\frac{1}{1 + x_0} - 1\right) = 4\pi \approx 12,566.$$

(Formel 1.3)

---

51. Die Parabel $P \equiv y - \dfrac{x^2}{a} = 0$ mit $a > 0$, die positive Y-Achse und die Gerade $g \equiv y - a = 0$ begrenzen ein Flächenstück, das um die Y-Achse rotiert. Aus dem so entstehenden R o t a t i o n s p a r a b o l o i d soll durch eine zylindrische Bohrung vom Durchmesser 2r, deren Achse mit der Y-Achse zusammenfällt, die Hälfte des Paraboloidvolumens entfernt werden. Wie ist r zu wählen?

Das Paraboloidvolumen V_P errechnet sich zu $V_P = \pi \cdot \int_0^a ay\,dy =$

$= \frac{\pi a}{2} \cdot y^2 \Big|_0^a = \frac{\pi a^3}{2}$.

Das Volumen V_r des ausgebohrten Teiles ergibt sich gemäß der Abbildung

als Summe der Volumina eines Rotationsparaboloids der Höhe $\frac{r^2}{a}$ und

eines Zylinders zu

$$V_r = \pi \cdot \int_0^{\frac{r^2}{a}} a \cdot y\,dy + r^2 \cdot \pi \cdot \left(a - \frac{r^2}{a} \right) = \frac{\pi a}{2} \cdot y^2 \Big|_0^{\frac{r^2}{a}} + r^2 \cdot \pi \cdot \left(a - \frac{r^2}{a} \right) =$$

$$= \pi \cdot \left(ar^2 - \frac{r^4}{2a} \right) .$$

Die Forderung $V_r = \frac{V_P}{2}$ führt

auf die Gleichung

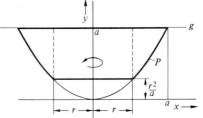

$$\pi \cdot \left(ar^2 - \frac{r^4}{2a} \right) = \frac{\pi \cdot a^3}{4}$$

für r, die über $2r^4 - 4a^2 \cdot r^2 + a^4 = 0$ zunächst $r^2 = a^2 \cdot \left(1 \pm \frac{\sqrt{2}}{2} \right)$

und damit $r = a \sqrt{1 \overset{(+)}{\underset{-}{}} \frac{\sqrt{2}}{2}} \approx a \cdot 0,541$ liefert. Wegen $r < a$ entfällt

das Pluszeichen.

---

52. Gegeben sind in bezug auf ein räumliches kartesisches xyz-Koordinatensystem die Parameterdarstellungen eines Kreises K durch
$x = R \cdot \cos t$, $y = R \cdot \sin t$, $z = 0$ und einer Ellipse E durch $x = a \cdot \cos t$, $y = b \cdot \sin t$, $z = h$ mit $t \in \mathbb{R}$ als Parameter. Verbindet man die gleichen Parameterwerten zugeordneten Punkte von K und E durch Geraden, entsteht eine R e g e l f l ä c h e . Welchen Rauminhalt hat der von beiden Kegelschnittebenen und der Regelfläche eingeschlossene konische Körper?

Aus der Gleichung
$x = [R - (R - a) \cdot s] \cdot \cos t$
$y = [R - (R - b) \cdot s] \cdot \sin t$
$z = h \cdot s$ mit $s \in \mathbb{R}$ für die Regelfläche
folgt durch Elimination von t die Gleichung der Schnittkurve in der dem Parameterwert $s \in [0;1]$ zugehörigen Parallelebene zur xy-Ebene im Abstand $h \cdot s$ zu

$$\frac{x^2}{[R - (R - a) \cdot s]^2} + \frac{y^2}{[R - (R - b) \cdot s]^2} = 1.$$

Dies ist eine Ellipse mit dem Flächeninhalt $A(s) = [R - (R - a) \cdot s] \cdot$
$\cdot [R - (R - b) \cdot s] \cdot \pi$. (Siehe Nr. 57).

Somit folgt nach der Formel $V = \displaystyle\int_{z_0}^{z_1} f(z)dz$ und $f(z)$ als Inhalt der Schnitt-

fläche des Körpers mit einer Normalebene zur z-Achse

$$V = \pi \cdot \int_{0}^{h} \left[R - (R - a) \cdot \frac{z}{h}\right] \cdot \left[R - (R - b) \cdot \frac{z}{h}\right] dz =$$

$$= \frac{\pi h}{6} \cdot (2R^2 + aR + bR + 2ab).$$

Für $a = b = r$ liegt der Sonderfall eines geraden Kreiskegelstumpfes mit dem Volumen

$$V = \frac{\pi \cdot h}{3} \cdot (R^2 + Rr + r^2) \text{ vor.}$$

Mit den speziellen Maßen der Abbildung ergibt sich
$V \approx 216,770 \text{ cm}^3$.

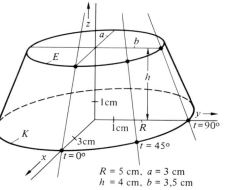

$R = 5$ cm, $a = 3$ cm
$h = 4$ cm, $b = 3,5$ cm

---

53. Aus einem geraden Kreiszylinder mit Radius R und Höhe h wird gemäß der Abbildung der durch die S c h r a u b e n f l ä c h e mit der Gleichung $x = [r + (R - r) \cdot s] \cdot \cos t$,

$$y = [r + (R - r) \cdot s] \cdot \sin t, \quad z = \frac{h}{2\pi} \cdot t$$

mit $0 \leqslant s \leqslant 1 \wedge 0 \leqslant t \leqslant 2\pi$

als Parameter festgelegte Teil weggenommen. Welchen Rauminhalt V hat der Restkörper mit dem Kerndurchmesser 2r?

Der Inhalt A der Schnittfläche in der dem Parameter t zugeordneten Parallebene zur xy-Ebene beträgt

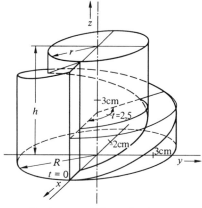

$R = 4$ cm, $r = 2,5$ cm, $h = 6$ cm

$A = R^2 \cdot \pi \ - \frac{1}{2} \cdot (R^2 - r^2) \cdot t$. Für $t = \frac{2\pi}{h} \cdot z$ ergibt sich hieraus

$A = f(z) = R^2 \cdot \pi - \frac{1}{2} \cdot (R^2 - r^2) \cdot \frac{2\pi}{h} \ z$.

Damit folgt

$$V = \int_0^h f(z)dz = \int_0^h \left[R^2 \cdot \pi \ - \frac{1}{2}(R^2 - r^2) \cdot \frac{2\pi}{h} \cdot z \right] dz = \frac{\pi \cdot h}{2} \cdot (R^2 + r^2).$$

Für die in der Abbildung gewählten Abmessungen findet man
$V \approx 209,701 \ cm^3$. Siehe auch Nr. 235.

---

54. Welches Volumen V hat die T-förmige Verbindung aus den beiden geraden Kreiszylindern vom Radius r und den Höhen l und h gemäß der Abbildung?

Das Volumen des Körpers kann man sich zusammengesetzt denken aus den Volumina $V_1 = r^2 \cdot \pi \cdot l$ und $V_2 = r^2 \cdot \pi \cdot h$ der beiden Zylinder abzüglich des Rauminhaltes V_3, der beiden Zylindern angehört.

Zur Ermittlung des Rauminhaltes V_3 kann die Tatsache dienen, daß der zugehörige Körper von allen Parallelebenen zur xy-Ebene im Abstand

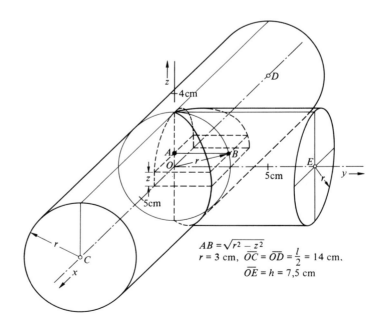

$AB = \sqrt{r^2 - z^2}$
$r = 3 \ cm, \ \overline{OC} = \overline{OD} = \frac{l}{2} = 14 \ cm.$
$\overline{OE} = h = 7,5 \ cm$

-r $<$ z $<$ r in Rechtecken mit den Seitenlängen $\overline{AB} = \sqrt{r^2 - z^2}$ und $2 \cdot \overline{AB}$, also dem Flächeninhalt A = f(z) = $2 \cdot (r^2 - z^2)$, geschnitten wird. Damit folgt

$$V_3 = \int_{-r}^{r} f(z)\,dz = 4 \cdot \int_{0}^{r} (r^2 - z^2)\,dz = \frac{8}{3} \cdot r^3.$$

Das Volumen des ganzen Körpers ist somit

$$V = r^2 \cdot \pi \cdot l + r^2 \cdot \pi \cdot h - \frac{8}{3} \cdot r^3,$$

woraus noch für die speziellen Abmessungen der Abbildung

$V \approx 931,739$ cm^3 erhalten wird.

---

55. Welche Koordinaten x_S und y_S hat der S c h w e r p u n k t S des durch die Parabel mit der Gleichung $y = 4 \cdot \left(1 - \dfrac{x^2}{9}\right)$ und die beiden positiven Koordinatenachsen begrenzten Segmentes?

x	0	±1	±2	±3	±4	...
y	4	3,56	2,22	0	-3,11	...

R e l a t i v e s M a x i m u m M(0;4).

Die Formeln

$$x_S = \frac{1}{A^*} \cdot \int_{a}^{b} x \cdot f(x)\,dx, \qquad y_S = \frac{1}{2A^*} \cdot \int_{a}^{b} [f(x)]^2\,dx \text{ mit } a < b \text{ und } f(x) \geqslant 0$$

bzw. $f(x) \leqslant 0$ in $[a;b]$ für A b s z i s s e und O r d i n a t e des S c h w e r - p u n k t e s eines durch den Graphen von y = f(x), der X-Achse und die Parallelen zur Y-Achse mit den Gleichungen x - a = 0 und x - b = 0 begrenzten Flächenstückes vom Inhalt A liefern im vorgelegten Beispiel mit

$$A^* = 4 \cdot \int_{0}^{3} \left(1 - \frac{x^2}{9}\right) dx = 8$$

$$x_S = \frac{1}{8} \cdot 4 \cdot \int_{0}^{3} \left(x - \frac{x^3}{9}\right) dx = \frac{9}{8} = 1,125;$$

$$y_S = \frac{1}{16} \cdot 16 \cdot \int_{0}^{3} \left(1 - \frac{2x^2}{9} + \frac{x^4}{81}\right) dx = \frac{8}{5} = 1,6.$$

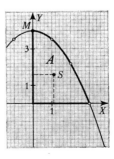

56. Es sind die Koordinaten x_S und y_S des S c h w e r p u n k t e s der durch

die Kurve $H \equiv y - \dfrac{4}{x^2} - x = 0$ und die Gerade $g \equiv x + 4y - 21 = 0$ ein-

geschlossenen Fläche vom Inhalt A zu bestimmen.

$$y = \frac{4}{x^2} + x;$$

x	0	0,5	1	2	3	4	5	6	...
y	... $+\infty$	16,50	5	3	3,44	4,25	5,16	6,11	...

R e l a t i v e s   M i n i m u m   M(2;3)

Bedeutet S' den Schwerpunkt der Trapez-
fläche mit Inhalt A' und den Eckpunkten
$P_1(4;4,25)$, $P_2(1;5)$, $P_2'(1;0)$, $P_1'(4;0)$,
und S" den Schwerpunkt des Flächen-
stückes mit Inhalt A' - A = A", dann
gilt nach dem M o m e n t e n s a t z

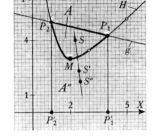

$$x_S \cdot A^* = x_{S'} \cdot A'^* - x_{S''} \cdot A''^*$$

bzw.

$$y_S \cdot A^* = y_{S'} \cdot A'^* - y_{S''} \cdot A''^* \ .$$

Mit $A^* = \dfrac{5 + 4,25}{2} \cdot 3 - \displaystyle\int_1^4 \left(\dfrac{4}{x^2} + x \right) dx = 13,875 - 10,5 = 3,375$

folgt hieraus

$$x_S = \frac{1}{3,375} \cdot \left[\int_1^4 x \cdot \frac{21 - x}{4} \, dx - \int_1^4 x \cdot \left(\frac{4}{x^2} + x \right) dx \right] \approx \frac{34,125 - 26,545}{3,375}$$

bzw.

$$y_S = \frac{1}{3,375} \cdot \left[\frac{1}{2} \int_1^4 \left(\frac{21 - x}{4} \right)^2 dx - \frac{1}{2} \int_1^4 \left(\frac{4}{x^2} + x \right)^2 dx \right] \approx \frac{32,156 - 18,670}{3,375} \ .$$

Dies ergibt $x_S \approx 2,246$ und $y_S \approx 3,996$.

---

57. Welche dimensionierten Koordinaten hat der S c h w e r p u n k t S des

von der Ellipse $E \equiv \dfrac{x^2}{a^2} + \dfrac{y^2}{b^2} - 1 = 0$ und den beiden positiven Koordi-

natenachsen begrenzten Sektors?

Rotiert ein im 1. Quadranten liegendes Flächenstück um die x- oder y-Achse, so ist der Inhalt V des entstehenden Drehkörpers nach der GULDINschen Regel gleich dem Produkt aus dem Inhalt A des Flächenstückes und der Länge des Weges, den der Flächenschwerpunkt S bei einem Umlauf zurücklegt.

Demnach ist gemäß der Abbildung $V_x = A \cdot 2\pi \cdot y_S$ bzw. $V_y = A \cdot 2\pi \cdot x_S$.

Unter Verwendung der Parameterdarstellung $x = f(t) = a \cdot \cos t$, $y = g(t) = b \cdot \sin t \wedge t \in \mathbb{R}$ für die Ellipse ergibt sich nach der Formel

$$A = \frac{1}{2} \cdot \int_{t_0}^{t_1} \left[f(t) \cdot \frac{dg(t)}{dt} - g(t) \cdot \frac{df(t)}{dt} \right] dt$$ von LEIBNIZ die Sektorfläche zu

$$A = \frac{1}{2} \int_0^{\frac{\pi}{2}} [a \cdot \cos t \cdot b \cdot \cos t - b \cdot \sin t \cdot (-a \cdot \sin t)] dt = \frac{ab}{2} \cdot \int_0^{\frac{\pi}{2}} dt = \frac{a \cdot b \cdot \pi}{4} .$$

Sieht man den dargestellten Ellipsenbogen als Graph von $y = \frac{b}{a} \cdot \sqrt{a^2 - x^2}$ an, kann man auch nach Formel 1.61

$$A = \frac{b}{a} \cdot \int_0^a \sqrt{a^2 - x^2}\, dx =$$

$$= \frac{b}{a} \left[\frac{x}{2} \cdot \sqrt{a^2 - x^2} + \frac{a^2}{2} \cdot \arcsin \left(\frac{x}{|a|} \right) \right]_0^a =$$

$$= \frac{a \cdot b \cdot \pi}{4} \quad \text{rechnen.}$$

Für die halben Volumina der Rotationsellipsoide findet man

$$V_y = \pi \cdot \int_0^b \frac{a^2}{b^2} \cdot (b^2 - y^2)\, dy = \frac{\pi \cdot a^2}{b^2} \cdot \left[b^2 \cdot y - \frac{y^3}{3} \right]_0^b = \frac{2}{3} \cdot a^2 \cdot b \cdot \pi$$

und

$$V_x = \pi \cdot \int_0^a \frac{b^2}{a^2} \cdot (a^2 - x^2)\, dx = \frac{\pi \cdot b^2}{a^2} \cdot \left[a^2 \cdot x - \frac{x^3}{3} \right]_0^a = \frac{2}{3} \cdot a \cdot b^2 \cdot \pi .$$

Es bestehen demnach die Zusammenhänge

$$V_y = \frac{2}{3} \cdot a^2 \cdot b \cdot \pi = \frac{a \cdot b \cdot \pi}{4} \cdot 2 \cdot \pi \cdot x_S = A \cdot 2 \cdot \pi \cdot x_S \quad \text{und}$$

$$V_x = \frac{2}{3} \cdot a \cdot b^2 \cdot \pi = \frac{a \cdot b \cdot \pi}{4} \cdot 2 \cdot \pi \cdot y_S = A \cdot 2 \cdot \pi \cdot y_S,$$

woraus unmittelbar die dimensionierten Koordinaten des Schwerpunktes S

zu $x_S = \dfrac{4}{3\pi} \cdot a \approx 0,424\,a$ und $y_S = \dfrac{4}{3\pi} \cdot b \approx 0,424\,b$ erhalten werden.

---

58. Man bestimme die **Schwerpunktskoordinaten** x_S und y_S des abgebildeten Flächenstückes vom Inhalt A, wenn die gekrümmte Seite in bezug auf das gewählte Koordinatensystem der Gleichung $y = \dfrac{1}{x}$ genügt.

Der Schwerpunkt S liegt aus Symmetriegründen auf der Winkelhal-
bierenden mit der Gleichung $y = x$,
weshalb nach der GULDINs chen
Regel

$$x_S = y_S = \frac{V_x^*}{2\pi \cdot A^*} \qquad \text{gilt.}$$

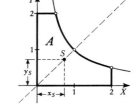

Einsetzen der Flächenmaßzahl

$$A^* = \frac{1}{2} \cdot 2 + \int\limits_{0,5}^{2} \frac{dx}{x} = 1 + 2 \cdot \ln 2 \approx 2,3863$$

und der Volumenmaßzahl

$$V_x^* = 2^2 \cdot \pi \cdot \frac{1}{2} + \pi \cdot \int\limits_{0,5}^{2} \frac{dx}{x^2} = \frac{7}{2}\pi \approx 10,9956$$

liefert

$$x_S = y_S \approx \frac{10,9956}{2\pi \cdot 2,3863} \approx 0,733.$$

---

59. Durch Rotation einer Ellipse mit den Halbachsen a und b um eine zu ihrem Durchmesser von der Länge 2b parallele Achse im Abstand $d > a$ entsteht ein **elliptischer Torus**. Wie groß ist dessen Rauminhalt V?

Mit $A = a \cdot b \cdot \pi$ als Flächeninhalt
der Ellipse (siehe Nr. 57) erbringt
die Regel von GULDIN unmittelbar
$V = ab\pi \cdot 2\pi \cdot d = 2abd\,\pi^2$.

60. Es ist die Lage des S c h w e r p u n k t e s S einer Halbkugel vom Radius r unter der Voraussetzung homogener Massenverteilung zu ermitteln.

Bei Wahl des Koordinatensystems wie in der Abbildung kann der im 1. Quadranten gelegene Großkreisbogen der Kugel als Graph von

$$y = f(x) = \sqrt{r^2 - x^2}$$ angesehen werden. Nach der Formel

$$x_S = \frac{\pi}{V_x} \cdot \int_0^r x \cdot [f(x)]^2 \, dx \quad \text{für die}$$

dimensionierte Abszisse x_S des Schwer-

punktes, wobei hier $V_x = \frac{2}{3} r^3 \pi$ zu

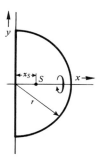

setzen ist, errechnet sich

$$x_S = \frac{3\pi}{2 r^3 \pi} \cdot \int_0^r x(r^2 - x^2) \, dx =$$

$$= \frac{3}{2 r^3} \left[\frac{r^2 x^2}{2} - \frac{x^4}{4} \right]_0^r = \frac{3}{8} r.$$

Da der Schwerpunkt auf der Drehachse liegt, ist $y_S = 0$.

---

61. Ein gerader Kreiskegel mit Radius R und Höhe H wird längs seiner Achse durchbohrt. Welchen Abstand x_S hat der S c h w e r p u n k t S des Restkörpers mit Volumen V vom Grundkreis des Kegels unter der Annahme konstanter Dichte bei einem Bohrradius r?

Gemäß der Abbildung gilt mit h als Höhe der Bohrung nach dem M o m e n t e n s a t z

$$x_S \cdot V = x_{S'} \cdot V' - x_{S''} \cdot V'',$$

wobei V' das Volumen des Kegel-
stumpfes, V'' das des zugehörigen
herausgebohrten Teils und $x_{S'}$ bzw.
$x_{S''}$ die entsprechenden dimensionierten Abszissen ihrer Schwerpunkte
bedeuten.

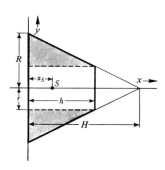

Dieser Ansatz führt über

$$x_S \cdot \frac{\pi h}{3} \cdot (R^2 + Rr - 2r^2) = \pi \cdot \int_0^h x \cdot \left(R - \frac{R - r}{h} x \right)^2 dx - \pi \cdot \int_0^h x \cdot r^2 dx =$$

$$= \pi h^2 \left[\frac{R^2}{2} - \frac{2R}{3}(R - r) + \frac{1}{4}(R - r)^2 \right] - \frac{\pi h^2 r^2}{2}$$

mit $h = (R - r) \cdot \dfrac{H}{R}$ auf

$$x_S = \frac{H \cdot (R - r)^2 \cdot (R + 3r)}{4R \cdot (R^2 + Rr - 2r^2)} \quad .$$

---

62. Man bestimme die Maßzahl I_x^* des axialen Trägheitsmomentes I_x der Fläche vom Inhalt A, die von dem Graphen mit der Gleichung $y = f(x) = \dfrac{4x}{1 + x^2}$, den beiden Geraden $g_1 \equiv x - 1 = 0$ und $g_2 \equiv x - 3 = 0$ sowie der X-Achse begrenzt ist.

x	0	±1	±2	±3	±4	...
y	0	±2	±1,60	±1,20	±0,94	...

Relatives Maximum M(1;2)

Die Formel $I_x^* = \dfrac{1}{3} \cdot \displaystyle\int_1^3 \big| [f(x)] \big|^3 dx$

führt auf

$$I_x^* = \frac{64}{3} \int_1^3 \frac{x^3}{(1 + x^2)^3}\, dx =$$

$$= \frac{32}{3} \cdot \int_1^9 \frac{z}{(1 + z)^3}\, dz$$

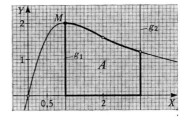

mit $x^2 = z$ und $2x\,dx = dz$.

Formel 1.7 oder die Umformung

$$I_x^* = \frac{32}{3} \cdot \int_1^9 \frac{(z + 1) - 1}{(1 + z)^3}\, dz = \frac{32}{3} \cdot \int_1^9 \left[\frac{1}{(1 + z)^2} - \frac{1}{(1 + z)^3} \right] dz$$

ergibt

$$I_x^* = \frac{32}{3} \cdot \left[\frac{-1}{1 + z} + \frac{1}{2} \cdot \frac{1}{(1 + z)^2} \right]_1^9 = \frac{224}{75} \approx 2,987.$$

---

63. Es ist das polare Trägheitsmoment I_p eines rechtwinkligen Dreiecks mit den Katheten a und b bezüglich des Schwerpunktes zu berechnen.

In dem in die Figur eingezeichneten xy-Koordinatensystem lautet die Gleichung der Hypotenuse $y = b - \dfrac{b}{a} x$ mit $0 \leqslant x \leqslant a$, und es gilt für das Trägheitsmoment in bezug auf die x-Achse

$$I_x = \frac{1}{3} \cdot \int_0^a \left(b - \frac{b}{a} x \right)^3 dx =$$

$$= - \frac{1}{12} \cdot \frac{a}{b} \left[\left(b - \frac{b}{a} \cdot x \right)^4 \right]_0^a = \frac{a \cdot b^3}{12}.$$

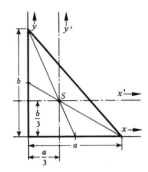

Hinsichtlich der durch den Schwerpunkt S verlaufenden, dazu parallelen x' -Achse bestimmt sich das Trägheitsmoment mit Hilfe des STEINERschen Satzes zu

$$I_{x'} = I_x - \left(\frac{b}{3} \right)^2 \cdot \frac{a \cdot b}{2} = \frac{a \cdot b^3}{12} - \frac{a \cdot b^3}{18} = \frac{a \cdot b^3}{36}.$$

In Verbindung mit $I_{y'} = \dfrac{a^3 \cdot b}{36}$, was wegen der speziellen Lage des Achsenkreuzes durch Vertauschung von a und b aus $I_{x'}$ folgt, wird das gesuchte **p o l a r e   T r ä g h e i t s m o m e n t** bezüglich der auf der xy- Ebene senkrechten Achse durch S

$$I_p = I_{x'} + I_{y'} = \frac{a \cdot b}{36} \cdot (a^2 + b^2).$$

---

64.   Gegeben ist, wie abgebildet, ein gerader Kreiszylinder (Radius R, Höhe h, Masse m) in einem rechtwinkligen xyz-Koordinatensystem. Man ermittle die **a x i a l e n   T r ä g h e i t s m o m e n t e** J_z, J_x, J_y bezüglich der entsprechenden Koordinatenachsen.

Sieht man den Zylinder als Haufen von Punkten P_ν $(x_\nu ; y_\nu ; z_\nu)$ mit den Massen $\triangle m_\nu$ für $\nu = 1, 2, \ldots, n$ an, so ist

$$J_z = \sum_{\nu = 1}^n (x_\nu^2 + y_\nu^2) \cdot \triangle m_\nu , \qquad J_x = \sum_{\nu = 1}^n (y_\nu^2 + z_\nu^2) \cdot \triangle m_\nu ,$$

$$J_y = \sum_{\nu = 1}^n (x_\nu^2 + z_\nu^2) \cdot \triangle m_\nu .$$

Weil im vorliegenden Falle aus Symmetriegründen $J_x = J_y$ ist, folgt

$$J_x + J_y = 2 \cdot J_x = \sum_{\nu = 1}^n (x_\nu^2 + y_\nu^2) \cdot \triangle m_\nu + 2 \cdot \sum_{\nu = 1}^n z_\nu^2 \cdot \triangle m_\nu , \text{ also}$$

$$J_x = \frac{1}{2} \cdot J_z + \bar{J}_z \quad \text{mit} \quad \bar{J}_z = \sum_{\nu=1}^{n} z_\nu^2 \cdot \triangle m_\nu$$

als planarem Trägheitsmoment
bezüglich der xy-Ebene.

Denkt man sich nunmehr die Masse homogen verteilt, so ergibt sich

$$\rho = \frac{m}{R^2 \pi h} \quad \text{als Dichte des Zylinders.}$$

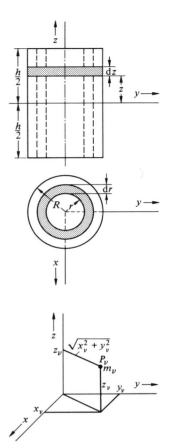

Wird dieser, wie in der Abbildung an-
gedeutet, in konzentrische Hohlzylinder
zerlegt und ist r der Innenradius,
r + dr der Außenradius eines derartigen Hohlzylinders, so errechnet sich
für dessen Volumen $\triangle V$, Masse $\triangle m$
und Trägheitsmoment $\triangle J_z$ nacheinander

$$\triangle V \approx dV = 2r\pi h \cdot dr,$$
$$\triangle m \approx dm = \rho\,dV = 2\pi h\rho \cdot r \cdot dr,$$
$$\triangle J_z \approx dJ_z = r^2\,dm = 2\pi h\rho \cdot r^3 \cdot dr.$$

Damit wird $J_z = 2\pi h\rho \cdot \displaystyle\int_0^R r^3 \cdot dr =$

$$= 2\pi h\rho \left[\frac{r^4}{4}\right]_0^R = \frac{\pi\rho R^4 h}{2} = \frac{mR^2}{2}.$$

Zur Berechnung von $\bar{J}_z$ empfiehlt sich eine Zerlegung des Zylinders in
Scheiben durch Parallelebenen zur xy-Ebene. Volumen $\triangle V$, Masse $\triangle m$
und planares Trägheitsmoment $\triangle \bar{J}_z$ bezüglich der xy-Ebene einer solchen
aus der Abbildung erkennbaren Scheibe der Dicke dz im gerichteten Abstand z von der xy-Ebene ergeben sich dann zu

$$\triangle V \approx dV = R^2 \pi \cdot dz,$$
$$\triangle m \approx dm = \rho\,dV = R^2 \pi\rho \cdot dz,$$
$$\triangle J_z \approx dJ_z = z^2\,dm = R^2 \pi\rho \cdot z^2 \cdot dz.$$

Dies liefert $\bar{J}_z = R^2\pi\rho \cdot \displaystyle\int_{-\frac{h}{2}}^{\frac{h}{2}} z^2 \cdot dz = 2R^2\pi\rho \cdot \displaystyle\int_0^{\frac{h}{2}} z^2 \cdot dz = 2R^2\pi\rho\left[\frac{z^3}{3}\right]_0^{\frac{h}{2}} =$

$$= \frac{R^2\pi\rho\,h^3}{12} = \frac{mh^2}{12} \quad \text{und somit}$$

$$J_x = J_y = \frac{1}{2} J_z + \bar{J}_z = \frac{mR^2}{4} + \frac{mh^2}{12} = \frac{m}{12} \cdot (3R^2 + h^2).$$

65. Welches Trägheitsmoment J_x hat der abgebildete homogene Hohlzylinder der Länge l und den Radien r_a und r_i?

Es ist

$$J_x = \frac{\pi}{2} \cdot \rho \cdot \int_{-\frac{l}{2}}^{\frac{l}{2}} (r_a^4 - r_i^4)\, dx =$$

$$= \pi \cdot \rho \cdot (r_a^4 - r_i^4) \cdot \int_{0}^{\frac{l}{2}} dx =$$

$$= \frac{\pi \cdot \rho}{2} (r_a^4 - r_i^4) \cdot l, \text{ wobei } \rho \text{ die}$$

Dichte bedeutet.

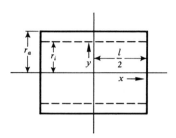

Dieses Ergebnis kann mit

$$m = \rho \cdot \pi \cdot l \cdot (r_a^2 - r_i^2) \text{ für die Masse des Körpers noch in}$$

$$J_x = \frac{m}{2} \cdot (r_a^2 + r_i^2) \quad \text{umgeformt werden.}$$

---

66. Die Achse eines homogenen geraden Kreiskegels mit Radius R, Höhe h und Masse m fällt gemäß der Abbildung in die z-Achse eines kartesischen Koordinatensystems. Man berechne die Trägheitsmomente J_z, J_x, J_y bezüglich der entsprechenden Koordinatenachsen.

$$\rho = \frac{m}{\frac{1}{3} R^2 \cdot \pi \cdot h} = \frac{3m}{R^2 \cdot \pi \cdot h}$$

ist die Dichte des Kegels. Zerlegt man diesen durch Parallelebenen zur xy-Ebene in dünne Scheiben, so können Volumen $\triangle V$, Masse $\triangle m$ und Trägheitsmoment $\triangle J_z$ bezüglich der z-Achse einer derartigen Scheibe (siehe Nr. 64) durch

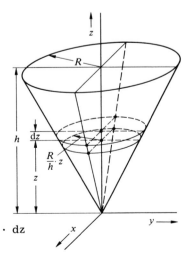

$$\triangle V \approx dV = \left(\frac{R}{h} \cdot z \right)^2 \pi \cdot dz,$$

$$\triangle m \approx dm = \rho\, dV = \frac{\rho R^2 \cdot \pi}{h^2} \cdot z^2\, dz = \frac{3m \cdot z^2}{h^3} \cdot dz$$

$$\triangle J_z \approx dJ_z = \frac{dm \cdot \left(\dfrac{R}{h} \cdot z\right)^2}{2} = \frac{3mR^2}{2h^5} \cdot z^4 \cdot dz \quad \text{angegeben werden,}$$

was auf $\displaystyle J_z = \frac{3mR^2}{2h^5} \cdot \int\limits_0^h z^4 \cdot dz = \frac{3mR^2}{2h^5} \cdot \left[\frac{z^5}{5}\right]_0^h = \frac{3}{10} \cdot mR^2$ führt.

Weil aus Symmetriegründen $J_x = J_y$ ist, kann man sich etwa auf die Berechnung von J_x beschränken. Das Trägheitsmoment $\triangle J_x$ der oben beschriebenen Scheibe bezüglich der x-Achse errechnet sich mit Hilfe von Nr. 64 und des S a t z e s   v o n STEINER zu

$$\triangle J_x \approx dJ_x = \frac{dm \cdot \left(\dfrac{R}{h} z\right)^2}{4} + dm \cdot z^2 = \frac{3m}{h^3} \cdot \left(\frac{R^2}{4h^2} + 1\right) \cdot z^4 \cdot dz.$$

Damit wird $\displaystyle J_x = \frac{3m}{h^3} \cdot \left(\frac{R^2}{4h^2} + 1\right) \cdot \int\limits_0^h z^4 \; dz = \frac{3m}{h^3} \cdot \left(\frac{R^2}{4h^2} + 1\right) \cdot \frac{h^5}{5} = $

$$= \frac{3}{20} \, m \cdot (R^2 + 4h^2). \qquad \text{(Siehe auch Nr. 242)}$$

---

67.   Die von den Strahlen mit der Gleichung $y = f(x) = 2 + \frac{1}{2} \cdot |x|$, der X-Achse und dem Geradenpaar $g_{1;2} \equiv x \pm 2 = 0$ eingeschlossene Fläche rotiere um diese Achse. Welche Maßzahl J_x^* hat das T r ä g h e i t s m o - m e n t J_x des entstehenden Rotationskörpers bei homogener Massenverteilung von der Dichte ρ ?

Die Formel $\displaystyle J_x^* = \frac{\pi}{2} \, \rho^* \cdot \int\limits_{-2}^{2} [f(x)]^4 \; dx$ liefert mit ρ^* als Maßzahl der Dichte

$$J_x^* = \pi \, \rho^* \cdot \int\limits_0^2 \left(2 + \frac{x}{2}\right)^4 dx =$$

$$= \frac{2\,\pi\,\rho^*}{5} \left(2 + \frac{x}{2}\right)^5 \Bigg|_0^2 = \frac{422\,\pi}{5} \, \rho^* \approx$$

$$\approx 265,150\,\rho^* \; .$$

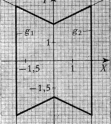

68. Man bestimme das a x i a l e T r ä g h e i t s m o m e n t J einer Vollku-
gel vom Radius r bezüglich einer durch ihren Mittelpunkt verlaufenden
Achse.

Unter der Voraussetzung homogener Massenverteilung ergibt sich bei
der Dichte ρ

$$J = J_x = 2 \cdot \frac{\pi}{2}\, \rho \cdot \int_0^r (r^2 - x^2)^2\, dx =$$

$$= \pi \rho \left[r^4 x - \frac{2r^2}{3} x^3 + \frac{x^5}{5} \right]_0^r =$$

$$= \frac{8}{15}\, \rho\, \pi\, r^5 \quad \text{oder mit} \quad m = \frac{4}{3}\, \rho\, r^3\, \pi$$

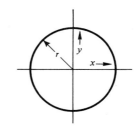

als Kugelmasse $J = \frac{2}{5}\, m\, r^2$.

---

69. Bei der Bewegung eines Körpers bestehe zwischen dem skalaren Wert
v seiner Geschwindigkeit $\vec{v}$ und der Zeit $t \geqslant 0$ der Zusammenhang

$$v = \frac{A\,t^2}{B^3 + t^3}$$ mit $B > 0$. Wie groß ist der im Zeitintervall $0 \leqslant t \leqslant T$

zurückgelegte Weg s_T?

Integration der gegebenen G e s c h w i n d i g k e i t s - Z e i t - F u n k t i o n ergibt nach Formel 1. 26

$$s_T = \int_0^T \frac{A \cdot t^2}{B^3 + t^3}\, dt = \frac{A}{3} \cdot \ln \left| B^3 + t^3 \right| \Big|_0^T =$$

$$= \frac{A}{3} \cdot [\ln(B^3 + T^3) - \ln B^3] = \frac{A}{3} \cdot \ln \left[1 + \left(\frac{T}{B} \right)^3 \right].$$

---

70. An einer im Gestell d drehbar gelagerten senkrechten Achse ist im
Punkt A eine vertikal bewegliche Stange konstanter Querschnittsfläche q
und der Länge l angelenkt. Welcher Zusammenhang besteht zwischen dem
skalaren Wert ω der Winkelgeschwindigkeit $\vec{\omega}$ dieser Achse und dem Nei-
gungswinkel φ der Stange bei Vernachlässigung der Reibungskräfte
(F l i e h k r a f t r e g l e r)?

Im Gleichgewichtszustand ist die S u m m e der M o m e n t e für jeden Punkt P der Stange im Abstand $\overline{AP}$ = x von ihrem Drehpunkt A gleich Null.

Unter der Annahme homogener Massenverteilung und $\vec{g}$ als Erdbeschleunigung gilt demnach an dieser Stelle

$$dm \cdot g \cdot \sin\varphi \cdot x = dm \cdot a_n \cdot \cos\varphi \cdot x,$$

wobei $dm = \rho \cdot q \cdot dx$ mit ρ als Dichte das Massendifferential und $a_n = x \cdot \sin\varphi \cdot \omega^2$ der skalare Wert der Normalbeschleunigung sind.

Für die ganze Stange gilt deshalb

$$\int_0^l \rho \cdot q \cdot g \cdot \sin\varphi \cdot x\,dx = \int_0^l \rho \cdot q \cdot x \cdot \sin\varphi \cdot \omega^2 \cdot \cos\varphi \cdot x\,dx,$$

was nach Kürzen mit $\rho \cdot q \cdot \sin\varphi$ für $\varphi \neq 0$ über

$$g \cdot \int_0^l x\,dx = \omega^2 \cos\varphi \int_0^l x^2 dx \text{ auf } g \cdot \frac{l^2}{2} = \omega^2 \cdot \cos\varphi \cdot \frac{l^3}{3} \text{ führt.}$$

Daraus folgt das Ergebnis $\cos\varphi = \dfrac{3g}{2\,\omega^2 l}$.

---

71. Besteht zwischen dem skalaren Wert p des Druckes einer abgeschlossenen Gasmasse und deren Volumen V der Zusammenhang p = f(V), so ist $W = -\int_{V_1}^{V_2} f(V)\,dV$ die Arbeit, welche aufzuwenden ist, um durch Kompression von einem Anfangsvolumen V_1 zu einem kleineren Endvolumen V_2 zu kommen. Bei i s o t h e r m e r   Z u s t a n d s ä n d e r u n g eines idealen Gases ist nach dem BOYLE-MARIOTTEschen G e s e t z $p = f(V) = \dfrac{c}{V}$ mit c > 0 als Konstante. Man berechne für diesen Fall W, wenn p_1 der anfängliche skalare Wert des Druckes ist.

Mit $p_1 = \dfrac{c}{V_1}$ folgt $c = p_1 V_1$, also $p = f(V) = \dfrac{p_1 V_1}{V}$ und damit

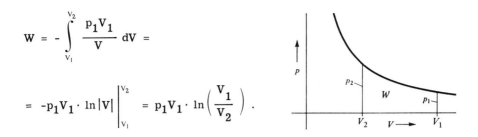

$$W = - \int_{V_1}^{V_2} \frac{p_1 V_1}{V} \, dV =$$

$$= -p_1 V_1 \cdot \ln |V| \Big|_{V_1}^{V_2} = p_1 V_1 \cdot \ln \left(\frac{V_1}{V_2} \right) .$$

---

72. Fließt durch eine Spule mit der Induktivität L der mit der Zeit t veränderliche Strom i = f(t), so ist die induzierte Spannung

$u(t) = L \cdot \dfrac{di}{dt}$, und die von einem Zeitpunkt 0 bis zum Zeitpunkt $t_1 > 0$ auf-

tretende magnetische Energie errechnet sich aus $W = \displaystyle\int_0^{t_1} f(t) \cdot u(t) \, dt$.

Wie groß ist W, wenn die Stromstärke von 0 auf den Wert I anwächst?

$$W = \int_0^{t_1} f(t) \cdot L \cdot \frac{di}{dt} \, dt = L \cdot \int_0^{I} i \, di = L \cdot \frac{i^2}{2} \Big|_0^{I} = \frac{1}{2} L \cdot I^2, \text{ wenn } i = f(t)$$

als Substitution verwendet wird.

---

73. Der skalare Wert F der Kraft $\vec{F}$, die von einer unendlich ausgedehnten leitenden Ebene E auf eine punktförmige Ladung q im Abstand a aus-

geübt wird, kann durch $F = \dfrac{a^2 \cdot q^2}{4 \cdot \pi \cdot \epsilon} \cdot \displaystyle\int_0^{\infty} \dfrac{x \, dx}{(a^2 + x^2)^3}$ angegeben werden.

Hierbei bedeutet ϵ die Dielektrizitätskonstante und x den Radius eines in der Ebene liegenden Kreises, dessen Mittelpunkt mit dem Fußpunkt A des Lotes von q auf die Ebene zusammenfällt. Wie groß ist der skalare Wert dieser Kraft?

Man erhält

$$F = \frac{a^2 \cdot q^2}{4 \cdot \pi \cdot \epsilon} \cdot \lim_{d \to \infty} \int_0^{d} \frac{x \, dx}{(a^2 + x^2)^3} = \frac{a^2 \cdot q^2}{8 \cdot \pi \cdot \epsilon} \cdot \lim_{d \to \infty} \int_{(0)}^{(d)} \frac{dz}{z^3} =$$

$$= \lim_{d \to \infty} \frac{a^2 \cdot q^2}{8 \cdot \pi \cdot \epsilon} \cdot \left[\frac{-1}{2z^2} \right]_{(0)}^{(d)} =$$

$$= \frac{a^2 \cdot q^2}{8 \cdot \pi \cdot \epsilon} \cdot \lim_{d \to \infty} \left[\frac{-1}{2(a^2 + x^2)^2} \right]_0^d =$$

$$= \frac{a^2 \cdot q^2}{8 \cdot \pi \cdot \epsilon} \cdot \lim_{d \to \infty} \left[\frac{-1}{2(a^2 + d^2)^2} + \frac{1}{2a^4} \right] = \frac{a^2 \, q^2}{8 \cdot \pi \cdot \epsilon} \cdot \frac{1}{2a^4} = \frac{q^2}{16 \cdot \pi \cdot \epsilon \cdot a^2}$$

mit $z = a^2 + x^2$, also $dz = 2x \, dx$.

---

74. Der skalare Wert H der magnetischen Feldstärke $\vec{H}$ im Abstand x mit $0 < x < a$ von der einen Achse zweier von gleichgroßen Strömen I gegensinnig durchflossenen parallelen Leitern im Abstand a ist bei Wahl des Koordinatensystems wie in der Abbildung $H(x) = \dfrac{I}{2\,\pi\,x} + \dfrac{I}{2\,\pi\,(a - x)}$.

Man bestimme den **Magnetfluß** Φ durch eine zwischen den Leitern symmetrisch gelegene Rechteckfläche mit den dazu parallelen Seiten von der Länge 1 und der Breite $b < a$.

Mit $x_0 = \dfrac{a - b}{2}$ als Abstand

der Achse jedes Leiters von der ihm benachbarten Seite des Rechtecks und μ als Permeabilität folgt aus

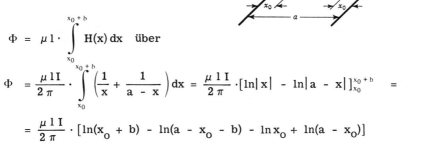

$$\Phi = \mu \, 1 \cdot \int_{x_0}^{x_0 + b} H(x) \, dx \quad \text{über}$$

$$\Phi = \frac{\mu \, 1 \, I}{2\,\pi} \cdot \int_{x_0}^{x_0 + b} \left(\frac{1}{x} + \frac{1}{a - x} \right) dx = \frac{\mu \, 1 \, I}{2\,\pi} \cdot \left[\ln|x| - \ln|a - x| \right]_{x_0}^{x_0 + b} =$$

$$= \frac{\mu \, 1 \, I}{2\,\pi} \cdot \left[\ln(x_0 + b) - \ln(a - x_0 - b) - \ln x_0 + \ln(a - x_0) \right]$$

das Ergebnis

$$\Phi = \frac{\mu \, l \, I}{2\,\pi} \cdot \left[\ln \frac{a + b}{2} - \ln \frac{a - b}{2} - \ln \frac{a - b}{2} + \ln \frac{a + b}{2} \right] =$$

$$= \frac{\mu \, l \, I}{\pi} \cdot \ln \frac{a + b}{a - b} \quad .$$

2.   Nichtrationale algebraische Funktionen

75.   Gegeben ist in der Grundmenge $\mathbb{G} = \mathbb{R}^2$ die nichtrationale alge-braische Funktion $f = \left\{(x;y) \,\middle|\, y = 3 \cdot \sqrt[4]{x^3} + \sqrt{x} - \dfrac{7}{\sqrt[3]{x}}\right\}$ oder kürzer

$y = f(x) = 3 \cdot \sqrt[4]{x^3} + \sqrt{x} - \dfrac{7}{\sqrt[3]{x}}$ mit der Definitionsmenge $\mathbb{D}_y = \mathbb{R}^+$.

Es soll die Menge $\mathbb{M}$ aller Stammfunktionen von f ermittelt werden.

$$\mathbb{M} = \left\{ F \,\middle|\, F' = \left\{ (x;y) \,\middle|\, y = 3 \cdot \sqrt[4]{x^3} + \sqrt{x} - \frac{7}{\sqrt[3]{x}} \right\} \right\} =$$

$$= \left\{ F \,\middle|\, F = \left\{ (x;\overline{y}) \,\middle|\, \overline{y} = \frac{12}{7} \cdot x \cdot \sqrt[4]{x^3} + \frac{2}{3} \cdot x \cdot \sqrt{x} - \frac{21}{2} \cdot \sqrt[3]{x^2} + C \wedge C \in \mathbb{R} \right\} \right\} \, .$$

Hierfür wird meist einfacher

$$\int f(x)dx = F(x) = \frac{12}{7} \cdot x^4 \cdot \sqrt[4]{x^3} + \frac{2}{3} \cdot x \cdot \sqrt{x} - \frac{21}{2} \cdot \sqrt[3]{x^2} + C \text{ mit } C \in \mathbb{R} \text{ als}$$

Integrationskonstante dieses unbestimmten Integrals geschrieben.

Da $\dfrac{dF(x)}{dx} = f(x)$ in $]0; +\infty\,[$, stellt $\overline{y} = F(x)$ in diesem Intervall für jeden

Wert von C eine Stammfunktion von $y = f(x)$ dar.

---

76.   Man bestimme $\displaystyle\int 2 \cdot \sqrt[3]{x} \cdot \left(3 - \frac{1}{\sqrt{x}} \right) dx$.

Die Integrandenfunktion $y = f(x) = 2 \cdot \sqrt[3]{x} \cdot \left(3 - \dfrac{1}{\sqrt{x}} \right)$ ist definiert für

$x \in \mathbb{R}^+$.

$$\int f(x)dx = 2 \cdot \left(\int 3 \cdot \sqrt[3]{x}\, dx - \int \frac{dx}{\sqrt[6]{x}} \right) = 2 \cdot \left(3 \cdot \int x^{\frac{1}{3}}\, dx - \int x^{-\frac{1}{6}}\, dx \right) =$$

$$= 2 \cdot \left(\frac{9}{4} x^{\frac{4}{3}} - \frac{6}{5} x^{\frac{5}{6}} \right) + C = \frac{3}{10} \cdot (15x \cdot \sqrt[3]{x} - 8 \cdot \sqrt[6]{x^5}) + C$$

in jedem Teilintervall von $\mathbb{R}^+$.
Siehe hierzu die Fußnote bei Aufgabe Nr. 1.

---

77. $y = f(x) = \sqrt{5x - 2}$ und $\mathbb{D}_y = \left\{ x \mid x \geqslant \frac{2}{5} \right\}$.

Mit der l i n e a r e n S u b s t i t u t i o n $5x - 2 = z$ und damit $5dx = dz$
folgt

$$\int f(x)dx = \frac{1}{5} \int z^{\frac{1}{2}}\, dz = \frac{2}{15} z^{\frac{3}{2}} + C = \frac{2}{15} (5x - 2)\sqrt{5x - 2} + C \text{ in } \left[\frac{2}{5}\,;\, +\infty \right[\ .$$

Das Ergebnis kann auch unmittelbar unter Verwendung der Formel 1.3
bzw. 1.40 gefunden werden.

---

78. $y = f(x) = \dfrac{1}{\sqrt{1 - 4x^2}}$ für $|x| < \dfrac{1}{2}$;

$$\int f(x)dx = \frac{1}{2} \cdot \int \frac{dz}{\sqrt{1 - z^2}} = \text{arc sin } z + C = \frac{1}{2} \cdot \text{arc sin}(2x) + C$$

mit $2x = z$ und $2dx = dz$, gültig in $\left] -\frac{1}{2}\,;\, \frac{1}{2} \right[$.

Durch Umformung der Integrandenfunktion in $y = \dfrac{1}{2 \cdot \sqrt{\frac{1}{4} - x^2}}$ ist eine

Rückführung auf die Formel 1.50 möglich.

---

79. Welchen Wert hat das bestimmte Integral $\displaystyle\int_{0}^{5} \frac{3x\, dx}{\sqrt{1 + 9x^2}}$?

Die Integrandenfunktion $y = f(x) = \dfrac{3x}{\sqrt{1 + 9x^2}}$ ist für alle $x \in \mathbb{R}$ stetig.

Es gilt deshalb

$$\int_0^5 f(x)dx = \frac{1}{6} \cdot \int_{(0)}^{(5)} \frac{dz}{\sqrt{z}} = \frac{1}{3} \cdot \sqrt{z} \Big|_{(0)}^{(5)} = \frac{1}{3} \cdot \sqrt{1 + 9x^2} \Big|_0^5 =$$

$$= \frac{1}{3} (\sqrt{226} - 1) \approx 4,678$$

mit $1 + 9x^2 = z$ und damit $18xdx = dz$.

Geht man mit Hilfe von $1 + 0 = 1$ und $1 + 9 \cdot 25 = 226$ zu den Grenzen bezüglich der neuen Veränderlichen z über, verkürzt sich der Rechnungsgang auf

$$\int_0^5 f(x)dx = \frac{1}{3} \cdot \sqrt{z} \Big|_1^{226} = \frac{1}{3} \cdot (\sqrt{226} - 1) \approx 4,678.$$

Eine Stammfunktion von $y = f(x)$ kann auch mit Formel 1.51 angegeben werden. Wegen der Gültigkeit der verwendeten Substitution siehe die Bemerkung zu Nr. 7.

Eine weitere Substitutionsmöglichkeit ist durch $\sqrt{1 + 9x^2} = z$ gegeben. Vgl. hierzu Nr. 81.

---

80. Es ist der Wert des bestimmten Integrals

$$\int_0^1 f(x)dx = \int_0^1 \frac{2x^3}{\sqrt[3]{16 - x^4}} dx \quad \text{zu ermitteln.}$$

Die Integrandenfunktion ist im Intervall $[0; 1]$ stetig. Somit folgt bei Verwendung der Substitution $16 - x^4 = z$ oder $-4x^3 dx = dz$

$$\int_0^1 f(x)dx = -\frac{1}{2} \cdot \int_{16}^{15} \frac{dz}{\sqrt[3]{z}} = -\frac{3}{4} \cdot \sqrt[3]{z^2} \Big|_{16}^{15} = -\frac{3}{4} (\sqrt[3]{225} - \sqrt[3]{256}) \approx 0,201.$$

---

81. $y = f(x) = \dfrac{x^3}{\sqrt{x^2 - 1}}$ für $|x| > 1$;

$$\int_2^5 f(x)dx = \int_2^5 \frac{x^2}{\sqrt{x^2 - 1}} \cdot x\,dx = \int_{\sqrt{3}}^{\sqrt{24}} \frac{z^2 + 1}{z} \cdot z\,dz = \left[\frac{z^3}{3} + z \right]_{\sqrt{3}}^{\sqrt{24}} =$$

$$= 9 \cdot \sqrt{24} - 2 \cdot \sqrt{3} \approx 40,627$$

mit $\sqrt{x^2 - 1} = z$ oder $x^2 - 1 = z^2$ und $xdx = zdz$.

82. $y = f(x) = \dfrac{x}{1 - \sqrt{x}}$ für $\mathbb{D}_y = \mathbb{R}_o^+ \setminus \{1\}$;

Die Substitution $\sqrt{x} = z$ also $x = z^2$ (siehe Formel 3.11) und damit
$dx = 2zdz$ liefert unter Verwendung der Formeln 1.1 und 1.4

$$\int f(x)dx = \int \frac{z^2}{1 - z} \cdot 2z\,dz = 2 \cdot \int \frac{z^3}{1 - z}\,dz = -2 \cdot \int \frac{1 - z^3 - 1}{1 - z}\,dz =$$

$$= -2 \cdot \int (1 + z + z^2)\,dz + 2 \cdot \int \frac{dz}{1 - z} = -2 \cdot \left(z + \frac{z^2}{2} + \frac{z^3}{3} \right) -$$

$$- 2 \cdot \ln|1 - z| + C =$$

$$= -\frac{1}{3} \sqrt{x} \cdot (6 + 3\sqrt{x} + 2x) - 2 \cdot \ln|1 - \sqrt{x}| + C$$

in $[\,0;\,1[$ und $]1;\,+\infty[$.

---

83. $y = f(x) = \dfrac{1 - \sqrt[3]{x}}{1 + \sqrt{x}}$ für $x \geqslant 0$.

Mit der Substitution $\sqrt[6]{x} = z$ oder $x = z^6$ und damit $dx = 6z^5 dz$ gemäß
Formel 3.11 ergibt sich zunächst

$$\int f(x)dx = 6 \cdot \int \frac{1 - z^2}{1 + z^3} \cdot z^5 dz = 6 \cdot \int \frac{(1 - z) \cdot z^5}{1 - z + z^2}\,dz,$$

woraus nach Polynomdivision

$$\int f(x)dx = -6 \cdot \int \left(z^4 - z^2 - z + \frac{z}{z^2 - z + 1} \right)\,dz \quad \text{folgt.}$$

Die Formeln 1.1, 1.18 und 1.19 führen dann auf

$$\int f(x)dx = -6 \cdot \left[\frac{1}{5} z^5 - \frac{1}{3} z^3 - \frac{1}{2} z^2 + \frac{1}{2} \cdot \ln(z^2 - z + 1) + \right.$$

$$\left. + \frac{1}{\sqrt{3}} \cdot \arctan\left(\frac{2z - 1}{\sqrt{3}} \right) \right] + C =$$

$$= -6 \cdot \left[\frac{1}{5} \cdot \sqrt[6]{x^5} - \frac{1}{3} \cdot \sqrt{x} - \frac{1}{2} \cdot \sqrt[3]{x} + \frac{1}{2} \cdot \ln(\sqrt[3]{x} - \sqrt[6]{x} + 1) + \right.$$

$$+ \frac{1}{\sqrt{3}} \cdot \arctan \left(\frac{2 \cdot \sqrt[6]{x} - 1}{\sqrt{3}} \right) \Bigr] + C,$$

gültig in jedem Intervall aus $\mathbb{R}_o^+$.

---

84. $y = f(x) = \dfrac{1}{x \cdot \sqrt{1 + x^2}}$ für $x \neq 0$.

Setzt man $x = \dfrac{1}{t}$ und damit $dx = -\dfrac{dt}{t^2}$, so gilt in jedem Intervall für t oder

x, das 0 nicht enthält,

$$\int f(x)dx = -\int \frac{dt}{t^2 \cdot \frac{1}{t} \cdot \sqrt{1 + \frac{1}{t^2}}} = \operatorname{sgn}(-t) \cdot \int \frac{dt}{\sqrt{1 + t^2}} =$$

$$= \operatorname{sgn}(-t) \cdot \ln \left(\sqrt{1 + t^2} + t \right) + C, \quad \text{woraus wegen}$$

$$-\ln \left(\sqrt{1 + t^2} + t \right) = \ln \frac{1}{t + \sqrt{1 + t^2}} = \ln \left(\sqrt{1 + t^2} - t \right)$$

$$\int f(x)dx = \ln \left(\sqrt{1 + t^2} - |t| \right) + C = \ln \left(\sqrt{1 + \frac{1}{x^2}} - \frac{1}{|x|} \right) + C =$$

$$= \ln \frac{\sqrt{1 + x^2} - 1}{|x|} + C \quad \text{folgt.}$$

Nach Formel 1.53 wird $\displaystyle\int f(x)\,dx = -\ln \left| \dfrac{1 + \sqrt{1 + x^2}}{x} \right| + C$, was bei

Erweiterung des auftretenden Bruches mit $1 - \sqrt{1 + x^2}$ auf das gleiche
Ergebnis führt.

---

85. $y = f(x) = \dfrac{1}{x^2 \cdot \sqrt{a^2 - x^2}}$ mit $a \in \mathbb{R}^+$ und $\mathbb{D}_y = \{ x \mid 0 < |x| < a \}$.

Für $x = \dfrac{a}{t}$ mit $dx = -a \cdot \dfrac{dt}{t^2}$ gilt in jedem x-Intervall aus D_y und jedem

durch die Substitution zugeordneten t-Intervall

$$\int f(x)\,dx = -\frac{\operatorname{sgn} t}{a^2} \cdot \int \frac{t\,dt}{\sqrt{t^2 - 1}} = -\frac{\operatorname{sgn} t}{a^2} \cdot \sqrt{t^2 - 1} + C =$$

$$= -\frac{\operatorname{sgn} x}{a^2 \cdot |x|} \cdot \sqrt{a^2 - x^2} + C = \frac{-1}{a^2 \cdot x} \cdot \sqrt{a^2 - x^2} + C$$

für $0 < |x| < a$ (Formel 1.56).

Zur Ermittlung des Integrals kann auch die Rekursionsformel 1.54 herangezogen werden.

---

86. $y = f(x) = \dfrac{3}{x \cdot \sqrt{4 - x^2}}$ für $0 < |x| < 2$.

Durch die Transformation $x = 2 \cdot \sin t$ mit $dx = 2 \cdot \cos t\, dt$ können die x-Intervalle $]-2; 0[$ bzw. $]0; 2[$ umkehrbar eindeutig auf die t-Intervalle $\left] -\dfrac{\pi}{2}; 0 \right[$ bzw. $\left] 0; \dfrac{\pi}{2} \right[$ abgebildet werden. Das Integral wird so (siehe Formel 3.12) auf eines mit goniometrischem Integranden zurückgeführt:

$$\int f(x)dx = 3 \int \frac{\cos t\, dt}{\sin t \cdot \sqrt{4 - 4 \cdot \sin^2 t}} = \frac{3}{2} \cdot \int \frac{dt}{\sin t} =$$

$$= \frac{3}{2} \cdot \ln \left| \tan \left(\frac{t}{2} \right) \right| + C. \quad \text{(Formel 2.14}^{*)}\text{)}$$

Mit $\tan \left(\dfrac{t}{2} \right) = \dfrac{\sin t}{1 + \cos t} = \dfrac{\sin t}{1 + \sqrt{1 - \sin^2 t}}$ für $|t| \leqslant \dfrac{\pi}{2}$ folgt

hieraus

$$\int f(x)dx = \frac{3}{2} \cdot \ln \left| \frac{\dfrac{x}{2}}{1 + \sqrt{1 - \left(\dfrac{x}{2} \right)^2}} \right| + C = -\frac{3}{2} \cdot \ln \left| \frac{2 + \sqrt{4 - x^2}}{x} \right| + C,$$

was auch unmittelbar aus der Formel 1.53 gefunden werden kann.

---

87.   Man ermittle den Wert von $\displaystyle\int_{0}^{\frac{3}{\sqrt{2}}} \frac{dx}{\sqrt{9 - x^2}^{\,3}}$.

Durch die Transformation $x = 3 \cdot \sin t$, also $dx = 3 \cdot \cos t\, dt$ (vgl. vorheriges Beispiel und Formel 3.12), kann das Integrationsintervall $\left[0; \dfrac{3}{\sqrt{2}} \right]$ umkehrbar eindeutig auf das t-Intervall $\left[0; \dfrac{\pi}{4} \right]$ abgebildet

---

*) Integration transzendenter Funktionen siehe S. 100.

werden. Damit ergibt sich

$$\int_0^{\frac{3}{\sqrt{2}}} \frac{dx}{\sqrt{9 - x^2}^3} = \int_0^{\frac{\pi}{4}} \frac{3 \cdot \cos t}{\sqrt{9 - 9 \cdot \sin^2 t}^3} \, dt = \frac{1}{9} \cdot \int_0^{\frac{\pi}{4}} \frac{dt}{\cos^2 t} =$$

$$= \frac{1}{9} \cdot \tan t \Big|_0^{\frac{\pi}{4}} = \frac{1}{9} \approx 0,111. \qquad \text{(Formel 2.23)}$$

Das Ergebnis kann auch mit Formel 1.74 gefunden werden.

---

88. $\quad y = f(x) = \dfrac{1}{x^2 \cdot \sqrt{4 + x^2}} \quad$ für $x \in \mathbb{R} \setminus \{0\}$.

Mit der Substitution $x = 2 \tan t$, also $dx = \dfrac{2 \, dt}{\cos^2 t}$ gilt in den x-Interval-

len $]-\infty \, ; \, 0[$ bzw. $]0; +\infty \, [$ und den sich umkehrbar eindeutig zuordnen

lassenden t-Intervallen $\left] -\dfrac{\pi}{2} ; 0 \right[$ bzw. $\left] 0; \dfrac{\pi}{2} \right[$ entsprechend Formel 3.13

$$\int f(x)dx = \frac{1}{2} \cdot \int \frac{dt}{\cos^2 t \cdot \tan^2 t \cdot \sqrt{4 + 4 \tan^2 t}} = \frac{1}{4} \cdot \int \frac{\cos t}{\sin^2 t} \, dt.$$

Die weitere Substitution $\sin t = z$ mit $\cos t \, dt = dz$ erbringt über die
z-Intervalle $]-1; 0[$ bzw. $]0; 1[$

$$\int f(x) \, dx = \frac{1}{4} \cdot \int \frac{dz}{z^2} = -\frac{1}{4} \cdot \frac{1}{z} + C = -\frac{1}{4} \cdot \frac{1}{\sin t} + C =$$

$$= -\frac{1}{4} \cdot \frac{\sqrt{1 + \tan^2 t}}{\tan t} + C = -\frac{1}{4} \cdot \frac{\sqrt{4 + x^2}}{x} + C.$$

Das Ergebnis kann auch sofort aus der Formel 1.54 gewonnen werden.

---

89. $\quad y = f(x) = \dfrac{1}{x \cdot \sqrt{x^2 - 25}} \quad$ für $|x| > 5$.

Mit der Substitution $x = \dfrac{5}{\cos t}$, also $dx = \dfrac{5 \cdot \sin t}{\cos^2 t} \, dt$ gilt in den x-Inter-

vallen $]-\infty \, ; \, -5[$ bzw. $]5; +\infty \, [$ und den t-Intervallen $\left] \dfrac{\pi}{2} ; \pi \right[$ bzw. $\left] 0; \dfrac{\pi}{2} \right[$,

welche diesen umkehrbar eindeutig zugeordnet werden können:

$$\int f(x)dx = \int \frac{\sin t \, dt}{\cos t \cdot \sqrt{\dfrac{25}{\cos^2 t} - 25}} = \frac{1}{5} \cdot \int \frac{\sqrt{\cos^2 t}}{\cos t} \, dt = \frac{1}{5} \, \text{sgn}(\cos t) \cdot \int dt =$$

$$= \frac{1}{5} \cdot \text{sgn}(\cos t) \cdot t + C_1 \, . \quad \text{(Siehe Formel 3.14)}$$

Über $t = \text{arc} \cos \left(\dfrac{5}{x}\right) = \dfrac{\pi}{2} - \text{arc} \sin \left(\dfrac{5}{x}\right)$ ergibt sich wegen

$\text{sgn}(\cos t) = \text{sgn } x$ hieraus

$$\int f(x)dx = \frac{1}{5} \cdot \text{sgn } x \cdot \left(\frac{\pi}{2} - \text{arc} \sin \left(\frac{5}{x}\right)\right) + C_1 =$$

$$= -\frac{1}{5} \cdot \text{sgn } x \cdot \text{arc} \sin \left(\frac{5}{x}\right) + \frac{\pi}{10} \cdot \text{sgn } x + C_1 =$$

$$= -\frac{1}{5} \cdot \text{arc} \sin \left(\frac{5}{|x|}\right) + C_2 \quad \text{mit } C_1, \, C_2 \text{ als Integrationskonstanten.}$$

Das gleiche Resultat folgt für $a = 5$ aus Formel 1.58.

---

90. Man bestimme $\displaystyle\int \frac{x^2 dx}{\sqrt{1 + x^2}}$.

Das Integral läßt sich in der Form $\displaystyle\int x \cdot \frac{x \, dx}{\sqrt{1 + x^2}}$ schreiben und kann

mit Hilfe der **Produktintegration** oder **partiellen Integration** gemäß der Formel

$$\int f(x) \cdot g(x)dx = f(x) \cdot G(x) - \int G(x) \cdot f'(x)dx, \quad \text{wobei } G(x) \text{ eine Stammfunktion}$$

von $g(x)$ bedeutet, ermittelt werden.

Man erhält mit $f(x) = x$, $g(x) = \dfrac{x}{\sqrt{1 + x^2}}$, also $f'(x) = 1$ und

$G(x) = \sqrt{1 + x^2}$,

$$\int \frac{x^2 dx}{\sqrt{1 + x^2}} = x \cdot \sqrt{1 + x^2} - \int \sqrt{1 + x^2} \, dx =$$

$$= x \cdot \sqrt{1 + x^2} - \int \frac{dx}{\sqrt{1 + x^2}} - \int \frac{x^2 dx}{\sqrt{1 + x^2}} \, ,$$

woraus über

$$2 \cdot \int \frac{x^2 dx}{\sqrt{1 + x^2}} = x \cdot \sqrt{1 + x^2} - \int \frac{dx}{\sqrt{1 + x^2}}$$

unter Verwendung von Formel 1.49

$$\int \frac{x^2 dx}{\sqrt{1 + x^2}} = \frac{x}{2} \sqrt{1 + x^2} - \frac{1}{2} \ln(x + \sqrt{1 + x^2}) + C$$

für jedes Intervall aus $\mathbb{R}$ gefunden wird.

Kürzer ist folgender Rechnungsgang unter Verwendung der Formeln 1.49 und 1.60:

$$\int f(x)\, dx = \int \frac{1 + x^2 - 1}{\sqrt{1 + x^2}}\, dx = \int \sqrt{1 + x^2}\, dx - \int \frac{dx}{\sqrt{1 + x^2}} =$$

$$= \frac{x}{2} \cdot \sqrt{1 + x^2} + \frac{1}{2} \ln(x + \sqrt{1 + x^2}) - \ln(x + \sqrt{1 + x^2}) + C =$$

$$= \frac{x}{2} \cdot \sqrt{1 + x^2} - \frac{1}{2} \ln(x + \sqrt{1 + x^2}) + C.$$

Schließlich kann zur Lösung der Aufgabe auch die Rekursionsformel 1.52 oder die Substitution 3.13 herangezogen werden.

---

91. $y = f(x) = \dfrac{x^n}{\sqrt{a^2 - b^2 x^2}}$ für $n \in \mathbb{N}$, $a, b \in \mathbb{R} \setminus \{0\}$ und $\mathbb{D}_y = \left\{ x \mid |x| < \left|\dfrac{a}{b}\right| \right\}$;

$$\int f(x) dx = -\frac{1}{b^2} \cdot \int x^{n-1} \cdot \frac{-b^2 x\, dx}{\sqrt{a^2 - b^2 x^2}} =$$

$$= -\frac{1}{b^2} x^{n-1} \cdot \sqrt{a^2 - b^2 x^2} + \frac{n-1}{b^2} \cdot \int x^{n-2} \cdot \sqrt{a^2 - b^2 x^2}\; dx,$$

wobei für die P r o d u k t i n t e g r a t i o n in der Formel $\int u\, dv = u \cdot v - \int v\, du$

$$u = -\frac{1}{b^2} x^{n-1} \quad \text{und} \quad dv = \frac{-b^2 x}{\sqrt{a^2 - b^2 x^2}}\, dx$$

gesetzt wurde. Zerlegen des neuen Integrals führt über

$$\int \frac{x^n}{\sqrt{a^2 - b^2x^2}}\, dx = -\frac{1}{b^2}\, x^{n-1} \cdot \sqrt{a^2 - b^2x^2} + \frac{(n-1)\, a^2}{b^2} \cdot$$

$$\cdot \int \frac{x^{n-2}}{\sqrt{a^2 - b^2x^2}}\, dx - (n-1) \cdot \int \frac{x^n}{\sqrt{a^2 - b^2x^2}}\, dx$$

nach Zusammenfassen und Division durch n auf die R e k u r s i o n s f o r m e l

$$\int \frac{x^n\, dx}{\sqrt{a^2 - b^2x^2}} = -\frac{x^{n-1}}{n\, b^2} \cdot \sqrt{a^2 - b^2x^2} + \frac{n-1}{n} \cdot \frac{a^2}{b^2} \cdot \int \frac{x^{n-2}}{\sqrt{a^2 - b^2x^2}}\, dx$$

$$\text{in} \quad \left] -\left|\frac{a}{b}\right| \; ; \; \left|\frac{a}{b}\right| \right[.$$

Im speziellen Fall n = 4, a = 2 und b = 3 liefert die zweimalige Verwendung dieses Ergebnisses

$$\int \frac{x^4\, dx}{\sqrt{4 - 9x^2}} = -\frac{x^3}{36} \cdot \sqrt{4 - 9x^2} + \frac{1}{3} \cdot \int \frac{x^2}{\sqrt{4 - 9x^2}}\, dx =$$

$$= -\frac{x^3}{36} \cdot \sqrt{4 - 9x^2} + \frac{1}{3} \left(-\frac{x}{18} \cdot \sqrt{4 - 9x^2} + \frac{2}{9} \cdot \int \frac{dx}{\sqrt{4 - 9x^2}} \right) =$$

$$= -\frac{x^3}{36} \cdot \sqrt{4 - 9x^2} - \frac{x}{54} \cdot \sqrt{4 - 9x^2} + \frac{2}{81} \cdot \arcsin\left(\frac{3x}{2}\right) + C =$$

$$= -\frac{x \cdot (3x^2 + 2)}{108} \cdot \sqrt{4 - 9x^2} + \frac{2}{81} \cdot \arcsin\left(\frac{3x}{2}\right) + C$$

$$\text{in} \quad \left] -\frac{2}{3} \; ; \; \frac{2}{3} \right[.$$

Bei Umformung des Integranden in $f(x) = \dfrac{x^4}{3 \cdot \sqrt{\dfrac{4}{9} - x^2}}$ kann das Beispiel

nach Formel 1.52 behandelt werden. Auch der Ansatz gemäß Formel 1.79 (siehe Nr. 95 und Nr. 99) führt zum Ziel.

92. Welchen Wert hat $\int\limits_{0}^{1} x^3 \cdot \sqrt{1 - x^2}\, dx$?

Mit der Substitution $1 - x^2 = z$ und $-2x\, dx = dz$ ergibt sich

$$\int\limits_{0}^{1} x^3 \cdot \sqrt{1 - x^2}\, dx = -\frac{1}{2} \cdot \int\limits_{1}^{0} (1 - z) \cdot \sqrt{z}\, dz = -\frac{1}{2} \left[\frac{2}{3} \cdot z^{\frac{3}{2}} - \frac{2}{5} \cdot z^{\frac{5}{2}} \right]_{1}^{0} =$$

$$= \frac{2}{15} \approx 0,133.$$

Eine andere Möglichkeit besteht in der Verwendung der Formel 1.63.

---

93. $y = f(x) = \dfrac{1}{\sqrt{x^2 + 4x + 5}}$;

$$\int f(x)dx = \int \frac{dx}{\sqrt{1 + (2 + x)^2}} = \int \frac{dz}{\sqrt{1 + z^2}} = \ln(z + \sqrt{1 + z^2}\,) + C =$$

$$= \ln(2 + x + \sqrt{x^2 + 4x + 5}\,) + C$$

mit $2 + x = z$ und $dx = dz$.
(Formel 1.49)

Das Ergebnis kann auch unmittelbar der Formel 1.69 entnommen werden.

---

94. $y = f(x) = \sqrt{x^2 - 2x + 2}$;

$$\int f(x)dx = \int \sqrt{1 + (x - 1)^2}\, dx = \int \sqrt{1 + z^2}\, dz =$$

$$= \frac{z}{2} \cdot \sqrt{1 + z^2} + \frac{1}{2} \cdot \ln(z + \sqrt{1 + z^2}) + C$$

mit $x - 1 = z$, $dx = dz$ und Formel 1.60,

also $\int f(x)dx = \frac{1}{2}\ln(x - 1 + \sqrt{x^2 - 2x + 2}) + \frac{x - 1}{2} \sqrt{x^2 - 2x + 2} + C.$

Eine andere Möglichkeit zur Auffindung einer Stammfunktion besteht in der Verwendung der Formeln 1.75 und anschließend 1.69.

---

95. $y = f(x) = \dfrac{2x + 5}{\sqrt{x^2 + 6x + 8}}$ für $x < -4$ und $x > -2$;

$$\int f(x)dx = \int \frac{2x + 6}{\sqrt{x^2 + 6x + 8}}\, dx - \int \frac{dx}{\sqrt{x^2 + 6x + 8}}\;,$$

woraus mit der Substitution $x^2 + 6x + 8 = z$ für das erste Integral und der Formel 1.69 für das zweite Integral

$$\int f(x)dx = \int \frac{dz}{\sqrt{z}} - \ln| 2x + 6 + 2 \cdot \sqrt{x^2 + 6x + 8}\,| + C_1 =$$

$$= 2 \cdot \sqrt{z} + C_2 - \ln|x + 3 + \sqrt{x^2 + 6x + 8}\,| - \ln 2 + C_1 =$$

$$= 2 \cdot \sqrt{x^2 + 6x + 8} - \ln|x + 3 + \sqrt{x^2 + 6x + 8}\,| + C$$

mit $C = C_2 - \ln 2 + C_1$ in $]-\infty\;;\; -4[$ und $]-2; \infty[$ gefunden wird.

Auch der Ansatz

$$\int \frac{2x + 5}{\sqrt{x^2 + 6x + 8}}\, dx = A_0 \cdot \sqrt{x^2 + 6x + 8} + A_1 \cdot \int \frac{dx}{\sqrt{x^2 + 6x + 8}}$$

gemäß Formel 1.79, welcher nach beiderseitigem Differenzieren über

$$\frac{2x + 5}{\sqrt{x^2 + 6x + 8}} = \frac{A_0 \cdot (x + 3)}{\sqrt{x^2 + 6x + 8}} + \frac{A_1}{\sqrt{x^2 + 6x + 8}}$$

und $2x + 5 = A_0 x + 3A_0 + A_1$ durch Koeffizientenvergleich auf $A_0 = 2$, $A_1 = -1$ führt, bringt dieses Ergebnis.

Schließlich können für eine Berechnung des unbestimmten Integrals auch die beiden Formeln 1.69 und 1.70 herangezogen werden.

---

96. $y = f(x) = \dfrac{x^2 - 3}{\sqrt{5 - 4x - x^2}}$ für $-5 < x < 1$.

Die Substitution $x + 2 = z$ und damit $dx = dz$ liefert

$$\int f(x)dx = \int \frac{(x^2 - 3)\, dx}{\sqrt{9 - (x + 2)^2}} = \int \frac{(z - 2)^2 - 3}{\sqrt{9 - z^2}}\, dz =$$

$$= \int \frac{z^2\, dz}{\sqrt{9 - z^2}} - 4 \int \frac{z\, dz}{\sqrt{9 - z^2}} + \int \frac{dz}{\sqrt{9 - z^2}}\;.$$

Die weitere Behandlung kann etwa mit den Formeln 1.50 - 1.52 erfolgen und ergibt über

$$\int f(x)dx = -\frac{z}{2}\cdot\sqrt{9 - z^2} + \frac{9}{2}\cdot\text{arc sin}\left(\frac{z}{3}\right) + 4\cdot\sqrt{9 - z^2} + \text{arc sin}\left(\frac{z}{3}\right) =$$

$$= \left(4 - \frac{z}{2}\right)\cdot\sqrt{9 - z^2} + \frac{11}{2}\cdot\text{arc sin}\left(\frac{z}{3}\right) + C$$

$$\int f(x)dx = \frac{6 - x}{2}\cdot\sqrt{5 - 4x - x^2} + \frac{11}{2}\cdot\text{arc sin}\left(\frac{x + 2}{3}\right) + C$$

$$\text{in }]-5; 1[.$$

Auch diese Aufgabe kann über den Ansatz von Formel 1. 79 gelöst werden (vgl. Nr. 99).

---

97. $y = f(x) = x\sqrt{x^2 - x + 1}$;

$$\int f(x)dx = \frac{1}{2}\cdot\int(2x - 1)\cdot\sqrt{x^2 - x + 1}\ dx + \frac{1}{2}\cdot\int\sqrt{\left(x - \frac{1}{2}\right)^2 + \frac{3}{4}}\ dx =$$

$$= \frac{1}{2}\cdot\int\sqrt{z}\ dz + \frac{1}{2}\cdot\int\sqrt{w^2 + \frac{3}{4}}\ dw \quad \text{mit}$$

$x^2 - x + 1 = z$ und $(2x - 1)dx = dz$, sowie $x - \frac{1}{2} = w$ und $dx = dw$.

Unter Verwendung der Formeln 1. 1 und 1. 60 erhält man hieraus

$$\int f(x)dx = \frac{1}{3}\cdot z^{\frac{3}{2}} + \frac{1}{2}\cdot\left(\frac{w}{2}\cdot\sqrt{w^2 + \frac{3}{4}}\right) + \frac{3}{8}\cdot\ln\left(w + \sqrt{w^2 + \frac{3}{4}}\right) + C_1 =$$

$$= \frac{1}{3}\cdot\sqrt{x^2 - x + 1}^3 + \frac{2x - 1}{8}\cdot\sqrt{x^2 - x + 1} +$$

$$+ \frac{3}{16}\cdot\ln\left(\frac{2x - 1}{2} + \sqrt{x^2 - x + 1}\right) + C_1 =$$

$$= \frac{1}{24}\cdot(8x^2 - 2x + 5)\cdot\sqrt{x^2 - x + 1} + \frac{3}{16}\cdot$$

$$\cdot\ln(2x - 1 + 2\cdot\sqrt{x^2 - x + 1}) + C_2$$

mit $C_2 = C_1 - \frac{3}{16}\cdot\ln 2$ als Integrationskonstante, gültig in $]-\infty ; +\infty [$.

Durch die Umformung $f(x) = \dfrac{x^3 - x^2 + x}{\sqrt{x^2 - x + 1}}$ kann die Lösung ähnlich wie in

Nr. 95 und 99 auch über den Ansatz von Formel 1. 79

$$\int \frac{x^3 - x^2 + x}{\sqrt{x^2 - x + 1}} \, dx = (A_0 + A_1 + A_2 x^2) \cdot \sqrt{x^2 - x + 1} + A_3 \cdot \int \frac{dx}{\sqrt{x^2 - x + 1}}$$

gefunden werden.

Endlich gestattet Formel 1.76 in Verbindung mit Formel 1.69, das unbestimmte Integral unmittelbar anzugeben.

---

98.   Es ist der Wert des bestimmten Integrals $\displaystyle\int\limits_{1}^{2} \frac{dx}{x^2 \cdot \sqrt{x^2 + x + 2}}$ zu berechnen.

Da der Integrand von der Form $F(x; \sqrt{ax^2 + bx + c}\,)$ und $a > 0$ ist, kann nach Formel 3.16 durch die Substitution

$$z = x + \sqrt{x^2 + x + 2} \quad \text{und damit} \quad x = \frac{z^2 - 2}{2z + 1} \quad \text{sowie} \quad dx = 2 \cdot \frac{z^2 + z + 2}{(2z + 1)^2} dz$$

eine Rückführung auf ein Integral mit rationalem Integranden erreicht werden.

Durchläuft x zunehmend das Integrationsintervall [1;2], so wächst offenbar auch z streng monoton. Das x-Intervall [1;2] wird daher umkehrbar eindeutig auf das z-Intervall $[3;2(1 + \sqrt{2})]$ abgebildet.

Es ergibt sich unter Verwendung der Formeln 1.21 und 1.22

$$\int\limits_{1}^{2} \frac{dx}{x^2 \cdot \sqrt{x^2 + x + 2}} = 2 \cdot \int\limits_{3}^{2(1+\sqrt{2})} \frac{2z + 1}{(z^2 - 2)^2} \, dz =$$

$$= 2 \cdot \int\limits_{3}^{2(1+\sqrt{2})} \left[\frac{2z}{(z^2 - 2)^2} + \frac{1}{(z^2 - 2)^2} \right] dz =$$

$$= -\frac{1}{2} \cdot \left[\frac{4}{z^2 - 2} + \frac{z}{z^2 - 2} \right]_{3}^{2(1+\sqrt{2})} - \frac{1}{2} \cdot \int\limits_{3}^{2(1+\sqrt{2})} \frac{dz}{z^2 - 2} =$$

$$= -\frac{1}{2} \cdot \left[\frac{4 + z}{z^2 - 2} - \frac{1}{2\sqrt{2}} \cdot \ln \left| \frac{\sqrt{2} + z}{\sqrt{2} - z} \right| \right]_{3}^{2(1+\sqrt{2})} =$$

$$= 1 - \frac{1}{\sqrt{2}} + \frac{1}{4\sqrt{2}} \cdot \ln(4\sqrt{2} - 5) \approx 0,219.$$

Das Integral kann auch mit Hilfe der Formeln 1.72 und 1.73 wie folgt ausgewertet werden:

$$\int_1^2 \frac{dx}{x^2 \cdot \sqrt{x^2 + x + 2}} = -\frac{1}{2x} \cdot \sqrt{x^2 + x + 2} \,\Big|_1^2 - \frac{1}{4} \cdot \int_1^2 \frac{dx}{x \cdot \sqrt{x^2 + x + 2}} =$$

$$= -\frac{1}{\sqrt{2}} + 1 + \frac{1}{4} \cdot \frac{1}{\sqrt{2}} \cdot \ln \left| \frac{x + 4 + 2\sqrt{2} \, \sqrt{x^2 + x + 2}}{x} \right| \Big|_1^2 =$$

$$= -\frac{1}{\sqrt{2}} + 1 + \frac{1}{4\sqrt{2}} \cdot \ln \frac{7}{5 + 4\sqrt{2}} =$$

$$= 1 - \frac{1}{\sqrt{2}} + \frac{1}{4\sqrt{2}} \cdot \ln(4\sqrt{2} - 5) \approx 0,219.$$

Eine weitere Berechnungsmöglichkeit bietet die Substitution $x = \frac{1}{u}$, also
$dx = \frac{-du}{u^2}$, welche mit Hilfe der Formeln 1. 69 und 1. 70

$$\int_1^2 \frac{dx}{x^2 \cdot \sqrt{x^2 + x + 2}} = -\int_1^{0,5} \frac{u \, du}{\sqrt{2u^2 + u + 1}} =$$

$$= -\frac{1}{2} \sqrt{2u^2 + u + 1} \,\Big|_1^{0,5} + \frac{1}{4} \int_1^{0,5} \frac{du}{\sqrt{2u^2 + u + 1}} =$$

$$= 1 - \frac{\sqrt{2}}{2} + \frac{1}{4\sqrt{2}} \cdot \left[\ln \left| 4u + 1 + 2\sqrt{2} \, \sqrt{2u^2 + u + 1} \right| \right]_1^{0,5} =$$

$$= 1 - \frac{\sqrt{2}}{2} + \frac{1}{4\sqrt{2}} \cdot \ln \frac{7}{5 + 4\sqrt{2}} \approx 0,219$$

liefert.

---

99. Welchen Wert hat $\displaystyle\int_{0,5}^{1,5} \frac{x^3 \, dx}{\sqrt{1 + x - x^2}}$?

Integrale mit Integranden der Form $F(x;\ \sqrt{ax^2 + bx + c}) \wedge c > 0$ können
gemäß Formel 3. 17 durch die Substitution $z = \dfrac{\sqrt{ax^2 + bx + c} + \sqrt{c}}{x}$
für $x \neq 0$ auf solche mit rationalem Integranden zurückgeführt werden.

Im vorliegenden Beispiel erhält man $z = \dfrac{\sqrt{1 + x - x^2} + 1}{x}$, also

$x = \dfrac{2z + 1}{z^2 + 1}$ und damit $dx = -2 \cdot \dfrac{z^2 + z - 1}{(z^2 + 1)^2}\, dz$. Aus der Umformung

$z = \dfrac{1 + \sqrt{\dfrac{5}{4} - \left(x - \dfrac{1}{2}\right)^2}}{x}$ erkennt man, daß z mit zunehmendem x im

Integrationsintervall $0,5 \leqslant x \leqslant 1,5$ streng monoton abnimmt und dieses daher umkehrbar eindeutig auf das z-Intervall $2 + \sqrt{5} \geqslant z \geqslant 1$ abbildet,

in welchem $\sqrt{1 + x - x^2} = \dfrac{z^2 + z - 1}{z^2 + 1}$ ist. Damit wird

$$\int_{0,5}^{1,5} \frac{x^3\, dx}{\sqrt{1 + x - x^2}} = 2 \cdot \int_{1}^{2+\sqrt{5}} \frac{(2z + 1)^3}{(z^2 + 1)^4}\, dz = 2 \cdot \int_{1}^{2+\sqrt{5}} \left[\frac{8z}{(z^2 + 1)^3} - \frac{2z}{(z^2 + 1)^4} + \right.$$

$$\left. + \frac{12}{(z^2 + 1)^3} - \frac{11}{(z^2 + 1)^4} \right] dz, \text{ woraus mit den Formeln}$$

1.21 und 1.22

$$\int_{0,5}^{1,5} \frac{x^3 dx}{\sqrt{1 + x - x^2}} = 2 \cdot \left[-\frac{2}{(z^2 + 1)^2} + \frac{1}{3} \cdot \frac{1}{(z^2 + 1)^3} - \frac{11}{6} \cdot \frac{z}{(z^2 + 1)^3} + \right.$$

$$\left. + \frac{17}{24} \cdot \frac{z}{(z^2 + 1)^2} + \frac{17}{16} \cdot \frac{z}{z^2 + 1} + \frac{17}{16} \cdot \arctan z \right]_{1}^{2+\sqrt{5}}$$

$$= -\frac{4}{3} + \frac{19}{24} \cdot \sqrt{5} + \frac{17}{8} \cdot [\arctan(2 + \sqrt{5}) - \arctan 1]$$

$$= -\frac{4}{3} + \frac{19}{24} \cdot \sqrt{5} + \frac{17}{16} \cdot \arctan 2 \approx 1,613 \text{ folgt.}$$

Ein kürzerer Weg zur Berechnung führt über den Ansatz

$$\int \frac{x^3 dx}{\sqrt{1 + x - x^2}} = (A_O + A_1 x + A_2 x^2) \cdot \sqrt{1 + x - x^2} + A_3 \cdot \int \frac{dx}{\sqrt{1 + x - x^2}}$$

von Formel 1.79.

Nach Differentiation und Beseitigung der Nenner erhält man aus

$$x^3 = (A_1 + 2A_2 x)(1 + x - x^2) + (A_O + A_1 x + A_2 x^2) \cdot \frac{1 - 2x}{2} + A_3$$

für die unbestimmten Koeffizienten A_0, A_1, A_2, A_3 durch Vergleich entsprechender Potenzen von x das lineare Gleichungssystem

$$x^0 \mid \quad 0 = A_1 + \frac{1}{2} A_0 + A_3$$

$$x^1 \mid \quad 0 = A_1 + 2A_2 - A_0 + \frac{1}{2} A_1$$

$$x^2 \mid \quad 0 = 2A_2 - A_1 - A_1 + \frac{1}{2} A_2$$

$$x^3 \mid \quad 1 = -2A_2 - A_2$$

mit der Lösung $A_0 = -\frac{31}{24}$, $A_1 = -\frac{5}{12}$, $A_2 = -\frac{1}{3}$, $A_3 = \frac{17}{16}$.

Damit folgt

$$\int_{0,5}^{1,5} f(x)dx = \left[\left(-\frac{31}{24} - \frac{5}{12} x - \frac{1}{3} x^2 \right) \cdot \sqrt{1 + x - x^2} - \frac{17}{16} \cdot \arcsin \left(\frac{1 - 2x}{\sqrt{5}} \right) \right]_{0,5}^{1,5} =$$

$$= -\frac{4}{3} + \frac{19}{24} \sqrt{5} + \frac{17}{16} \cdot \arcsin \frac{2}{\sqrt{5}} =$$

$$= -\frac{4}{3} + \frac{19}{24} \sqrt{5} + \frac{17}{16} \cdot \arctan 2 \approx 1,613.$$

---

100. Man berechne den Wert des bestimmten Integrals $\displaystyle\int_0^2 \frac{x\,dx}{\sqrt{x^2 + 5x + 4}^{\,3}}$.

Wie bei den beiden vorhergehenden Beispielen ist der Integrand

$$f(x) = \frac{x}{\sqrt{x^2 + 5x + 4}^{\,3}} \quad \text{von der Form } F(x; \sqrt{ax^2 + bx + c}\,). \text{ Da}$$

$x^2 + 5x + 4 = 0$ die reellen Lösungen $x_1 = -4$ und $x_2 = -1$ besitzt,

kann entsprechend der Formel 3.18 durch die Substitution

$$z = \frac{1}{x + 4} \cdot \sqrt{x^2 + 5x + 4} , \text{ also } x = \frac{-1 + 4z^2}{1 - z^2} \text{ und damit}$$

$$dx = 2z \cdot \frac{3}{(1 - z^2)^2} \, dz, \text{ ein Integral mit rationalem Integranden erhalten}$$

werden.

Wie man aus der im Integrationsintervall $0 \leqslant x \leqslant 2$ gültigen Umformung

$$z = \sqrt{\frac{x+1}{x+4}} = \sqrt{1 - \frac{3}{x+4}}$$ erkennen kann, wächst dort z mit zunehmen-

dem x streng monoton. Das x-Intervall $[0; 2]$ wird daher umkehrbar ein-

deutig auf das z-Intervall $\left[\dfrac{1}{2}; \dfrac{1}{\sqrt{2}}\right]$ abgebildet, und über $\sqrt{x^2 + 5x + 4} =$

$$= \frac{3z}{1 - z^2}$$ ergibt sich

$$\int_0^2 f(x)dx = \int_{\frac{1}{2}}^{\frac{1}{\sqrt{2}}} \frac{2 \cdot (4z^2 - 1)}{9z^2}\, dz = \frac{2}{9} \cdot \left[4z + \frac{1}{z}\right]_{\frac{1}{2}}^{\frac{1}{\sqrt{2}}} = \frac{2 \cdot \sqrt{2}}{3} - \frac{8}{9} \approx 0,054.$$

Eine andere Möglichkeit der Auswertung bietet die Anwendung der P r o -
d u k t i n t e g r a t i o n unter Verwendung der Formel 1. 74:

$$\int_0^2 f(x)dx = \int_0^2 x \cdot \frac{dx}{\sqrt{x^2 + 5x + 4}^3} = x \cdot \left[-\frac{2}{9} \cdot \frac{2x + 5}{\sqrt{x^2 + 5x + 4}}\right]\Big|_0^2 +$$

$$+ \frac{2}{9} \cdot \int_0^2 \frac{2x + 5}{\sqrt{x^2 + 5x + 4}}\, dx = -\frac{2}{3} \cdot \sqrt{2} + \frac{4}{9} \cdot \sqrt{x^2 + 5x + 4}\,\Big|_0^2 =$$

$$= -\frac{2}{3} \cdot \sqrt{2} + \frac{4}{3} \cdot \sqrt{2} - \frac{8}{9} = \frac{2 \cdot \sqrt{2}}{3} - \frac{8}{9} \approx 0,054.$$

---

101. $y = f(x) = \dfrac{1}{(x - 2)^2 \sqrt{x^2 - x}}$ für $x \notin [0; 1]$, $x \neq 2$.

Nach Formel 1. 78 ergibt sich mit der Substitution $x - 2 = \dfrac{1}{z}$ oder

$x = \dfrac{1 + 2z}{z}$ und $dx = -\dfrac{dz}{z^2}$

$$\int f(x)dx = \mp \int \frac{z\, dz}{\sqrt{2z^2 + 3z + 1}} \quad , \text{ wobei von den doppelten Vorzeichen das}$$

obere im Fall $z > 0$, das untere für $z < 0$ gilt.

Dieses Integral läßt sich nach Formel Nr. 1. 70 weiter behandeln und liefert
in Verbindung mit Formel Nr. 1. 69 über

$$\int f(x)dx = \mp \left[\frac{1}{2} \cdot \sqrt{2z^2 + 3z + 1} \ - \frac{3}{4} \cdot \int \frac{dz}{\sqrt{2z^2 + 3z + 1}} \right] =$$

$$= \mp \left[\frac{1}{2} \cdot \sqrt{2z^2 + 3z + 1} \ - \frac{3 \cdot \sqrt{2}}{8} \cdot \ln \left| 4z + 3 + \right. \right.$$

$$\left. \left. + \ 2 \cdot \sqrt{2} \cdot \sqrt{2z^2 + 3z + 1} \right| \right] + C$$

$$\int f(x)dx = \frac{-1}{2(x - 2)} \cdot \sqrt{x^2 - x} \ + \frac{3 \cdot \sqrt{2}}{8} \ln \left| \frac{3x - 2 + 2 \cdot \sqrt{2} \cdot \sqrt{x^2 - x}}{x - 2} \right| + C$$

$$\text{in }]-\infty \ ; 0[\ , \ ]1; 2[\ , \ ]2; +\infty \ [$$

unter Verwendung der Beziehung $\ln \left| \dfrac{3x - 2 - 2 \cdot \sqrt{2} \cdot \sqrt{x^2 - x}}{x - 2} \right| =$

$$= \ln \left| \frac{x - 2}{3x - 2 + 2 \cdot \sqrt{2} \cdot \sqrt{x^2 - x}} \right|.$$

---

102. $y = f(x) = \dfrac{1}{x^2} \cdot \sqrt[3]{\dfrac{8 + x}{1 - x}}$ für $x \in [-8; 1[\setminus \{0\}$.

Die Funktion ist von der Form $F\left(x; \sqrt[n]{\dfrac{ax + b}{cx + d}}\right)$ mit $n \in \mathbb{N}$ und

$a, b, c, d \in \mathbb{R}$, weshalb das unbestimmte Integral nach Formel 3.15 mit der

sich aus $z = \sqrt[3]{\dfrac{8 + x}{1 - x}}$ als eindeutige Umkehrung ergebenden Substitution

$$x = \frac{z^3 - 8}{z^3 + 1} = 1 - \frac{9}{z^3 + 1} \ , \text{ also } dx = \frac{27z^2 dz}{(z^3 + 1)^2} \ , \text{ auf}$$

$$\int f(x)dx = 27 \cdot \int \frac{z^3}{(z^3 - 8)^2} \ dz = 9 \cdot \int z \cdot \frac{3z^2}{(z^3 - 8)^2} \ dz \quad \text{zurückgeführt werden}$$

kann.

Hieraus folgt mit p a r t i e l l e r   I n t e g r a t i o n und anschließender Verwendung der Formel 1.24 sowie der Identität $(z^2 + 2z + 4) \cdot (z - 2) = z^3 - 8$

$$\int f(x)dx = 9 \cdot \left(\frac{z}{8 - z^3} \ - \int \frac{dz}{8 - z^3} \right) =$$

$$= 9 \cdot \left[\frac{z}{8 - z^3} + \frac{1}{24} \cdot \ln \left(\frac{(z - 2)^2}{z^2 + 2z + 4} \right) - \frac{1}{4\sqrt{3}} \cdot \arctan \left(\frac{z + 1}{\sqrt{3}} \right) \right] + C_1 =$$

$$= \frac{9z}{8 - z^3} + \frac{9}{8} \cdot \ln |z - 2| - \frac{3}{8} \cdot \ln |z^3 - 8| - \frac{3\sqrt{3}}{4} \cdot \arctan \left(\frac{z + 1}{\sqrt{3}} \right) + C_1 .$$

Die Rücksubstitution mit $z = \sqrt[3]{\dfrac{8 + x}{1 - x}}$ liefert

$$\int f(x)dx = \frac{x - 1}{x} \cdot \sqrt[3]{\frac{8 + x}{1 - x}} + \frac{9}{8} \cdot \ln \left| \sqrt[3]{\frac{8 + x}{1 - x}} - 2 \right| - \frac{3}{8} \cdot \ln \left| \frac{9x}{1 - x} \right| -$$

$$- \frac{3\sqrt{3}}{4} \cdot \arctan \left[\frac{1}{\sqrt{3}} \cdot \left(\sqrt[3]{\frac{8 + x}{1 - x}} + 1 \right) \right] + C_1 =$$

$$= -\frac{1}{x} \cdot \sqrt[3]{(8 + x)(1 - x)^2} + \frac{9}{8} \cdot \ln \left| \sqrt[3]{8 + x} - 2 \cdot \sqrt[3]{1 - x} \right| - \frac{3}{8} \cdot \ln |x| -$$

$$- \frac{3\sqrt{3}}{4} \cdot \arctan \left[\frac{1}{\sqrt{3}} \cdot \left(\sqrt[3]{\frac{8 + x}{1 - x}} + 1 \right) \right] + C_2$$

in $]-8; 0[$ und $]0;1[$ mit C_1, C_2 als Integrationskonstanten.

---

103. Welche geometrische Maßzahl $|A^*|$ hat der Inhalt A der von der Parabel $P \equiv y^2 - 4x = 0$ und der Geraden $g \equiv 2x - y - 12 = 0$ eingeschlossenen Fläche?

Nach Bestimmung der Schnittpunkte $S_1(9; 6)$ und $S_2(4; -4)$ beider Kurven sowie der Abszisse $x = 6$ des Schnittpunktes S_3 von g mit der X-Achse kann die geometrische Flächenmaßzahl $|A^*|$ zu

$$|A^*| = A_1^* - A_2^* + |A_3^*| + |A_4^*| =$$

$$= \int_0^9 2 \cdot \sqrt{x}\, dx - \frac{1}{2} \cdot (9 - 6) \cdot 6 +$$

$$+ \left| -\int_0^4 2 \cdot \sqrt{x}\, dx \right| + \left| \frac{1}{2} \cdot (6 - 4) \cdot (-4) \right| =$$

$$= \frac{4}{3} \cdot x^{\frac{3}{2}} \Big|_0^9 - 9 + \frac{4}{3} \cdot x^{\frac{3}{2}} \Big|_0^4 + 4 =$$

$$= \frac{125}{3} \approx 41,667 \quad \text{angegeben werden.}$$

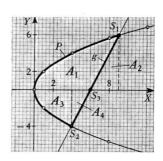

104. Man bestimme die Maßzahl A^* des Inhaltes A der Fläche, die von der X-Achse und dem Graphen von $y = 2 \cdot \sqrt{x} \cdot (4 - x)$ eingeschlossen ist.

x	0	1	2	3	4	5	...
y	0	6	5,66	3,46	0	-4,47	...

Relatives Maximum

$$M\left(\frac{4}{3}; \frac{32}{9}\sqrt{3}\right)$$

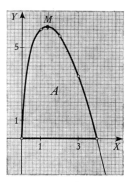

$$A^* = \int_0^4 2\sqrt{x}\,(4 - x)\,dx =$$

$$= 8\int_0^4 x^{\frac{1}{2}}\,dx - 2\int_0^4 x^{\frac{3}{2}}\,dx =$$

$$= 8\cdot\frac{2}{3}\,x^{\frac{3}{2}}\bigg|_0^4 - 2\cdot\frac{2}{5}\,x^{\frac{5}{2}}\bigg|_0^4 = \frac{256}{15} \approx 17,067.$$

---

105. Wie groß ist die geometrische Maßzahl $|A^*|$ des Inhalts A des von der Hyperbel $H \equiv \dfrac{x^2}{16} - \dfrac{y^2}{9} - 1 = 0$ und den Parabeln

$$P_{1;2} \equiv y \mp \frac{1}{8}\cdot(x^2 - 7) = 0 \text{ für } x > 0 \text{ eingeschlossenen Flächenstückes?}$$

$$y = \pm\frac{3}{4}\sqrt{x^2 - 16}\;;$$

x	4	5	6	7	...
y	0	±2,25	±3,35	±4,31	...

;

$$y = \pm\frac{1}{8}(x^2 - 7)\;;$$

x	0	1	2	3	4	5	6	7	...
y	∓0,88	∓0,75	∓0,38	±0,25	±1,13	±2,25	±3,63	±5,25	...

Mit $S_1(\sqrt{7}; 0)$ als Schnittpunkt beider Parabeln und $S_{2;3}\left(5; \pm\dfrac{9}{4}\right)$ als Berührpunkte der Parabeln mit der Hyperbel findet man

$$A^* = 2\cdot\int_{\sqrt{7}}^5 \frac{1}{8}\cdot(x^2 - 7)\,dx - 2\cdot\int_4^5 \frac{3}{4}\cdot\sqrt{x^2 - 16}\,dx\,,$$

woraus unter Verwendung der Formel 1.65

$$A^* = \frac{1}{4} \cdot \left[\frac{x^3}{3} - 7x \right]_{\sqrt{7}}^{5} -$$

$$- \frac{3}{4} \cdot \left[x \sqrt{x^2 - 16} \right. -$$

$$- 16 \cdot \ln |x + \sqrt{x^2 - 16}| \left. \right]_4^5 =$$

$$= \frac{1}{6} \cdot (10 + 7 \sqrt{7}) - \frac{3}{4} \cdot (15 - 16 \cdot \ln 2) \approx$$

$$\approx 1,821 \quad \text{erhalten wird.}$$

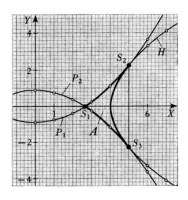

106. In welchem Verhältnis wird der Flächeninhalt der Ellipse $E \equiv \dfrac{x^2}{a^2} +$ $+ \dfrac{y^2}{b^2} - 1 = 0$ von der Geraden $g \equiv \dfrac{x}{a} + \dfrac{y}{b} - 1 = 0$ mit $a, b \in \mathbb{R}^+$ geteilt?

Der Inhalt A eines Ellipsenquadranten ist

$$A = \int_0^a \frac{b}{a} \cdot \sqrt{a^2 - x^2} \, dx =$$

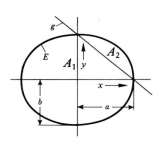

$$= \frac{b}{a} \left[\frac{x}{2} \cdot \sqrt{a^2 - x^2} + \right.$$

$$+ \left. \frac{a^2}{2} \cdot \arc \sin \frac{x}{a} \right]_0^a =$$

$$= \frac{ab}{2} \cdot \arc \sin 1 = \frac{ab}{4} \pi$$

(Formel Nr. 1.61)

Das Verhältnis der Inhalte A_1 und A_2 beider Ellipsensegmente berechnet sich damit zu

$$A_1 : A_2 = \left(\frac{3ab}{4} \pi + \frac{ab}{2} \right) : \left(\frac{ab}{4} \pi - \frac{ab}{2} \right) = \frac{3\pi + 2}{\pi - 2} \approx 10,008.$$

107. Man bestimme die Maßzahl A^* des Inhalts des durch die Punktmenge

$$A = \left\{ (x; y) \mid 0 \leqslant x \leqslant 7 \wedge 0 \leqslant y \leqslant \frac{x}{\sqrt{x + 2}} \right\} \quad \text{beschriebenen Flächenstücks.}$$

x	-2	-1	0	1	2	3	4	5	6	7	8	...
y	$-\infty$	-1	0	0,58	1	1,34	1,63	1,89	2,12	2,33	2,53...	

$$A^* = \int_0^7 \frac{x\,dx}{\sqrt{x+2}} =$$

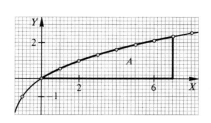

$$= 2 \cdot \int_{\sqrt{2}}^3 (z^2 - 2)\,dz =$$

$$= 2 \cdot \left[\frac{z^3}{3} - 2z\right]_{\sqrt{2}}^3 =$$

$$= \frac{2}{3} \cdot (9 + 4 \cdot \sqrt{2}\,) \approx 9,771$$

mit $\sqrt{x+2} = z$ oder $x = z^2 - 2$ und $dx = 2z\,dz$.

---

108. Wie groß ist die Maßzahl A^* des Inhalts A der von den positiven Koordinatenachsen und dem Graphen von $y = (x+1)^2 \cdot \sqrt{2-x}$ eingeschlossenen Fläche?

x	-3	-2	-1	0	0,5	1	1,5	2
y	8,94	2	0	1,41	2,76	4	4,42	0

Relatives Minimum $M_1(-1; 0)$,
relatives Maximum $M_2(1,40; 4,46)$.

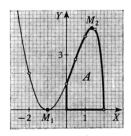

$$A^* = \int_0^2 (x+1)^2 \cdot \sqrt{2-x}\,dx =$$

$$= -2 \cdot \int_{\sqrt{2}}^0 (3 - z^2)^2 \cdot z^2\,dz =$$

$$= 2 \cdot \left[3z^3 - \frac{6}{5}z^5 + \frac{1}{7}z^7\right]_0^{\sqrt{2}} =$$

$$= \frac{164}{35} \cdot \sqrt{2} \approx 6,627 \quad \text{mit } \sqrt{2-x} = z \text{ und } dx = -2z\,dz.$$

---

109. Gegeben ist die Punktmenge $\mathbb{A} = \left\{(x;y) \,\middle|\, 0 \leqslant x \leqslant 4 \wedge 0 \leqslant y \leqslant \right.$
$\left. \leqslant \dfrac{2}{\sqrt{x+2} - \sqrt{x}} \right\}$. Welche Maßzahl A^* hat der Inhalt A der hierdurch
beschriebenen Fläche?

x	0	1	2	3	4
y	1,41	2,73	3,41	3,97	4,45

x	5	6	...
y	4,88	5,28	...

$$A^* = 2 \int_0^4 \frac{dx}{\sqrt{x+2} - \sqrt{x}} =$$

$$= \int_0^4 (\sqrt{x+2} + \sqrt{x})\, dx =$$

$$= \frac{2}{3} \left[(x+2)^{\frac{3}{2}} + x^{\frac{3}{2}} \right]_0^4 = \frac{2}{3}(6\sqrt{6} + 8 - 2\sqrt{2}) \approx 13,246.$$

(Formel 1.3)

---

110. Welche Maßzahl A^* hat der Inhalt A der durch die Punktmenge $\mathbf{A} = \left\{ (x;y) \mid 4 \leqslant x \leqslant 9 \land 0 \leqslant y \leqslant \sqrt{x - 2 \cdot \sqrt{x}} \right\}$ festgelegten Fläche?

x	0	—	4	5	6	7	8	9	10	...
y	0	—	0	0,73	1,05	1,31	1,53	1,73	1,92	...

Der Nullpunkt ist i s o -
l i e r t e r   P u n k t.

Mit der Substitution

$$\sqrt{x} = z \quad \text{oder} \quad x = z^2$$

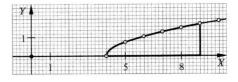

und $dx = 2z\,dz$ folgt
zunächst

$$A^* = \int_4^9 \sqrt{x - 2 \cdot \sqrt{x}}\, dx = 2 \cdot \int_2^3 z \cdot \sqrt{z^2 - 2z}\, dz.$$

Die Auswertung kann unter Verwendung der Formeln 1.76 und 1.69 geschehen:

$$A^* = 2 \cdot \left[\frac{1}{3} \cdot \sqrt{z^2 - 2z}^{\,3} + \frac{1}{4} \cdot (2z - 2) \cdot \sqrt{z^2 - 2z} \right]_2^3 - \int_2^3 \frac{dz}{\sqrt{z^2 - 2z}} =$$

$$= 4 \cdot \sqrt{3} - \ln| 2z - 2 + 2 \cdot \sqrt{z^2 - 2z} | \Big|_2^3 =$$

$$= 4 \cdot \sqrt{3} - \ln(2 + \sqrt{3}) \approx 5,611.$$

111. Die Punktmenge $\mathbb{A} = \left\{ (x;y) \ \middle|\ -3 < x < 3 \wedge 0 \leqslant y \leqslant \dfrac{3}{\sqrt{9 - x^2}} \right\}$

beschreibt ein Flächenstück, das sich längs der Geraden mit den Gleichungen $x = \pm 3$ bis ins Unendliche erstreckt. Es soll die Maßzahl A^* des Inhalts A dieses Flächenstücks mit Hilfe eines **uneigentlichen Integrals** berechnet werden.

x	0	± 1	± 2	$\pm 2,5$	± 3
y	1	1,06	1,34	1,81	$+\infty$

Relatives Minimum M(0; 1).

Wegen der vorliegenden Symmetrie der Fläche bezüglich der Y-Achse wird

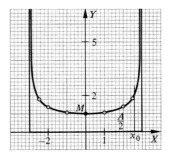

$$A^* = 2 \cdot \lim_{x_0 \to 3 - 0} \int_0^{x_0} \frac{3}{\sqrt{9 - x^2}} \, dx =$$

$$= 6 \cdot \lim_{x_0 \to 3 - 0} \int_0^{x_0} \frac{dx}{\sqrt{9 - x^2}} =$$

$$= 6 \cdot \lim_{x_0 \to 3 - 0} \left[\arcsin\left(\frac{x}{3}\right) \right]_0^{x_0} = 6 \cdot \lim_{x_0 \to 3 - 0} \arcsin\left(\frac{x_0}{3}\right) =$$

$$= 6 \cdot \frac{\pi}{2} = 3\pi \approx 9,425. \qquad \text{(Formel 1.50)}$$

112. Man bestimme den Wert des uneigentlichen Integrals $\displaystyle\int_0^1 \frac{x \, dx}{\sqrt{1 - x^2}}$.

$$y = \frac{x}{\sqrt{1 - x^2}} \ ;$$

x	0	$\pm 0,25$	$\pm 0,50$	$\pm 0,75$	$\pm 0,9$	± 1
y	0	$\pm 0,26$	$\pm 0,58$	$\pm 1,13$	$\pm 2,06$	$\pm\infty$

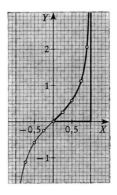

Mit der Substitution $1 - x^2 = z$ und $-2x \, dx = dz$ folgt

$$\int_0^1 \frac{x \, dx}{\sqrt{1 - x^2}} \, dx = -\frac{1}{2} \cdot \lim_{z_0 \to 0 + 0} \int_1^{z_0} \frac{dz}{\sqrt{z}} =$$

$$= -\lim_{z_0 \to 0 + 0} (\sqrt{z_0} - 1) = 1.$$

113. Durch den Graphen von $y = \dfrac{4}{\sqrt[3]{(x-2)^2}}$, die Geraden $g_1 \equiv x + 1 = 0$

und $g_2 \equiv x - 4 = 0$ sowie die X-Achse wird ein Flächenstück begrenzt, das sich längs der Geraden mit der Gleichung $x - 2 = 0$ bis ins Unendliche erstreckt. Welchen Wert hat die Maßzahl A^* des Inhalts A dieses Flächenstücks?

x	...	-2	-1	0	1	2	3	4	5	6	...
y	...	1,59	1,92	2,52	4	$+\infty$	4	2,52	1,92	1,59	...

$A^* = 4 \cdot \lim\limits_{x_0 \to 2-0} \int\limits_{-1}^{x_0} \dfrac{dx}{(2-x)^{\frac{2}{3}}} +$

$\qquad + 4 \cdot \lim\limits_{x_1 \to 2+0} \int\limits_{x_1}^{4} \dfrac{dx}{(x-2)^{\frac{2}{3}}} =$

$\quad = -4 \cdot \lim\limits_{x_0 \to 2-0} 3 \cdot \sqrt[3]{2-x} \Big|_{-1}^{x_0} +$

$\qquad + 4 \cdot \lim\limits_{x_1 \to 2+0} 3 \cdot \sqrt[3]{x-2} \Big|_{x_1}^{4} =$

$\quad = 12 \cdot (-\lim\limits_{x_0 \to 2-0} \sqrt[3]{2-x_0} + \sqrt[3]{3} + \sqrt[3]{2} - \lim\limits_{x_1 \to 2+0} \sqrt[3]{x_1 - 2}\ )$

$\quad = 12 \cdot (\ \sqrt[3]{3} + \sqrt[3]{2}\ ) \approx 32,426.$ (Formel 1.3)

---

114. Es soll mit Hilfe eines **u n e i g e n t l i c h e n   I n t e g r a l s** die Maßzahl A^* des Inhalts A des Flächenstückes ermittelt werden, das gemäß der Abbildung durch die beiden positiven Koordinatenachsen und den Graphen von

$y = \dfrac{5}{(1+x)\cdot\sqrt{x}}$ begrenzt ist.

x	0	1	2	3	4	5	6	...
y	∞	2,5	1,18	0,72	0,50	0,37	0,29	...

$A^* = 5 \lim\limits_{x_0 \to 0+0} \int\limits_{x_0}^{a} \dfrac{dx}{(1+x)\cdot\sqrt{x}} + 5 \lim\limits_{x_1 \to +\infty} \int\limits_{a}^{x_1} \dfrac{dx}{(1+x)\cdot\sqrt{x}}$

für beliebiges $a \in\ ]0; +\infty\ [$.

Hieraus folgt mit der Substitution

$\sqrt{x} = z$, also $x = z^2$

und $dx = 2\,z\,dz$.

$$A^* = 5 \cdot \lim_{z_0 \to 0+0} \int_{z_0}^{\sqrt{a}} \frac{2\,dz}{1+z^2} \; +$$

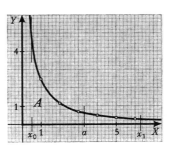

$$+ \; 5 \cdot \lim_{z_1 \to +\infty} \int_{\sqrt{a}}^{z_1} \frac{2\,dz}{1+z^2} \; =$$

$$= 10 \cdot \lim_{z_0 \to 0+0} \arctan z \Big|_{z_0}^{\sqrt{a}} + 10 \cdot \lim_{z_1 \to +\infty} \arctan z \Big|_{\sqrt{a}}^{z_1} =$$

$$= 10 \cdot (- \lim_{z_0 \to 0+0} \arctan z_0 + \lim_{z_1 \to +\infty} \arctan z_1) = 5\pi \approx 15,708.$$

$$(\text{Formel } 1.14)$$

---

115. Man ermittle den Wert des **u n e i g e n t l i c h e n I n t e g r a l s**

$$\int_{-2}^{5} \frac{3\,dx}{\sqrt{|x^2 - 4x + 3|}}.$$

x	...	-3	-2	-1	0	0,8	1	1,2	1,5	2
y	...	0,61	0,77	1,06	1,73	4,52	$+\infty$	5	3,46	3

x	2,5	2,8	3	3,2	4	5	6	...
y	3,46	5	$+\infty$	4,52	1,73	1,06	0,77	...

Wegen $|x^2 - 4x + 3| = |(x-2)^2 - 1|$ besteht Symmetrie zur Geraden
$g \equiv x - 2 = 0$.

Der Integrand $f(x) = \begin{cases} \dfrac{3}{\sqrt{x^2 - 4x + 3}} & , \text{ falls } x \notin [1;3] \\[2ex] \dfrac{3}{\sqrt{-x^2 + 4x - 3}} & , \text{ falls } x \in\,]1;3[\end{cases}$ ist an den

Stellen $x = 1$ und $x = 3$ nicht definiert und nimmt bei Annäherung an diese
Stellen beliebig große Werte an. Unter Verwendung der Formel 1.69 errechnet sich

$$\int_{-2}^{5} f(x)dx = \int_{-2}^{1} f(x)dx + 2 \cdot \int_{1}^{2} f(x)dx + \int_{3}^{5} f(x)dx =$$

$$= 3 \cdot \lim_{x_0 \to 1-0} \int_{-2}^{x_0} \frac{dx}{\sqrt{x^2 - 4x + 3}} + 6 \cdot \lim_{x_1 \to 1+0} \int_{x_1}^{2} \frac{dx}{\sqrt{-x^2 + 4x - 3}} \; +$$

$$+ 3 \cdot \lim_{x_2 \to 3 + 0} \int\limits_{x_2}^{5} \frac{dx}{\sqrt{x^2 - 4x + 3}} =$$

$$= 3 \cdot \lim_{x_0 \to 1 - 0} \ln |2x - 4 +$$

$$+ 2 \cdot \sqrt{x^2 - 4x + 3} \; | \; \Big|_{-2}^{x_0} -$$

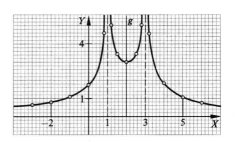

$$- 6 \cdot \lim_{x_1 \to 1 + 0} \arc \sin \left(\frac{-2x + 4}{2} \right)\Big|_{x_1}^{2} + 3 \cdot \lim_{x_2 \to 3 + 0} \ln |2x - 4 + 2 \cdot \sqrt{x^2 - 4x + 3} | \; \Big|_{x_2}^{5} =$$

$$= 3 \cdot [\ln |-2| - \ln |-8 + 2 \cdot \sqrt{15} \; |] - 6 \cdot [\arc \sin 0 - \arc \sin 1] +$$

$$+ 3 \cdot [\ln(6 + 2 \cdot \sqrt{8}) - \ln 2] = 3 \cdot \ln \left(\frac{3 + \sqrt{8}}{4 - \sqrt{15}} \right) + 3\pi \approx 20,903.$$

---

116. Der Graph von $y = \dfrac{6}{\sqrt{9 - x^2}}$, die X-Achse und das Geradenpaar mit

der Gleichung $|x| = 2$ begrenzen ein Flächenstück A, dessen Inhaltsmaßzahl A^* zu berechnen ist.

x	0	±1	±1,5	±2	±2,5	±2,7	±3
y	2	2,12	2,31	2,68	3,62	4,59	+∞

Mit Formel 1.50 ergibt sich sogleich

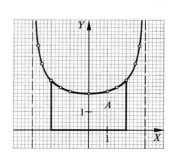

$$A^* = 6 \cdot \int\limits_{-2}^{2} \frac{dx}{\sqrt{9 - x^2}} =$$

$$= 12 \cdot \int\limits_{0}^{2} \frac{dx}{\sqrt{9 - x^2}} =$$

$$= 12 \cdot \arc \sin \left(\frac{x}{3} \right)\Big|_{0}^{2} = 12 \cdot \arc \sin \frac{2}{3} \approx 8,757.$$

Würde man stattdessen die Substitution $9 - x^2 = z$, also $x = g_1(z) = \sqrt{9 - z}$

bzw. $x = g_2(z) = -\sqrt{9 - z}$ und $\dfrac{dx}{dz} = g'_{1;2}(z) = \mp \dfrac{1}{2 \cdot \sqrt{9 - z}}$ verwenden, so erhielte man rein formal

$$A^* = 6 \cdot \int_{-2}^{2} \frac{dx}{\sqrt{9 - x^2}} =$$

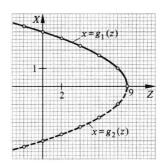

$$= \mp 3 \cdot \int_{5}^{5} \frac{dz}{\sqrt{z} \cdot \sqrt{9 - z}} = 0,$$

ein sicher falsches Ergebnis!

z	...	-2	0	2	4	6	8	9
$g_{1;2}(z)$	...	$\pm 3,32$	± 3	$\pm 2,65$	$\pm 2,24$	$\pm 1,73$	± 1	0

Der Grund hierfür ist darin zu suchen, daß die Substitutionen (als Graphen Parabelstücke) im z-Intervall $]-\infty$; $9[$ zwar stetig differenzierbare Funktionen sind, welche dieses Intervall umkehrbar eindeutig auf die x-Intervalle $]0; +\infty[$ bzw. $]-\infty$; $0[$ abbilden, jedoch keines dieser Intervalle das Integrationsintervall $[-2; 2]$ als Teilmenge enthält.

---

117. Die Funktion $y = f(x) = x\sqrt{x}$ soll durch die lineare Funktion $y = g(x) = ax + b$ im Intervall $[0; 1]$ so angenähert werden, daß

$$A(a;b) = \int_{0}^{1} [f(x) - g(x)]^2 \, dx \text{ ein Minimum wird (Approximation im Mit-}$$

t e l).Wie sind a, $b \in \mathbb{R}$ zu wählen?

x	0	0,1	0,2	0,3	0,4	0,5	0,6	0,7	0,8	0,9	1
y	0	0,03	0,09	0,16	0,25	0 35	0,46	0,59	0,72	0,85	1

Über $A(a;b) = \int_{0}^{1} (x\sqrt{x} - ax - b)^2 \, dx = \int_{0}^{1} (x^3 + a^2x^2 + b^2 - 2ax^{\frac{5}{2}} -$

$$- 2bx^{\frac{3}{2}} + 2abx) \, dx = \left[\frac{x^4}{4} + \frac{a^2x^3}{3} + b^2x - \frac{4}{7}ax^{\frac{7}{2}} - \frac{4}{5}bx^{\frac{5}{2}} + abx^2 \right]_{0}^{1} =$$

$$= \frac{1}{4} + \frac{a^2}{3} + b^2 - \frac{4}{7}a - \frac{4}{5}b + ab \text{ ergibt sich}$$

$$\frac{\partial A(a;b)}{\partial a} = \frac{2}{3}a - \frac{4}{7} + b, \qquad \frac{\partial A(a;b)}{\partial b} = 2b - \frac{4}{5} + a.$$

a, b müssen für relative minimale Werte von A(a;b) dem Gleichungssystem

$$\frac{\partial A(a;b)}{\partial a} = 0, \quad \frac{\partial A(a;b)}{\partial b} = 0 \text{ genügen, welches sich auf}$$

14 a + 21 b = 12
5 a + 10 b = 4

vereinfachen läßt
und die Lösung

$$a = \frac{36}{35}, \quad b = -\frac{4}{35}$$

besitzt.

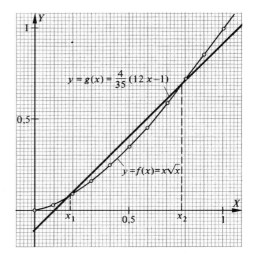

Da über die Existenz eines Minimums von A(a;b) kein Zweifel bestehen kann,

hat man damit die gesuchten Werte, welche auf $y = g(x) = \frac{4}{35}$ (9x - 1) füh-

ren und $A\left(\frac{36}{35}; -\frac{4}{35}\right) \approx 0,0018367$ liefern.

Die Schnittpunkte der Graphen von y = f(x) und y = g(x) im Intervall [0;1]
ergeben sich als Lösungen der Gleichung f(x) = g(x), die sich in 1225 x^3 -
- 1296 x^2 + 288 x - 16 = 0 umformen läßt. Aus der Zeichnung entnomme-
ne Näherungslösungen können etwa mit Hilfe des NEWTONschen Näherungs-
verfahrens verbessert werden und erbringen so x_1 = 0, 194519 ...   und
x_2 = 0, 777025 ... .

---

118. Durch $y = f(x) = \frac{x}{2} \cdot \sqrt{x}$ mit x ≥ 0 ist der in der oberen Halbebene

verlaufende Kurvenast einer NEILschen Parabel P gegeben. Man bestimme die Maßzahl s* der Länge s des Kurvenstückes mit den Endpunkten
A(4;4) und B(9;13, 5).

x	0	1	2	3	4	5	6	7	8	9
y	0	0, 5	1, 41	2, 60	4	5, 59	7, 35	9, 26	11, 31	13, 5

x	10	11	...
y	15, 81	18, 24	...

Nach der Formel

$$s^* = \int_{a}^{b} \sqrt{1 + [f'(x)]^2} \, dx \quad \text{für}$$

die Maßzahl s* der Bogenlänge
eines als Graph von y = f(x)
für x∈[a;b] festgelegten Kurvenstückes ergibt sich mit

$$f'(x) = \frac{3}{4} \cdot \sqrt{x}$$

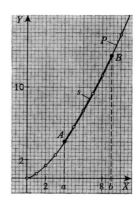

$$s^* = \int\limits_4^9 \sqrt{1 + \frac{9}{16}\,x}\; dx =$$

$$= \frac{32}{27} \cdot \left[\left(1 + \frac{9}{16}\,x\right)^{\frac{3}{2}}\right]_4^9 =$$

$$= \frac{1}{54} \cdot \left(\sqrt{97^3} - \sqrt{52^3}\right) \approx 10,747.$$

119. Gesucht ist die Länge s des Bogenstückes der **h y p e r b o l i s c h e n
S p i r a l e** mit der Gleichung $r = f(\varphi) = \dfrac{a}{\varphi}$ und $a > 0$, das sich vom Punkt
$A(r_0;\ \varphi_0)$ bis zum Punkt $B(r_1;\ \varphi_1)$ erstreckt.

φ	...	$\dfrac{\pi}{4}$	$\dfrac{\pi}{2}$	$\dfrac{3}{4}\pi$	π
$\dfrac{r}{a}$	...	1,27	0,64	0,42	0,32

φ	$\dfrac{5}{4}\pi$	$\dfrac{3}{2}\pi$	$\dfrac{7}{4}\pi$	2π
$\dfrac{r}{a}$	0,25	0,21	0,18	0,16

φ	$\dfrac{9}{4}\pi$	$\dfrac{5}{2}\pi$	...
$\dfrac{r}{a}$	0,14	0,13	...

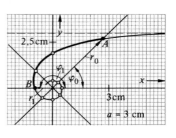

Es berechnet sich mit den Formeln 1.49 und 1.54

$$s = \int\limits_{\varphi_0}^{\varphi_1} \sqrt{[f(\varphi)]^2 + \left[\frac{df(\varphi)}{d\varphi}\right]^2}\; d\varphi = \int\limits_{\varphi_0}^{\varphi_1} \sqrt{\frac{a^2}{\varphi^2} + \frac{a^2}{\varphi^4}}\; d\varphi =$$

$$= a \cdot \int\limits_{\varphi_0}^{\varphi_1} \frac{1}{\varphi^2} \sqrt{\varphi^2 + 1}\; d\varphi = a \cdot \int\limits_{\varphi_0}^{\varphi_1} \frac{d\varphi}{\sqrt{1 + \varphi^2}} + a \cdot \int\limits_{\varphi_0}^{\varphi_1} \frac{d\varphi}{\varphi^2 \sqrt{1 + \varphi^2}} =$$

$$= a \cdot \left[\ln(\varphi + \sqrt{1 + \varphi^2}) - \frac{1}{\varphi} \sqrt{1 + \varphi^2} \right]_{\varphi_0}^{\varphi_1} .$$

Für die in der Abbildung gewählten speziellen Winkel $\varphi_0 = \frac{\pi}{4}$ und $\varphi_1 = \pi$ ergibt sich

$$s = a \left[\ln(\pi + \sqrt{1 + \pi^2}) - \frac{1}{\pi} \cdot \sqrt{1 + \pi^2} - \ln\left(\frac{\pi}{4} + \sqrt{1 + \frac{\pi^2}{16}}\right) + \right.$$

$$\left. + \frac{4}{\pi} \cdot \sqrt{1 + \frac{\pi^2}{16}} \right] \approx 1,711\,a.$$

120. Welche Maßzahl s^* hat die Länge s des durch die Parameterdarstellung $x = f(t) = p \cdot t$, $y = g(t) = k + \frac{p}{2} \cdot t^2$ mit $t_0 \leqslant t \leqslant t_1$ und $p \in \mathbb{R}^+$, $k \in \mathbb{R}$ gegebenen Parabelbogens?

$$s^* = \int_{t_0}^{t_1} \sqrt{\left[\frac{df(t)}{dt}\right]^2 + \left[\frac{dg(t)}{dt}\right]^2} \; dt \quad \text{liefert mit}$$

$$\frac{df(t)}{dt} = p \,, \qquad \frac{dg(t)}{dt} = p \cdot t \quad \text{und Formel 1.60}$$

$$s^* = \int_{t_0}^{t_1} \sqrt{p^2 + p^2 \cdot t^2} \; dt = p \cdot \int_{t_0}^{t_1} \sqrt{1 + t^2} \; dt =$$

$$= p \cdot \left[\frac{t}{2} \cdot \sqrt{1 + t^2} + \frac{1}{2} \cdot \ln(t + \sqrt{1 + t^2}) \right]_{t_0}^{t_1} =$$

$$= \frac{p}{2} \cdot \left[t_1 \cdot \sqrt{1 + t_1^2} - t_0 \cdot \sqrt{1 + t_0^2} + \ln\left(\frac{t_1 + \sqrt{1 + t_1^2}}{t_0 + \sqrt{1 + t_0^2}} \right) \right] .$$

Mit den speziellen Werten
$p = 2$, $k = 2$, $t_0 = -1$, $t_1 = 3$
erhält man

$$s^* = 3 \cdot \sqrt{10} + \sqrt{2} + \ln\left(\frac{3 + \sqrt{10}}{-1 + \sqrt{2}}\right) \approx 13,601.$$

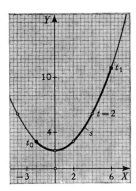

t	0	± 1	± 2	± 3	± 4 ...
x	0	± 2	± 4	± 6	± 8 ...
y	2	3	6	11	18 ...

121. Welche Maßzahl V_x^* hat das Volumen V_x des Wulstes, der entsteht, wenn die vom Kreis $K \equiv x^2 + (y - 6)^2 - 25 = 0$, sowie den Parabeln

$P_1 \equiv y - 4 + \dfrac{1}{16} x^2 = 0$ und $P_2 \equiv y - 8 - \dfrac{1}{16} x^2 = 0$ eingeschlossene

Fläche um die X-Achse rotiert?

x	0	± 2	± 4	± 6	± 8 ...
y_1	4	3,75	3	1,75	0 ...
y_2	8	8,25	9	10,25	12 ...

Nach der GULDINschen Regel gilt $V_x = A \cdot 2\pi \cdot y_S$, wobei y_S den Abstand des Schwerpunktes S dieses den Körper durch Rotation um die X-Achse erzeugenden Flächenstückes mit Inhalt A von der Drehachse bedeutet.

Bei Einführung eines neuen X' Y'-Koordinatensystems wie in der Abbildung, kann die Ermittlung der Inhaltsmaßzahl A^* des sich drehenden Flächenstücks nach Berechnung der Schnittpunkte $S_1(4; 3)$ und $S_2(4; 9)$ wie folgt geschehen:

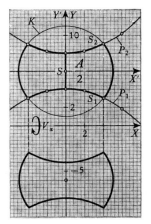

$$A^* = 4 \cdot \int_0^4 \left(2 + \frac{1}{16} x'^2 \right) dx' +$$

$$+ \, 4 \cdot \int_4^5 \sqrt{25 - x'^2} \, dx' =$$

$$= 4 \cdot \left[2x' + \frac{x'^3}{48} \right]_0^4 + 4 \cdot \left[\frac{x'}{2} \cdot \sqrt{25 - x'^2} + \right.$$

$$\left. + \frac{25}{2} \cdot \arc\sin\left(\frac{x'}{5} \right) \right]_4^5 = \frac{112}{3} +$$

$$+ \, 25\pi - 24 - 50 \arc\sin 0,8 \approx 45,508.$$

Mit $y_S^* = 6$ ergibt sich nun die Maßzahl V_x^* des Rotationskörpers zu $V_x^* \approx 45,508 \cdot 2\pi \cdot 6 \approx 1715,61.$

---

122. Die von der gleichseitigen Hyperbel $H \equiv x^2 - y^2 - 1 = 0$ und dem Kreis $K \equiv x^2 + y^2 - 49 = 0$ in der oberen Halbebene eingeschlossene Fläche vom Inhalt A rotiere um die X-Achse. Man bestimme die Maßzahl O^* der Oberfläche vom Inhalt O des entstehenden Drehkörpers.

$$y = \sqrt{x^2 - 1} \; ;$$

x	±1	±2	±3
y	0	1,73	2,83

x	±4	±5	±6
y	3,87	4,90	5,92

x	±7	±8	...
y	6,93	7,94	...

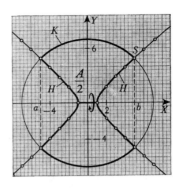

Nach der Formel

$$O_X^* = 2\pi \cdot \int_a^b |f(x)| \cdot \sqrt{1 + [f'(x)]^2}\, dx$$

für die Inhaltsmaßzahl der Fläche, welche das der Funktion $y = f(x)$ in $[a;b]$ genügende Kurvenstück bei Rotation um die X-Achse zwischen den Grenzen a und b beschreibt, ergibt sich mit $S(5; 2 \cdot \sqrt{6})$ für das z w e i - s c h a l i g e Rotationshyperboloid

$$O_{xH}^* = 4\pi \cdot \int_1^5 \sqrt{x^2 - 1} \cdot \sqrt{1 + \frac{x^2}{x^2 - 1}}\, dx .$$

Der Integrand ist für die untere Grenze $x = 1$ nicht definiert, doch kann diese Definitionslücke über

$$\lim_{x \to 1+0} |f(x)| \cdot \sqrt{1 + [f'(x)]^2} = \lim_{x \to 1+0} \sqrt{[f(x)]^2 + [f(x)]^2 \cdot [f'(x)]^2} =$$

$$= \lim_{x \to 1+0} \sqrt{2x^2 - 1} = 0$$

stetig geschlossen werden, was auf

$$O_{xH}^* = 4\pi \cdot \int_1^5 \sqrt{2x^2 - 1}\, dx = 4\pi\sqrt{2} \cdot \int_1^5 \sqrt{x^2 - \frac{1}{2}}\, dx =$$

$$= 4\pi\sqrt{2} \cdot \left[\frac{x}{2} \cdot \sqrt{x^2 - \frac{1}{2}} - \frac{1}{4} \cdot \ln\left| x + \sqrt{x^2 - \frac{1}{2}} \right| \right]_1^5 =$$

$$= 4\pi\sqrt{2} \cdot \left[\frac{5}{2} \cdot \frac{7}{\sqrt{2}} - \frac{1}{4} \cdot \ln\left| 5 + \frac{7}{\sqrt{2}} \right| - \frac{1}{2} \cdot \frac{1}{\sqrt{2}} + \frac{1}{4} \ln\left| 1 + \frac{1}{\sqrt{2}} \right| \right] =$$

$$= \pi \cdot \left[68 + \sqrt{2} \cdot \ln \frac{1 + \sqrt{2}}{7 + 5 \cdot \sqrt{2}} \right] \approx 205,797 \quad \text{(Formel 1.65) führt.}$$

Zusammen mit der elementar angebbaren Maßzahl $O_{xK}^* = 2 \cdot 2 \cdot 7 \cdot \pi \cdot 5 \approx 439,823$ der Oberfläche der K u g e l z o n e ergibt sich die Maßzahl der Oberfläche des Drehkörpers zu $O_X^* \approx 645,620$.

123. Es ist die Mantelfläche O_y des dargestellten R o t a t i o n s p a r a b o - l o i d s von der Höhe h und dem Grundkreisradius r zu berechnen. Bei Wahl des dimensionierten xy-Koordinatensystems gemäß der Abbildung lautet die Gleichung des die Mantelfläche durch Drehung um die y-Achse erzeugenden Parabelbogens

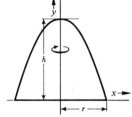

$$x = g(y) = \frac{r}{\sqrt{h}} \cdot \sqrt{h - y} \quad \text{für} \quad 0 \leqslant y \leqslant h.$$

Damit ergibt sich

$$O_y = 2\pi \cdot \int_0^h |g(y)| \cdot \sqrt{1 + [g'(y)]^2}\, dy.$$

Ähnlich wie bei Nr. 122 ist der Integrand an der oberen Grenze $y = h$ nicht definiert, weil $g'(y) = \dfrac{-r}{\sqrt{h} \cdot 2 \cdot \sqrt{h - y}}$ dort nicht existiert.

Wegen

$$\lim_{y \to h - 0} |g(y)| \cdot \sqrt{1 + [g'(y)]^2} = \lim_{y \to h - 0} \sqrt{[g(y)]^2 + [g(y)]^2 \cdot [g'(y)]^2} =$$

$$= \lim_{y \to h - 0} \frac{r}{2h} \cdot \sqrt{4h^2 + r^2 - 4hy} = \frac{r^2}{2h}$$

ist diese Definitionslücke jedoch stetig hebbar, und man erhält

$$O_y = \frac{r \cdot \pi}{h} \cdot \int_0^h \sqrt{4h^2 + r^2 - 4hy}\, dy = -\frac{r \cdot \pi}{4 \cdot h^2} \cdot \int_{(0)}^{(h)} \sqrt{z}\, dz =$$

$$= -\frac{r \cdot \pi}{4 \cdot h^2} \cdot \frac{2}{3} \cdot \sqrt{4h^2 + r^2 - 4hy}^{\,3}\, \Big|_0^h =$$

$$= -\frac{r \cdot \pi}{6 \cdot h^2} \cdot (r^3 - \sqrt{4h^2 + r^2}^{\,3}) = \frac{r^4 \cdot \pi}{6 \cdot h^2} \cdot \left[\sqrt{1 + \left(\frac{2h}{r}\right)^2}^{\,3} - 1 \right]$$

mit $4 \cdot h^2 + r^2 - 4hy = z$ und $-4 \cdot h\, dy = dz.$

---

124. Man bestimme die Lage des Schwerpunktes S eines Kreissegmentes vom Radius r und der Höhe $h = \dfrac{r}{2}$.

Wird ein rechtwinkliges xy-Koordinatensystem wie in der Figur eingeführt, so liegt der Schwerpunkt aus Symmetriegründen auf der x-Achse. Seine dimensionierte Abszisse x_S berechnet sich mit $y = f(x) = \sqrt{r^2 - x^2}$ für $\frac{r}{2} \leqslant x \leqslant r$ als Gleichung des halben Segmentbogens und damit nach Formel 1.61

$$A = \int_{\frac{r}{2}}^{r} \sqrt{r^2 - x^2}\, dx = \frac{1}{2} \cdot \left[x \cdot \sqrt{r^2 - x^2} + r^2 \cdot \arcsin\left(\frac{x}{r}\right) \right]_{\frac{r}{2}}^{r} =$$

$$= \frac{r^2}{24} \cdot (4\pi - 3 \cdot \sqrt{3})$$

als Flächeninhalt des Halbsegmentes

aus $x_S \cdot A = \displaystyle\int_{\frac{r}{2}}^{r} x \cdot f(x)\, dx.$

Es ergibt sich über

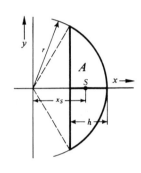

$$x_S = \frac{1}{A} \cdot \int_{\frac{r}{2}}^{r} x \cdot \sqrt{r^2 - x^2}\, dx =$$

$$= \frac{1}{A} \cdot \left[-\frac{1}{3} \cdot \sqrt{r^2 - x^2}^{\,3} \right]_{\frac{r}{2}}^{r} =$$

$$= \frac{\sqrt{3}}{8A} \cdot r^3 \qquad \text{(Formel 1.62)}$$

$$x_S = \frac{3 \cdot \sqrt{3} \cdot r}{4\pi - 3 \cdot \sqrt{3}} \approx 0,705\, r.$$

---

125. Wo liegt der **Schwerpunkt** S des dargestellten Kreisbogens vom Radius r und dem Mittelpunktswinkel α mit $0 < \alpha < 180^\circ$?

In bezug auf das gewählte xy-Koordinatensystem liegt der Schwerpunkt S auf der y-Achse, und es wird dessen dimensionierte Ordinate durch

$$y_S = \frac{1}{s} \cdot \int_{-a}^{a} f(x) \cdot \sqrt{1 + \left[\frac{df(x)}{dx}\right]^2}\, dx \quad \text{mit s als Bogenlänge und } f(x) = \sqrt{r^2 - x^2}$$

angegeben.

Hieraus ergibt sich unter Verwendung von $\dfrac{df(x)}{dx} = -\dfrac{x}{\sqrt{r^2 - x^2}}$ und $s = r \cdot \alpha$

$$y_S = \frac{1}{r \cdot \alpha} \int_{-r \cdot \sin\frac{\alpha}{2}}^{r \cdot \sin\frac{\alpha}{2}} \sqrt{r^2 - x^2} \cdot \sqrt{1 + \frac{x^2}{r^2 - x^2}}\, dx = \frac{2}{\alpha} \cdot \int_{0}^{r \cdot \sin\frac{\alpha}{2}} dx = \frac{2 \cdot r}{\alpha} \cdot \sin\frac{\alpha}{2}.$$

Die dimensionierte Ordinate y_S kann auch nach der GULDINschen Regel gewonnen werden, welche besagt, daß der Inhalt der durch Rotation des Kreisbogens um die x-Achse entstehenden Kugelzone gleich dem Produkt aus der Länge des Kreisbogens und dem hierbei zurückgelegten Weg seines Schwerpunktes ist.

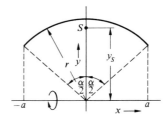

126. Das von der Kurve mit der Gleichung $y = f(x) = \dfrac{1}{5} \cdot \sqrt[4]{x} \cdot (36 - x^2)$ und der X-Achse eingeschlossene Flächenstück rotiere um diese Achse. Welche Abszisse x_S hat der auf der X-Achse liegende Schwerpunkt S des entstehenden Drehkörpers?

x	0	1	2	3	4	5	6	7	...
y	0	7	7,61	7,11	5,66	3,29	0	-4,23	...

Relatives Maximum $M(2; 7,61)$

Die Formel $x_S \cdot V_x^* = \pi \cdot \displaystyle\int_a^b x \cdot [f(x)]^2 dx$ mit V_x^* als Volumenmaßzahl des Drehkörpers bezüglich der Y-Achse liefert über

$$\pi \cdot \int_0^6 x \cdot [f(x)]^2 dx =$$

$$= \frac{\pi}{25} \cdot \int_0^6 (36^2 \cdot x^{\frac{3}{2}} - 72 \cdot x^{\frac{7}{2}} + x^{\frac{11}{2}}) dx =$$

$$= \frac{\pi}{25} \cdot \left[\frac{2592}{5} \cdot x^{\frac{5}{2}} - 16 \cdot x^{\frac{9}{2}} + \frac{2}{13} \cdot x^{\frac{13}{2}} \right]_0^6 \approx$$

$$\approx 1571,148 \quad \text{und}$$

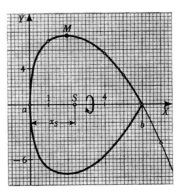

$$V_x^* = \frac{\pi}{25} \cdot \int_0^6 \sqrt{x} \cdot (36 - x^2)^2 dx = \frac{\pi}{25} \cdot \int_0^6 (36^2 \cdot x^{\frac{1}{2}} - 72 \cdot x^{\frac{5}{2}} + x^{\frac{9}{2}}) dx =$$

$$= \frac{\pi}{25} \cdot \left[864 \cdot x^{\frac{3}{2}} - \frac{144}{7} \cdot x^{\frac{7}{2}} + \frac{2}{11} \cdot x^{\frac{11}{2}} \right]_0^6 \approx 663,147$$

den gesuchten Wert $x_S \approx \dfrac{1571,148}{663,147} \approx 2,369$.

---

127. Man bestimme die Maßzahl I_x^* des axialen Trägheitsmoments I des von der Kurve mit der Gleichung $y = \dfrac{x^3}{2} \cdot \sqrt{3 - x}$ und der X-Achse einge-schlossenen Flächenstücks vom Inhalt A in bezug auf diese Achse.

x	-2	-1	0	1	2	3
y	-8,94	-1	0	0,71	4	0

Relatives Maximum M(2,57; 5,57).

Nach der Formel

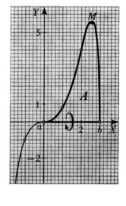

$$I_x^* = \frac{1}{3} \cdot \int_a^b [\,|f(x)\,|\,]^3 \, dx \text{ ergibt sich mit}$$

der Substitution $x = 3 \cdot \sin^2 t$ und damit $dx = 6 \cdot \sin t \cdot \cos t \, dt$

$$I_x^* = \frac{1}{24} \cdot \int_0^3 x^9 \cdot \sqrt{3 - x}^{\,3} \, dx =$$

$$= \frac{3^{10} \cdot \sqrt{3}}{4} \cdot \int_0^{\frac{\pi}{2}} \sin^{19} t \cdot \cos^4 t \, dt =$$

$$= \frac{3^{10} \cdot \sqrt{3}}{4} \cdot \int_0^{\frac{\pi}{2}} \sin^{19} t \cdot (1 - 2 \cdot \sin^2 t + \sin^4 t) dt,$$

woraus mit Verwendung der sich aus 2.13 ergebenden Rekursionsformel

$$\int_0^{\frac{\pi}{2}} \sin^n x \, dx = \frac{n-1}{n} \cdot \int_0^{\frac{\pi}{2}} \sin^{n-2} x \, dx$$

$$I_x^* = \frac{3^{10} \cdot \sqrt{3}}{4} \cdot \frac{2 \cdot 4 \cdot 6 \cdot 8 \cdot 10 \cdot 12 \cdot 14 \cdot 16 \cdot 18}{3 \cdot 5 \cdot 7 \cdot 9 \cdot 11 \cdot 13 \cdot 15 \cdot 17 \cdot 19} \cdot \left(1 - 2 \cdot \frac{20}{21} + \frac{20 \cdot 22}{21 \cdot 23}\right) =$$

$$= \frac{2^{14} \cdot 3^{10} \cdot \sqrt{3}}{5 \cdot 7 \cdot 11 \cdot 13 \cdot 17 \cdot 19 \cdot 23} \approx 45,067 \quad \text{gefunden wird.}$$

Eine weitere Möglichkeit für die Berechnung des Integrals besteht in der Substitution $3 - x = z$.

128. Wie groß sind die axialen Trägheitsmomente I_a und I_b einer Ellipsen-fläche bezüglich ihrer Durchmesser mit den Längen 2a und 2b?

Wird zur Berechnung die Mittelpunktsgleichung $\dfrac{x^2}{a^2} + \dfrac{y^2}{b^2} = 1$ der Ellipse herangezogen, so ergibt sich

$$I_a = \frac{2}{3} \cdot \int_{-a}^{a} \frac{b^3}{a^3} \cdot (a^2 - x^2)^{\frac{3}{2}}\, dx =$$

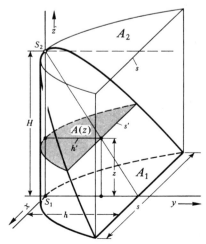

$$= -\frac{4\,b^3}{3\,a^3} \cdot \int_{\frac{\pi}{2}}^{0} a^4 \sin^4 t\, dt =$$

$$= \frac{4\,ab^3}{3} \cdot \int_{0}^{\frac{\pi}{2}} \sin^4 t\, dt = \frac{4\,ab^3}{3} \cdot \frac{1 \cdot 3}{2 \cdot 4} \cdot \frac{\pi}{2} =$$

$$= \frac{ab^3 \cdot \pi}{4} \quad \text{mit } x = a \cdot \cos t,\ \text{also } dx = -a \cdot \sin t\, dt \quad \text{(Formel 2.13).}$$

Das axiale Trägheitsmoment bezüglich der anderen Hauptachse ergibt sich durch Vertauschen von a und b zu $I_b = \dfrac{a^3 b \cdot \pi}{4}$.

---

129. Die Grundfläche und die Deckfläche mit den Inhalten A_1 und A_2 eines geraden Körpers der Höhe H sind parallele, kongruente Parabelsegmente, deren zur jeweiligen Symmetrielinie senkrechte Sehnen der Länge s von den zugehörigen Scheiteln S_1 und S_2 den Abstand h haben.

Dieser Körper wird durch eine Ebene geschnitten, welche die Sehne der Grundfläche vom In-halt A_1 und den Scheitel S_2 der Deckfläche enthält. Welches Vo-lumen V hat der entstehende **parabolische Zylinder-huf** mit dem Parabelsegment vom Inhalt A_1 als Grundfläche und dem Scheitelpunkt S_2?

Bei Wahl des xyz-Koordinaten-systems gemäß der Abbildung ist die Gleichung der die Grund-fläche begrenzenden Parabel

$y = \dfrac{4\,h}{s^2}\,x^2$, und es berechnet sich der Flächeninhalt zu

$$A_1 = s \cdot h - 2 \cdot \int\limits_{0}^{\frac{s}{2}} \frac{4\,h}{s^2}\,x^2 dx = s \cdot h - \frac{8\,h}{s^2} \cdot \frac{x^3}{3}\,\bigg|_{0}^{\frac{s}{2}} = \frac{2}{3} \cdot s \cdot h.$$

Wegen $h' = \dfrac{h}{H} \cdot (H - z)$ und $s' = s \cdot \sqrt{\dfrac{h'}{h}} = \dfrac{s}{\sqrt{H}} \cdot \sqrt{H - z}$ für die Längen von Segmenthöhe und Sehne im Abstand z von der xy-Ebene ist der Inhalt der zugehörigen Schnittfläche

$$A(z) = \frac{2}{3} \cdot s' \cdot h' = \frac{2}{3} \cdot s \cdot h \cdot \sqrt{\frac{H - z}{H}}^{\,3} \,.$$

Damit folgt für das Volumen V des Körpers

$$V = \int\limits_{0}^{H} A(z)\,dz = \int\limits_{0}^{H} \frac{2\,s\,h}{3\,H \cdot \sqrt{H}} \cdot \sqrt{H - z}^{\,3}\,dz = -\frac{2\,s\,h}{3\,H\,\sqrt{H}} \cdot \frac{2}{5} \cdot (H - z)^{\frac{5}{2}}\,\bigg|_{0}^{H} =$$

$$= \frac{4}{15} \cdot s \cdot h \cdot H.$$

---

130. Die Mittellinie des im Achsenschnitt dargestellten parabolischen Rohrkrümmers mit kreisförmiger lichter Weite vom Radius R genügt in bezug auf das gewählte xyz-Koordinatensystem der Parameterdarstellung $x = p \cdot t$, $y = \dfrac{1}{2}\,p \cdot t^2$, $z = 0$ mit $p \geqslant R$ und $t \geqslant 0$ als Parameter. Man berechne den Inhalt A des Achsenschnittes mit der xy-Ebene und dann das dazugehörige Volumen V des Krümmers von $t = 0$ bis $t = a$.

Die zur Parabel durch 0 und P verlaufenden parallelen Kurven H_1 und H_2 im Abstand R können als die Hüllkurven der durch

$$F(x;y;t) \equiv (x - p \cdot t)^2 + \left(y - \frac{1}{2}\,p \cdot t^2\right)^2 - R^2 = 0$$

festgelegten Kreisschar gefunden werden (Siehe Band II).

Aus $\dfrac{\partial F(x;y;t)}{\partial t} \equiv -2p \cdot (x - pt) - 2p \cdot \left(y - \dfrac{1}{2}\,pt^2\right) \cdot t = 0$

oder $x - pt = -\left(y - \dfrac{1}{2}\,pt^2\right) \cdot t$

folgt durch Einsetzen in $F(x;y;t) = 0$

$$x = pt \mp \frac{R \cdot t}{\sqrt{1 + t^2}} \quad , \quad y = \frac{1}{2} pt^2 \pm \frac{R}{\sqrt{1 + t^2}} \quad ,$$

wobei das obere Vorzeichen H_1, das untere H_2 zugeordnet ist.

Die Normale im Parabelpunkt $P\left(p \cdot a; \frac{1}{2} p \cdot a^2\right)$ mit dem Parameterwert $a > 0$ schneidet die y-Achse in $S\left(0; p + \frac{1}{2} p \cdot a^2\right)$. Wählt man diesen als Ursprung eines zum xy-Koordinatensystem parallel verschobenen $\bar{x}\bar{y}$-Systems. lauten die Gleichungen von H_1 und H_2

$$\bar{x} = pt \mp \frac{R \cdot t}{\sqrt{1 + t^2}} \quad , \quad \bar{y} = \frac{1}{2} pt^2 \pm \frac{R}{\sqrt{1 + t^2}} - p - \frac{1}{2} pa^2.$$

Für die Flächeninhalte $A_{1;2}$ der Segmente mit den Eckpunkten P_1, S, Q_1 bzw. P_2, S, Q_2 gilt dann nach der F o r m e l v o n LEIBNIZ

$$A_{1;2} = \frac{1}{2} \cdot \int_0^a \left[\left(pt \mp \frac{R \cdot t}{\sqrt{1 + t^2}} \right) \cdot \left(pt \mp \frac{R \cdot t}{\sqrt{1 + t^2}^3} \right) - \left(\frac{1}{2} pt^2 \pm \frac{R}{\sqrt{1 + t^2}} - p - \right. \right.$$

$$- \frac{1}{2} pa^2 \left. \right) \cdot \left(p \mp \frac{R}{\sqrt{1 + t^2}^3} \right) \right] dt =$$

$$= \mp \frac{R \cdot p}{4} \cdot \int_0^a \left[\frac{a^2 + 1}{\sqrt{1 + t^2}^3} + \frac{1}{\sqrt{1 + t^2}} + 2 \cdot \sqrt{1 + t^2} \right] dt +$$

$$+ \frac{1}{2} \int_0^a \left[p^2 + \frac{1}{2} p^2(a^2 + t^2) + \frac{R^2}{1 + t^2} \right] dt.$$

Daraus folgt für den Inhalt A der Schnittfläche mit Verwendung der Formeln 1.74, 1.49 und 1.60

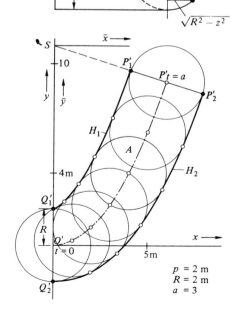

$$p = 2 \text{ m}$$
$$R = 2 \text{ m}$$
$$a = 3$$

$$A = A_2 - A_1 = \frac{R \cdot p}{2} \cdot \left[(a^2 + 1) \cdot \frac{t}{\sqrt{1 + t^2}} + \ln(t + \sqrt{1 + t^2}) + t \cdot \sqrt{1 + t^2} + \right.$$

$$\left. + \ln(t + \sqrt{1 + t^2}) \right]_0^a =$$

$$= R \cdot p \cdot [a \cdot \sqrt{1 + a^2} + \ln(a + \sqrt{1 + a^2})] = 2R \cdot \overset{\frown}{OP} \quad \text{mit}$$

$$\overset{\frown}{OP} = \frac{p}{2} \cdot [a \cdot \sqrt{1 + a^2} + \ln(a + \sqrt{a + a^2})] \text{ als Länge der Mittellinie.}$$

(Siehe Nr. 120)

Ersetzt man in diesem Ergebnis R durch $\sqrt{R^2 - z^2}$, so erhält man den Inhalt A_z einer zur xy-Ebene parallelen Schnittfläche im Abstand z. Damit ergibt sich das gesuchte Volumen V bei Zerlegung in Schichten parallel zur xy-Ebene zu

$$V = 2 \cdot \overset{\frown}{OP} \cdot \int_{-R}^{R} \sqrt{R^2 - z^2} \, dz = 4 \cdot \overset{\frown}{OP} \cdot \frac{R^2 \pi}{4} = R^2 \pi \cdot \overset{\frown}{OP}. \qquad \text{(Formel 1.61)}$$

Es ist somit das Volumen des Körpers gleich dem Produkt aus dem Inhalt der Querschnittsfläche und der Länge der Mittellinie. Diese Tatsache gilt allgemein bei beliebigen ebenen Mittellinien und allen bezüglich des Lotes zur Mittelebene durch die Mittellinie symmetrischen Querschnitten, wenn keine der auf diesem Lot senkrecht stehenden Halbsehnen länger als der kleinste Krümmungsradius der Mittellinie innerhalb des Körpers ist. Im obigen Beispiel ist dies durch die Bedingung $p \geqslant R$ gewährleistet.

Für die speziellen Werte $p = 2$ m, $R = 2$ m und $a = 3$ werden $\overset{\frown}{OP} = 1 \cdot [3 \cdot \sqrt{10} + \ln(3 + \sqrt{10})]$ m $\approx 11,305$ m, $A = 2 \cdot 2$ m $\cdot \overset{\frown}{OP} \approx$ $\approx 45,221$ m^2, $V = (2m)^2 \cdot \pi \cdot \overset{\frown}{OP} \approx 142,066$ m^3. Siehe auch Nr. 243.

t	H_1 x	y	H_2 x	y
0	0	2	0	-2
0,5	0,11	2,04	1,89	-1,54
1	0,59	2,41	3,41	-0.41
1,5	1,34	3,36	4,66	1,14
2	2,21	4,89	5,79	3,11
2,5	3,14	6,99	6,86	5,51
3	4,10	9,63	7,90	8,37

131. Bei welcher Flüssigkeitshöhe h ist ein waagrecht liegender zylindrischer Tank mit kreisförmigem Querschnitt vom Innenradius r zu 80 % seines Inhalts gefüllt?

Die gesuchte Flüssigkeitshöhe h kann in bezug auf das in der Figur gewählte xy-Koordinatensystem als Höhe des Segmentes vom Flächeninhalt

$$A = \frac{4}{5} r^2 \pi \quad \text{durch}$$

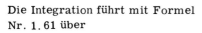

$$\frac{2}{5} r^2 \pi = \frac{r^2 \pi}{4} + \int_0^{h-r} \sqrt{r^2 - y^2}\, dy$$

festgelegt werden.

Die Integration führt mit Formel Nr. 1.61 über

$$\frac{3}{20} r^2 \pi = \frac{1}{2} \left[y \cdot \sqrt{r^2 - y^2} + \right.$$

$$\left. + r^2 \cdot \text{arc sin} \frac{y}{r} \right]_0^{h-r} \quad \text{auf die in h} \quad \text{transzendente Gleichung}$$

$$\frac{3}{10} \pi = \frac{h-r}{r} \cdot \sqrt{1 - \left(\frac{h-r}{r}\right)^2} + \text{arc sin} \left(\frac{h-r}{r}\right) ,$$

die sich mit der Substitution $\dfrac{h-r}{r} = \sin\varphi$ für $0 \leqslant \varphi \leqslant \dfrac{\pi}{2}$ auf $\dfrac{3}{5}\pi - 2\varphi =$
$= \sin(2\varphi)$ vereinfacht.

$$y_1 = \frac{3}{5}\pi - 2\varphi, \quad y_2 = \sin(2\varphi);$$

φ	...	0,4	0 8	...
y_1	...	1,085	0,285	...

φ	...	0	0,2	0,4	0,5	0,6	0,7	0,785 ...
y_2	...	0	0,389	0,717	0,841	0,932	0,985	1,000 ...

Mit dem aus der Zeichnung entnehmbaren Näherungswert $\varphi \approx 0,515$ folgt die gesuchte Flüssigkeitshöhe zu

$$h = r(1 + \sin\varphi) \approx$$

$$\approx r(1 + 0,493) = 1,493\ r.$$

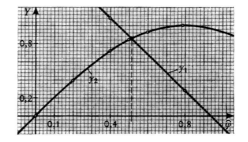

132. Ein gerader prismatischer Behälter mit der Grundrißfläche vom Inhalt A ist seitlich mit einer rechteckigen Öffnung der Höhe 2a und der Breite b versehen. Dann beträgt bei einem Flüssigkeitsstand y über der waagrechten Oberkante der Öffnung die sekundlich ausfließende Flüssigkeitsmenge

$$Q(y) = \mu \sqrt{2g} \cdot \int_y^{y+2a} b \cdot \sqrt{\eta} \, d\eta \quad \text{mit } \mu \text{ als Ausflußzahl und g als skalarem Wert}$$

der Erdbeschleunigung.

Man gebe diejenige Zeit $t = -\int_H^h \frac{A}{Q(y)} \, dy$ an, in welcher der Flüssigkeitsspiegel von der ursprünglichen Höhe H auf h absinkt.

Mit $Q(y) = \frac{2}{3} \mu b \cdot \sqrt{2g} \, \eta^{\frac{3}{2}} \Big|_y^{y+2a} = \frac{2}{3} \mu b \cdot \sqrt{2g} \cdot (\sqrt{y+2a}^3 - \sqrt{y}^3)$

folgt

$$t = -\frac{3A}{2\mu b \cdot \sqrt{2g}} \cdot \int_H^h \frac{dy}{\sqrt{y+2a}^3 - \sqrt{y}^3} \quad ,$$

was mit der für $y \in [0; +\infty[$ streng monoton zunehmenden Substitutionsfunktion $z = \sqrt{y} + \sqrt{y+2a}$ und der für $z \in [\sqrt{2a}; +\infty[$ zugeordneten stetig differenzierbaren Umkehrfunktion

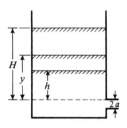

$$y = \left(\frac{z^2 - 2a}{2z} \right)^2 \quad \text{mit} \quad dy = \frac{1}{2} \cdot \frac{z^4 - 4a^2}{z^3} \, dz \quad \text{auf}$$

$$t = \frac{A}{2\mu b \cdot \sqrt{2g}} \cdot \int_{z_0}^{z_1} \left(\frac{1}{a} - \frac{16a}{3z^4 + 4a^2} \right) dz \quad \text{und} \quad z_0 = \sqrt{h} + \sqrt{h+2a},$$

$z_1 = \sqrt{H} + \sqrt{H+2a}$ zurückgeführt werden kann.

Hieraus folgt unter Verwendung der Formel 1.28

$$t = \frac{A}{2 \cdot \sqrt[4]{3} \cdot \mu \cdot b \cdot \sqrt{2 \cdot a \cdot g}} \left\{ \frac{\sqrt[4]{3}}{\sqrt{a}} \cdot z - \ln \left[\left(\frac{\sqrt[4]{3}}{\sqrt{a}} \cdot z + 1 \right)^2 + 1 \right] + \right.$$

$$+ \ln \left[\left(\frac{\sqrt[4]{3}}{\sqrt{a}} \cdot z - 1 \right)^2 + 1 \right] - 2 \cdot \left[\arctan \left(\frac{\sqrt[4]{3}}{\sqrt{a}} \cdot z + 1 \right) + \right.$$

$$+ \text{ arc tan } \left(\frac{\sqrt[4]{3}}{\sqrt{a}} \cdot z - 1 \right) \Big] \Big\} \Big|_{z_0}^{z_1} .$$

Für die speziellen Werte $H = 1 \text{ m}$, $A = 0,25 \text{ m}^2$, $a = 0,02 \text{ m}$, $b = 0,01 \text{ m}$ und $\mu = 0,8$ wird mit $g = 9,81 \text{ ms}^{-2}$ und $z_1 \approx 2,0198$

$$t \approx 18.9529 \cdot \{ 12,5140 - 9,3060 \cdot z_0 + \ln[(9,3060 \cdot z_0 + 1)^2 + 1] -$$

$$- \ln[(9,3060 \cdot z_0 - 1)^2 + 1] + 2 \cdot [\text{arc tan}(9,3060 \cdot z_0 + 1) +$$

$$+ \text{ arc tan}(9,3060 \cdot z_0 - 1)] \} ,$$

und es gilt die Wertetabelle

$\dfrac{h}{m}$	1,0	0,8	0,6	0,4	0,2	0
$\dfrac{t}{s}$	0	36,83	78,51	127,66	190,83	307,16

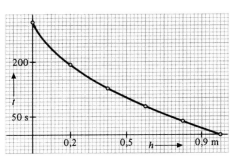

133. Welche Arbeit W muß geleistet werden, um das Volumen V_1 eines idealen Gases mit einem Druck vom Betrag $|\vec{p_1}|$ adiabatisch auf die Hälfte zu verringern?

Nach dem POISSONschen Gesetz $p \cdot V^\kappa = p_1 \cdot V_1^\kappa$ mit $\kappa = \dfrac{c_p}{c_V}$ als

Verhältnis der spezifischen Wärmen bei konstantem Druck bzw. konstantem

Volumen, also $p = f(V) = \dfrac{p_1 V_1^\kappa}{V^\kappa}$, folgt entsprechend Nr. 71

$$W = - \int_{V_1}^{\frac{V_1}{2}} f(V) \, dV = - \int_{V_1}^{\frac{V_1}{2}} p_1 V_1^\kappa \frac{dV}{V^\kappa} = -p_1 V_1^\kappa \cdot \frac{V^{-\kappa+1}}{1-\kappa} \Big|_{V_1}^{\frac{V_1}{2}} =$$

$$= \frac{p_1 V_1^\kappa}{\kappa - 1} \left[\frac{2^{\kappa-1}}{V_1^{\kappa-1}} - \frac{1}{V_1^{\kappa-1}} \right] = \frac{p_1 V_1^\kappa}{\kappa - 1} \cdot \frac{2^{\kappa-1} - 1}{V_1^{\kappa-1}} = \frac{p_1 V_1}{\kappa - 1} \cdot (2^{\kappa-1} - 1).$$

134. Wird ein unendlich langer gerader Draht von einem Gleichstrom der Stärke I durchflossen, dann gilt für den skalaren Wert H der magnetischen Feldstärke im Abstand r nach dem BIOT-SAVARTs c h e n G e s e t z

$$H = \frac{I \cdot r}{4\pi} \cdot \int_{-\infty}^{+\infty} \frac{dl}{\sqrt{r^2 + l^2}^{\,3}} = \frac{I \cdot r}{4\pi} \cdot \left(\lim_{a \to -\infty} \int_{a}^{0} \frac{dl}{\sqrt{r^2 + l^2}^{\,3}} + \lim_{a \to +\infty} \int_{0}^{a} \frac{dl}{\sqrt{r^2 + l^2}^{\,3}} \right) =$$

$$= \frac{I \cdot r}{2\pi} \cdot \lim_{a \to \infty} \int_{0}^{a} \frac{dl}{\sqrt{r^2 + l^2}^{\,3}} \cdot$$

Wie groß ist der skalare Wert dieser magnetischen Feldstärke?

Mit der Substitution

$$l = r \cdot \tan t \quad \text{und} \quad dl = \frac{r}{\cos^2 t}\, dt \quad \text{für} \quad -\frac{\pi}{2} < t < \frac{\pi}{2} \quad \text{folgt}$$

$$H = \frac{I}{2\pi r} \cdot \lim_{c \to \frac{\pi}{2}} \int_{0}^{c} \cos t\, dt = \frac{I}{2\pi r} \cdot \lim_{c \to \frac{\pi}{2}} \sin t \Big|_{0}^{c} = \frac{I}{2\pi r} \cdot$$

3.   Transzendente Funktionen

135. Gegeben ist die für $x \in \mathbb{R}$ definierte t r a n s z e n d e n t e F u n k - t i o n $y = f(x) = 5 \cdot e^{2x}$. Man bestimme $\int f(x)\, dx$.

Mit der l i n e a r e n S u b s t i t u t i o n $2x = z$, also $dx = \frac{dz}{2}$ ergibt sich

$$\int f(x)\, dx = \int 5 \cdot e^{2x} dx = 5 \cdot \int e^z \cdot \frac{dz}{2} = \frac{5}{2} \cdot e^z + C = \frac{5}{2} \cdot e^{2x} + C$$

und $C \in \mathbb{R}$ als Integrationskonstante in $]-\infty; \infty[$ (vgl. auch Formel 3. 1).

136. $y = f(x) = \dfrac{2}{e^{x-1}}$ mit $\mathbb{D}_y = \mathbb{R}$.

Die l i n e a r e S u b s t i t u t i o n $1 - x = z$ und damit $dx = -dz$ erbringt

$$\int f(x)dx = 2 \cdot \int e^{1-x}dx = -2 \cdot \int e^z dz = -2 \cdot e^z + C =$$

$$= -2 \cdot e^{1-x} + C = \frac{-2}{e^{x-1}} + C \qquad \text{in }]-\infty; +\infty[.$$

Siehe hierzu die Fußnote bei Aufgabe Nr. 1.

Das Ergebnis kann nach vorheriger Umformung des Integranden in $f(x) = 2e \cdot e^{-x}$ auch unmittelbar unter Verwendung der Formel 2. 1 gefunden werden.

---

137. $y = f(x) = 4x \cdot e^{-2x^2}$;

$$\int f(x)dx = 4 \cdot \int x \cdot e^{-2x^2}dx = -\int e^z dz = -e^z + C =$$

$$= -e^{-2x^2} + C \qquad \text{mit } -2x^2 = z \quad \text{und} \quad -4x\,dx = dz, \text{ gültig in }]-\infty; +\infty[.$$

---

138. $y = f(x) = \dfrac{a \cdot e^x}{1 + b \cdot e^x}$ für $a, b \in \mathbb{R} \setminus \{0\}$ und $\mathbb{D}_y = \mathbb{R}$, falls $b > 0$,

$\mathbb{D}_y = \mathbb{R} \setminus \{-\ln(-b)\}$, falls $b < 0$;

$$\int f(x)dx = a \cdot \int \frac{e^x}{1 + b \cdot e^x} dx = \frac{a}{b} \cdot \int \frac{dz}{z} = \frac{a}{b} \cdot \ln |z| + C =$$

$$= \frac{a}{b} \cdot \ln |1 + b \cdot e^x| + C$$

mit $1 + b \cdot e^x = z$ und $e^x dx = \dfrac{dz}{b}$ in jedem Intervall aus $\mathbb{D}_y$.

---

139. $y = f(x) \cdot g(x) = x \cdot e^x$;

$$\int f(x) \cdot g(x)dx = \int x \cdot e^x dx$$ kann durch Anwendung der **Produktintegration** oder **partiellen Integration** gemäß der Formel

$$\int f(x) \cdot g(x)dx = f(x) \cdot G(x) - \int G(x) \cdot f'(x)dx \quad \text{mit } G(x) \text{ als einer Stamm-}$$

funktion von g(x) oder abgekürzt $\int u\,dv = u \cdot v - \int v\,du$ ermittelt werden.

Man erhält für $u = f(x) = x$, $v' = g(x) = e^x$, also $du = dx$, $dv = e^x dx$
und $v = G(x) = e^x$

$$\int x \cdot e^x dx = x \cdot e^x - \int e^x dx = x \cdot e^x - e^x + C = (x - 1) \cdot e^x + C,$$

gültig in $]-\infty\,;\,+\infty[$.

Das Ergebnis ist als Sonderfall für $a = 1$ in Formel Nr. 2.2 enthalten.

---

140. Welchen Wert hat das bestimmte Integral $\int\limits_0^3 x^2 \cdot e^{-0,5x} dx$?

Zweimalige Anwendung der Produktintegration liefert

$$\int\limits_0^3 x^2 \cdot e^{-0,5x} dx = x^2 \cdot \frac{e^{-0,5x}}{-0,5} \bigg|_0^3 + 4 \cdot \int\limits_0^3 x \cdot e^{-0,5x} dx =$$

$$= -18 \cdot e^{-1,5} + 4 \cdot \left[x \cdot \frac{e^{-0,5x}}{-0,5} \bigg|_0^3 + 2 \cdot \int\limits_0^3 e^{-0,5x} dx \right] =$$

$$= -42 \cdot e^{-1,5} - 16 \cdot e^{-0,5x} \bigg|_0^3 = 16 - 58 \cdot e^{-1,5} \approx 3,058.$$

Das vorgelegte Integral kann auch unmittelbar mit der Formel 2.3 berechnet werden.

---

141. Man bestimme den Wert des uneigentlichen Integrals $\int\limits_0^{+\infty} \frac{dx}{1 + e^x}$.

Die Integrandenfunktion $f(x) = \dfrac{1}{1 + e^x}$ ist für alle $x \in \mathbb{R}$ stetig. Es gilt

deshalb in $]-\infty\,;\,+\infty[$ mit der dort umkehrbar eindeutigen Substitution $e^x = z$

und damit $e^x dx = z\,dx = dz$, $\displaystyle\int\limits_0^{+\infty} f(x)dx = \lim_{a \to +\infty} \int\limits_0^a \frac{dx}{1 + e^x} = \lim_{a \to +\infty} \int\limits_1^{e^a} \frac{dz}{z \cdot (1 + z)}$, woraus nach Formel 1.9

$$\int\limits_{0}^{+\infty} f(x)dx = \lim_{a \to +\infty} \ln \left[\frac{z}{1+z} \right]_1^{e^a} = \lim_{a \to +\infty} \ln \left(\frac{e^a}{1+e^a} \right) - \ln \frac{1}{2} =$$

$$= \lim_{a \to +\infty} \ln \left(\frac{1}{e^{-a}+1} \right) + \ln 2 = \ln 1 + \ln 2 \approx 0,693$$

erhalten wird.

---

142. $y = f(x) = \ln x$ mit $\mathbb{D}_y = \mathbb{R}^+$;

$$\int f(x)dx = \int \ln x \cdot dx = \int \ln x \cdot 1 \cdot dx = \ln x \cdot x - \int x \cdot \frac{dx}{x} = x \cdot \ln x - x + C =$$

$$= x(\ln x - 1) + C \quad \text{mit } \ln x = u, \ dx = dv \quad \text{und der Formel}$$

von Beispiel Nr. 139 für die P r o d u k t i n t e g r a t i o n in $]0; +\infty[$.

Das Ergebnis ist als Formel für $a = 1$ in Nr. 2.6 aufgeführt.

---

143. $y = f(x) = x^n \cdot \ln x$ für $n \in \mathbb{R}$ und $\mathbb{D}_y = \mathbb{R}^+$.

$$\int f(x)dx = \int \ln x \cdot x^n \, dx = \ln x \cdot \frac{x^{n+1}}{n+1} - \int \frac{x^n}{n+1} \, dx =$$

$$= \frac{x^{n+1}}{n+1} \cdot \ln x - \frac{x^{n+1}}{(n+1)^2} + C = \frac{x^{n+1}}{(n+1)^2} \cdot [(n+1) \cdot \ln x - 1] + C$$

für $n \in \mathbb{R} \setminus \{-1\}$ in $]0; +\infty[$.

Wenn $n = -1$, kann eine Stammfunktion durch die Substitution $\ln x = z$

und damit $\frac{dx}{x} = dz$ gefunden werden. Es ergibt sich

$$\int f(x)dx = \int \frac{\ln x}{x} \, dx = \int z \, dz = \frac{1}{2} \cdot z^2 + C = \frac{1}{2} \cdot (\ln x)^2 + C \quad \text{in }]0; +\infty[\ .$$

Die Integrale können aus Formel 2.7 bzw. 2.6 direkt entnommen werden.

144. $y = f(x) = (\ln x)^n$ für $n \in \mathbb{N}_0$ und $\mathbb{D}_y = \mathbb{R}^+$;

$$\int f(x)dx = \int z^n \cdot e^z dz \quad \text{mit} \quad \ln x = z \quad \text{und} \quad \frac{dx}{x} = dz \quad \text{oder} \quad dx = x \, dz =$$

$= e^z dz$. Hieraus folgt nach Formel Nr. 2.4

$$\int f(x)dx = e^z \cdot [z^n - n \cdot z^{n-1} + n \cdot (n-1) \cdot z^{n-2} - + \ldots + (-1)^n \cdot n!] =$$

$$= x \cdot [(\ln x)^n - n \cdot (\ln x)^{n-1} + n \cdot (n-1) \cdot (\ln x)^{n-2} - + \ldots$$

$$\ldots + (-1)^n \cdot n!] \quad \text{in }]0; +\infty[\, .$$

---

145. $y = f(x) = A \cdot \sin(\omega x + \varphi)$ mit $A, \omega \in \mathbb{R} \setminus \{0\}$, $\varphi \in \mathbb{R}$;

$$\int f(x)dx = \frac{A}{\omega} \cdot \int \sin z \, dz = -\frac{A}{\omega} \cdot \cos z + C =$$

$$= -\frac{A}{\omega} \cdot \cos(\omega x + \varphi) + C \quad \text{mit} \quad \omega x + \varphi = z \quad \text{und} \quad dx = \frac{dz}{\omega}$$

in $]-\infty ; +\infty[\, .$

---

146. $y = f(x) = \cos(2x) \cdot \cos(3x)$.

Mit der Umformung $\cos(ax) \cdot \cos(bx) = \frac{1}{2} \cdot [\cos(a-b)x + \cos(a+b)x]$ und

der Substitution $5x = z$, $dx = \frac{dz}{5}$ wird

$$\int f(x)dx = \frac{1}{2} \cdot \int [\cos x + \cos(5x)] dx = \frac{1}{2} \cdot \sin x + \frac{1}{10} \cdot \sin(5x) + C$$

in $]-\infty ; +\infty[\, .$

Das Ergebnis kann auch unmittelbar aus Formel Nr. 2.34 entnommen werden.

---

147. Es ist der Wert von $\displaystyle\int_{-\frac{\pi}{4}}^{\frac{\pi}{12}} \frac{3 \, dx}{\cos^2 \left(2x + \frac{\pi}{6}\right)}$ zu bestimmen.

Die Integrandenfunktion $f(x) = \dfrac{3}{\cos^2\left(2x + \dfrac{\pi}{6}\right)}$ ist stetig für alle

$x \notin \dfrac{\pi}{6} + k \cdot \dfrac{\pi}{2}$ und $k \in \mathbb{Z}$. Deshalb gilt mit der Substitution $2x + \dfrac{\pi}{6} = z$,

also $dx = \dfrac{dz}{2}$

$$\int\limits_{-\frac{\pi}{4}}^{\frac{\pi}{12}} f(x)dx = \frac{3}{2} \cdot \int\limits_{-\frac{\pi}{3}}^{\frac{\pi}{3}} \frac{dz}{\cos^2 z} = 3 \cdot \int\limits_{0}^{\frac{\pi}{3}} \frac{dz}{\cos^2 z} = 3 \cdot \tan z \Big|_{0}^{\frac{\pi}{3}} =$$

$$= 3 \cdot \tan \frac{\pi}{3} = 3 \cdot \sqrt{3} \approx 5,196. \qquad \text{(Formel 2.23)}$$

---

148. Welchen Wert hat das bestimmte Integral $\displaystyle\int\limits_{0}^{2} \frac{4 \cdot \cos x}{1 + 2 \cdot \sin x} \, dx$?

Die in Nr. 5 angeführte Formel $\displaystyle\int \frac{g'(x)}{g(x)} \, dx = \ln |g(x)| + C$ liefert

$$\int\limits_{0}^{2} f(x)dx = 2 \cdot \int\limits_{0}^{2} \frac{2 \cdot \cos x}{1 + 2 \cdot \sin x} \, dx = 2 \cdot \ln |1 + 2 \cdot \sin x| \Big|_{0}^{2} =$$

$$= 2 \cdot \ln(1 + 2 \cdot \sin 2) \approx 2,072.$$

---

149. $y = f(x) = \dfrac{1}{\cos x}$ mit $\mathbb{D}_y = \mathbb{R} \setminus \left\{(2k + 1) \cdot \dfrac{\pi}{2}\right\}$ und $k \in \mathbb{Z}$;

$$\int f(x)dx = \int \frac{\cos x}{\cos^2 x} \, dx = \int \frac{\cos x}{1 - \sin^2 x} \, dx = \int \frac{dz}{1 - z^2} = \frac{1}{2} \cdot \ln \left|\frac{1 + z}{1 - z}\right| + C =$$

$$= \frac{1}{2} \cdot \ln \left(\frac{1 + \sin x}{1 - \sin x}\right) + C$$

mit $\sin x = z$ und $\cos x \, dx = dz$ unter Verwendung der Formel 1.15. Das Ergebnis gilt in jedem Intervall aus $\mathbb{D}_y$ und folgt auch unmittelbar aus Formel 2.22.

150. $y = f(x) = \dfrac{\tan x}{\cos x}$ für $x \neq (2k + 1) \cdot \dfrac{\pi}{2}$ und $k \in \mathbb{Z}$.

$$\int f(x)dx = \int \frac{\sin x}{\cos^2 x}\, dx = -\int \frac{dz}{z^2} = \frac{1}{z} + C = \frac{1}{\cos x} + C$$

mit $\cos x = z$ und $-\sin x\, dx = dz$ in $\left] -\dfrac{\pi}{2} + k\,\pi\,;\,\dfrac{\pi}{2} + k\,\pi \right[$ und $k \in \mathbb{Z}$.

---

151. Man ermittle $\displaystyle\int \cot^2 x\, dx$.

Die Substitution $x = \operatorname{arc\,cot} z + k\pi$ mit $k \in \mathbb{Z}$ bildet das z-Intervall $]-\infty\,;\,+\infty[$ umkehrbar eindeutig auf das x-Intervall $]k\pi\,;(k + 1)\pi[$ ab.

Mit $dx = \dfrac{-dz}{1 + z^2}$ und $z = \cot x$ gilt daher in jedem derartigen Intervall

$$\int f(x)dx = -\int \frac{z^2}{1 + z^2}\, dz = -\int dz + \int \frac{dz}{1 + z^2} = -z + \operatorname{arc\,tan} z + C_1 =$$

$$= -z + \frac{\pi}{2} - \operatorname{arc\,cot} z + C_1 = -\cot x + \frac{\pi}{2} - x + k\pi + C_1 =$$

$$= -\cot x - x + C_2 \quad \text{mit} \quad C_2 = \frac{\pi}{2} + k\pi + C_1 \quad \text{als Integrations-}$$

konstante.

Das Ergebnis ist als Sonderfall für $a = 1$ in Formel 2.30 enthalten.

---

152. $y = f(x) = x^2 \cdot \cos x$.

Zweimalige Anwendung der **p a r t i e l l e n I n t e g r a t i o n** ergibt

$$\int f(x)dx = x^2 \cdot \sin x - 2\int x \cdot \sin x\, dx = x^2 \cdot \sin x - 2(-x \cdot \cos x + \int \cos x\, dx) =$$

$$= x^2 \cdot \sin x + 2x \cdot \cos x - 2\sin x + C \qquad \text{in }]-\infty\,;\,+\infty[.$$

Zur Ermittlung dieses unbestimmten Integrals kann auch die **Formel Nr. 2.40** benützt werden.

---

153. $y = f(x) = \dfrac{1}{\cos^n(2x)}$ mit $n \in \mathbb{N} \setminus \{1\}$, $x \neq (2 \cdot k + 1) \cdot \dfrac{\pi}{4}$ und $k \in \mathbb{Z}$.

Partielle Integration führt zunächst auf

$$\int f(x)dx = \int \frac{1}{\cos^{n-2}(2x)} \cdot \frac{dx}{\cos^2(2x)} = \frac{1}{\cos^{n-2}(2x)} \cdot \frac{\tan(2x)}{2} +$$

$$+ (2 - n) \cdot \int \frac{\sin(2x)}{\cos^{n-1}(2x)} \cdot \tan(2x)dx =$$

$$= \frac{1}{2} \cdot \frac{\sin(2x)}{\cos^{n-1}(2x)} - (n - 2) \cdot \int \frac{1 - \cos^2(2x)}{\cos^n(2x)} dx =$$

$$= \frac{1}{2} \cdot \frac{\sin(2x)}{\cos^{n-1}(2x)} - (n - 2) \cdot \int f(x)dx + (n - 2) \cdot \int \frac{dx}{\cos^{n-2}(2x)} \quad .$$

Hieraus folgt über

$$(n - 1) \cdot \int f(x)dx = \frac{1}{2} \cdot \frac{\sin(2x)}{\cos^{n-1}(2x)} + (n - 2) \cdot \int \frac{dx}{\cos^{n-2}(2x)}$$

nach Division durch n - 1 die Rekursionsformel

$$\int \frac{dx}{\cos^n(2x)} = \frac{1}{2 \cdot (n - 1)} \cdot \frac{\sin(2x)}{\cos^{n-1}(2x)} + \frac{n - 2}{n - 1} \cdot \int \frac{dx}{\cos^{n-2}(2x)} \quad ,$$

gültig in $\left] - \frac{\pi}{4} + k \cdot \frac{\pi}{2} ; \frac{\pi}{4} + k \cdot \frac{\pi}{2} \right[$ und $k \in \mathbb{Z}$.

Eine Verallgemeinerung dieses Zusammenhangs ist in Formel Nr. 2.25 aufgeführt.

---

154. $y = f(x) = \dfrac{1}{\cos^3 x}$ für $x \neq (2k + 1) \cdot \dfrac{\pi}{2}$ und $k \in \mathbb{Z}$.

Mit der Formel 2.25 ist zunächst eine Rückführung auf

$$\int f(x)dx = \frac{1}{2} \cdot \frac{\sin x}{\cos^2 x} + \frac{1}{2} \cdot \int \frac{dx}{\cos x} + C_1 \quad \text{möglich,}$$

woraus mit dem in Aufgabe Nr. 149 gefundenen Ergebnis

$$\int f(x)dx = \frac{1}{2} \cdot \frac{\sin x}{\cos^2 x} + \frac{1}{4} \cdot \ln \frac{1 + \sin x}{1 - \sin x} + C_2$$

in $\left]-\dfrac{\pi}{2} + k\cdot\pi \ ; \dfrac{\pi}{2} + k\cdot\pi\right[$ und $k \in \mathbb{Z}$ folgt.

Das Ergebnis ist als Sonderfall für a = 1 in Formel 2.24 enthalten.

---

155. $y = f(x) = x^2 \cdot \cos^2 x$;

$$\int f(x)dx = \frac{1}{2} \cdot \int x^2 \cdot [1 + \cos(2x)]dx = \frac{1}{2} \cdot \int x^2\, dx + \frac{1}{2} \cdot \int x^2 \cdot \cos(2x)dx =$$

$$= \frac{x^3}{6} + \frac{1}{2} \cdot \left[x^2 \cdot \frac{\sin(2x)}{2} - \int x \cdot \sin(2x)\, dx \right] =$$

$$= \frac{x^3}{6} + \frac{x^2}{4} \cdot \sin(2x) - \frac{1}{2}\left[-x \cdot \frac{\cos(2x)}{2} + \frac{1}{2} \int \cos(2x)\, dx \right] =$$

$$= \frac{x^3}{6} + \frac{x^2}{4} \cdot \sin(2x) + \frac{x}{4} \cdot \cos(2x) - \frac{1}{8} \cdot \sin(2x) + C\,, \text{gültig in }]-\infty\,;+\infty\,[.$$

Kürzer unter Verwendung von Formel 2.40.

---

156. $y = f(x) = x \cdot \sin x^2$;

$$\int f(x)dx = \frac{1}{2} \cdot \int \sin z\, dz = -\frac{1}{2} \cos z + C = -\frac{1}{2} \cos x^2 + C$$

mit $x^2 = z$ und $x\, dx = \dfrac{dz}{2}$ in $]-\infty\,;+\infty\,[.$

---

157. $y = f(x) = \dfrac{x}{\cos^2 x}$ für $x \neq (2k + 1) \cdot \dfrac{\pi}{2}$;

$$\int f(x)dx = \int x \cdot \frac{dx}{\cos^2 x} = x \cdot \tan x - \int \tan x\, dx = x \cdot \tan x + \ln|\cos x| + C$$

in $\left]-\dfrac{\pi}{2} + k\cdot\pi \ ; \dfrac{\pi}{2} + k\cdot\pi\right[$ und $k \in \mathbb{Z}$.

---

158. $y = f(x) = \dfrac{\tan(2x)}{\sin(4x)}$ für $x \notin \left\{ k \cdot \dfrac{\pi}{4} \right\}$ mit $k \in \mathbb{Z}$;

$$\int f(x)dx = \int \frac{\tan(2x)}{2\sin(2x) \cdot \cos(2x)}\, dx = \frac{1}{2} \cdot \int \frac{dx}{\cos^2(2x)} = \frac{1}{4} \cdot \int \frac{dz}{\cos^2 z} =$$

$$= \frac{1}{4} \cdot \tan(2x) + C \quad \text{mit} \quad 2x = z \quad \text{und} \quad dx = \frac{dz}{2}$$

in $\left] k \cdot \frac{\pi}{4} ; (k + 1) \cdot \frac{\pi}{4} \right[$ und $k \in \mathbb{Z}$.

---

159. $y = f(x) = \dfrac{\ln(\cot x)}{\sin(2x)}$ für $k \cdot \pi < x < (2k + 1) \cdot \dfrac{\pi}{2}$ und $k \in \mathbb{Z}$;

$$\int f(x)dx = -\int \frac{\ln(\tan x)}{2 \sin x \cdot \cos x} dx = -\frac{1}{2} \int \frac{\ln(\tan x)}{\tan x} \cdot \frac{dx}{\cos^2 x} =$$

$$= -\frac{1}{2} \cdot \int \frac{\ln z}{z} dz = -\frac{1}{4} \cdot (\ln z)^2 + C = -\frac{1}{4} \cdot [\ln(\tan x)]^2 + C$$

mit $\tan x = z$ und $\dfrac{dx}{\cos^2 x} = dz$ in $\left] k \cdot \pi ; (2k + 1) \cdot \dfrac{\pi}{2} \right[$ und $k \in \mathbb{Z}$.

---

160. $y = f(x) = e^{ax} \cdot \sin(bx)$ mit $a, b \in \mathbb{R} \setminus \{0\}$ und $\mathbb{D}_y = \mathbb{R}$;

$$\int f(x)dx = \int e^{ax} \cdot \sin(b x) dx = -e^{ax} \cdot \frac{\cos(bx)}{b} + \frac{a}{b} \cdot \int e^{ax} \cdot \cos(bx) dx =$$

$$= -\frac{1}{b} \cdot e^{ax} \cdot \cos(bx) + \frac{a}{b} \cdot e^{ax} \cdot \frac{\sin(bx)}{b} - \frac{a^2}{b^2} \cdot \int e^{ax} \cdot \sin(bx)dx + C_1.$$

Durch Umformung ergibt sich

$$\left(1 + \frac{a^2}{b^2}\right) \cdot \int f(x)dx = \frac{e^{ax}}{b^2} \cdot [a \cdot \sin(bx) - b \cdot \cos(bx)] + C_1 \quad \text{oder}$$

$$\int f(x)dx = \frac{e^{ax}}{a^2 + b^2} \cdot [a \cdot \sin(bx) - b \cdot \cos(bx)] + C_2$$

mit $C_2 = \dfrac{b^2}{a^2 + b^2} \cdot C_1$ in $]-\infty ; +\infty[$.

Hierbei ist die eingefügte Konstante C_1 erforderlich, da die auftretenden Integrale in eines zusammengefaßt werden.

161. Man berechne $\displaystyle\int_0^{2\pi} \sqrt{1 - \sin x}\ dx.$

x	...	0	30°	60°	90°	120°	150°	180°	210°	240°	270°
y	...	1	0,71	0,37	0	0,37	0,71	1	1,22	1,37	1,41

x	...	300°	330°	360°	...
y	...	1,37	1,22	1	...

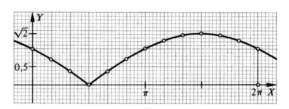

$$\int_0^{2\pi} \sqrt{1 - \sin x}\ dx = \int_0^{2\pi} \sqrt{1 + \cos\left(x + \frac{\pi}{2}\right)}\ dx =$$

$$= 2\cdot\int_{\frac{\pi}{4}}^{\frac{5}{4}\pi} \sqrt{1 + \cos(2z)}\ dz = 2\cdot\sqrt{2}\cdot\int_{\frac{\pi}{4}}^{\frac{5}{4}\pi} |\cos z|\, dz =$$

$$= 2\cdot\sqrt{2}\left[\int_{\frac{\pi}{4}}^{\frac{\pi}{2}} \cos z\ dz - \int_{\frac{\pi}{2}}^{\frac{5}{4}\pi} \cos z\ dz\right] =$$

$$= 2\cdot\sqrt{2}\cdot\left[\ [\sin z]_{\frac{\pi}{4}}^{\frac{\pi}{2}} - [\sin z]_{\frac{\pi}{2}}^{\frac{5}{4}\pi}\ \right] =$$

$$= 2\cdot\sqrt{2}\cdot\left[\left(1 - \frac{\sqrt{2}}{2}\right) - \left(-\frac{\sqrt{2}}{2} - 1\right)\right] = 4\cdot\sqrt{2} \approx 5,657$$

mit $x + \dfrac{\pi}{2} = 2z$, also $dx = 2dz$ sowie der Umformung $1 + \cos(2z) = 2\cos^2 z$.

162. Man ermittle den Wert des bestimmten Integrals $\displaystyle\int_0^{2\pi} \frac{dx}{1 + \cos^2 x}$.

x	...	0°	30°	60°	90°	120°	150°	180°	...
f(x)	...	0,5	0,57	0,80	1	0,80	0,57	0,5	...
F(x)	...	0	0,27	0,63	1,11	-0,63	-0,27	0	...

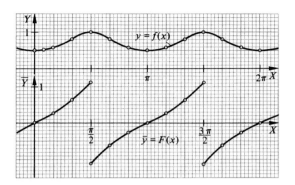

Die in $\left]\,(2k-1)\cdot\dfrac{\pi}{2}\,;\,(2k+1)\cdot\dfrac{\pi}{2}\,\right[$ für $k \in \mathbb{Z}$ eindeutig umkehrbare Substitution $z = \tan x$, also $x = \arctan z + k\pi$, $dx = \dfrac{dz}{1 + z^2}$ führt wegen

$$\cos^2 x = \frac{1}{1 + \tan^2 x} \quad \text{mit } f(x) = \frac{1}{1 + \cos^2 x} \quad \text{in jedem derartigen Intervall}$$

auf

$$\int f(x)dx = \int \frac{dz}{\left(1 + \dfrac{1}{1 + z^2}\right) \cdot (1 + z^2)} = \int \frac{dz}{2 + z^2} =$$

$$= \frac{1}{\sqrt{2}} \cdot \arctan\left(\frac{z}{\sqrt{2}}\right) + C = F(x) + C \quad \text{mit}$$

$$F(x) = \frac{1}{\sqrt{2}} \cdot \arctan\left(\frac{\tan x}{\sqrt{2}}\right) \quad \text{(Formel 1.14)}.$$

Weil der Integrand $f(x)$ in $]{-}\infty\,;\,{+}\infty[$ stetig ist, existieren hier stetige Stammfunktionen. Setzt man daher

$$F\left[(2k \pm 1) \cdot \frac{\pi}{2}\right] = \lim_{x \to (2k\pm1)\cdot\frac{\pi}{2}\mp 0} F(x) = \pm\frac{\sqrt{2}}{4}\pi, \text{ so gilt}$$

$$\int f(x)dx = F(x) + C \quad \text{in } \left[(2k-1)\cdot\frac{\pi}{2}\,;\,(2k+1)\cdot\frac{\pi}{2}\right].$$

Das Integrationsintervall $[0; 2\pi]$ wird von den sich für $k = 0, 1, 2$ ergebenden Substitutionsintervallen vollständig erfaßt. Dies führt auf

$$\int\limits_{0}^{2\pi} f(x)dx = \int\limits_{0}^{\frac{\pi}{2}} f(x)dx + \int\limits_{\frac{\pi}{2}}^{\frac{3}{2}\pi} f(x)dx + \int\limits_{\frac{3}{2}\pi}^{2\pi} f(x)dx =$$

$$= \left[\frac{\sqrt{2}}{4}\pi - 0\right] + \left[\frac{\sqrt{2}}{4}\pi - \left(-\frac{\sqrt{2}}{4}\pi\right)\right] + \left[0 - \left(-\frac{\sqrt{2}}{4}\pi\right)\right] = \pi\sqrt{2}.$$

163. Man bestimme $\int \dfrac{dx}{1 + a \cdot \cos x}$ mit $a \in \mathbb{R}\setminus\{0\}$ in den jeweils zuläs-

sigen Intervallen und werte speziell $\int \dfrac{dx}{1 + 3 \cdot \cos x}$ sowie $\int\limits_{0}^{\pi} \dfrac{dx}{1 + a \cdot \cos x}$

für $|a| < 1$ aus.

Für die Sonderfälle $a = \pm 1$ ergibt sich mit Hilfe der Formeln 2.23 und 2.15

$$\int \frac{dx}{1 + \cos x} = \int \frac{dx}{2 \cdot \cos^2\left(\frac{x}{2}\right)} = \tan\left(\frac{x}{2}\right) + C_1 \text{ für }](2k - 1)\cdot\pi \text{ ; } (2k + 1)\cdot\pi [,$$

$$\int \frac{dx}{1 - \cos x} = \int \frac{dx}{2 \cdot \sin^2\left(\frac{x}{2}\right)} = -\cot\left(\frac{x}{2}\right) + C_2 \text{ für }]2k\cdot\pi \text{ ; } 2(k + 1)\cdot\pi [$$

und $k \in \mathbb{Z}$.

Für $a \neq \pm 1$ wird mit der in $](2k - 1)\cdot\pi$; $(2k + 1)\cdot\pi]$ für $k \in \mathbb{Z}$ umkehrbar

eindeutigen Substitution $z = \tan\left(\dfrac{x}{2}\right)$, also $x = 2 \cdot \arctan z + 2k\cdot\pi$,

$$dx = \frac{2\,dz}{1 + z^2} \quad \text{und} \quad \cos x = \frac{1 - z^2}{1 + z^2} \quad \text{(Formel 3.8)}$$

$$\int \frac{dx}{1 + a \cdot \cos x} = 2 \int \frac{dz}{(1 + z^2) \cdot \left(1 + a \cdot \dfrac{1 - z^2}{1 + z^2}\right)} = \frac{2}{1 - a} \cdot \int \frac{dz}{\dfrac{1 + a}{1 - a} + z^2} .$$

Falls $a^2 > 1$, folgt hieraus unter Verwendung der Formel 1.15

$$\int \frac{dx}{1 + a \cdot \cos x} = \frac{2}{a - 1} \cdot \int \frac{dz}{\dfrac{a + 1}{a - 1} - z^2} =$$

$$= \frac{2}{a - 1} \cdot \frac{1}{2 \cdot \sqrt{\dfrac{a + 1}{a - 1}}} \cdot \ln\left|\frac{\sqrt{\dfrac{a + 1}{a - 1}} + z}{\sqrt{\dfrac{a + 1}{a - 1}} - z}\right| + C_3 = F_1(x) + C_3$$

mit $F_1(x) = \dfrac{\text{sgn}(a)}{\sqrt{a^2 - 1}} \cdot \ln \left| \dfrac{\sqrt{\dfrac{a+1}{a-1}} + \tan\left(\dfrac{x}{2}\right)}{\sqrt{\dfrac{a+1}{a-1}} - \tan\left(\dfrac{x}{2}\right)} \right|$.

Dies gilt zunächst nur in $\left] (2k-1) \cdot \pi \; ; \; -\text{arc cos}\left(-\dfrac{1}{a}\right) + 2k \cdot \pi \right[$,

$\left] -\text{arc cos}\left(-\dfrac{1}{a}\right) + 2k \cdot \pi \; ; \; \text{arc cos}\left(-\dfrac{1}{a}\right) + 2k \cdot \pi \right[$ und

$\left] \text{arc cos}\left(-\dfrac{1}{a}\right) + 2k \cdot \pi \; ; \; (2k+1) \cdot \pi \right[$ für $k \in \mathbb{Z}$.

Weil aber $y = \dfrac{1}{1 + a \cdot \cos x}$ für $a^2 > 1$ in jedem Intervall der Definitionsmenge $\mathbb{D}_y = \{ x \mid 1 + a \cdot \cos x \neq 0 \}$ stetige Stammfunktionen besitzt, ge-
hören auch noch (siehe Aufgabe 162) die Intervallränder $(2k \pm 1) \cdot \pi$ zum
Gültigkeitsbereich, wenn man $F_1((2k \pm 1) \cdot \pi) = \lim\limits_{x \to (2k \pm 1) \cdot \pi} F_1(x) = 0$ definiert.

Demnach ist $\displaystyle\int f_1(x) dx = \int \dfrac{dx}{1 + 3 \cdot \cos x} = F_1(x) + C_3$

mit $F_1(x) = \dfrac{1}{2 \cdot \sqrt{2}} \cdot \ln \left| \dfrac{\sqrt{2} + \tan\left(\dfrac{x}{2}\right)}{\sqrt{2} - \tan\left(\dfrac{x}{2}\right)} \right|$, falls $x \neq (2k \pm 1) \cdot \pi$

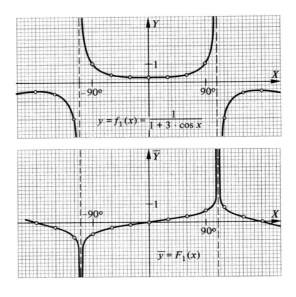

und $F_1(x) = 0$, falls $x = (2k \pm 1) \cdot \pi$ für $k \in \mathbb{Z}$ in den sich für $a = 3$ ergebenden Intervallen.

x	...	0°	30°	60°	90°	$109,47...^o$	120°	150°	180°	...
$f_1(x)$	...	0,25	0,28	0,4	1	$\pm \infty$	-2	-0,63	-0,5	...
$F_1(x)$	...	0	0,14	0,31	0,62	$\pm \infty$	0,81	0,28	0	...

Falls $a^2 < 1$, liefert Formel 1.14

$$\int \frac{dx}{1 + a \cdot \cos x} = \frac{2}{1 - a} \cdot \sqrt{\frac{1 - a}{1 + a}} \cdot \arctan \left(\frac{z}{\sqrt{\frac{1 + a}{1 - a}}} \right) + C_4 = F_2(x) + C_4$$

mit $F_2(x) = \dfrac{2}{\sqrt{1 - a^2}} \cdot \arctan \left[\sqrt{\dfrac{1 - a}{1 + a}} \cdot \tan \left(\dfrac{x}{2} \right) \right]$.

Das Ergebnis gilt zunächst jedoch nur in $](2k - 1) \cdot \pi \ ; \ (2k + 1) \cdot \pi \ [$ mit $k \in \mathbb{Z}$. Weil aber die Existenz stetiger Stammfunktionen in jedem Teilintervall der

Definitionsmenge $\mathbb{D}_y = \mathbb{R}$ von $y = \dfrac{1}{1 + a \cdot \cos x}$ für $a^2 < 1$ gesichert ist,

kann der Gültigkeitsbereich auf $[(2k - 1) \cdot \pi \ ; \ (2k + 1) \cdot \pi \ ]$ ausgedehnt wer-

den, wenn $F_2((2k \pm 1) \cdot \pi \ ) = \lim\limits_{x \to (2k \pm 1) \cdot \pi \mp 0} F_2(x) = \dfrac{\pm \pi}{\sqrt{1 - a^2}}$ definiert wird.

Damit ergibt sich

$$\int\limits_0^{\pi} \frac{dx}{1 + a \cdot \cos x} = \left[F_2(x) \right]_0^{\pi} = \frac{\pi}{\sqrt{1 - a^2}}$$ und z. B. für $a = \dfrac{1}{3}$ insbesondere

$$\int\limits_0^{\pi} f_2(x) dx = \int\limits_0^{\pi} \frac{dx}{1 + \frac{1}{3} \cdot \cos x} = \frac{3\pi}{4} \cdot \sqrt{2} \ .$$

x	0	$\pm 30^o$	$\pm 60^o$	$\pm 90^o$	$\pm 120^o$	$\pm 150^o$	$\pm 180^o$	...
$f_2(x)$	0,75	0,78	0,86	1	1,2	1,41	1,5	

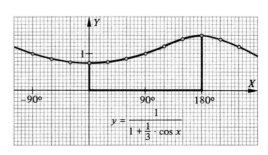

164. Es soll das bestimmte Integral $J_m = \int_0^\pi \dfrac{\cos(mx)}{1 + a \cdot \cos x}\, dx$ für $0 < |a| < 1$

und $m \in \mathbb{Z}$ unter Verwendung einer **Rekursionsformel** ermittelt werden.

Mit der Identität $\dfrac{\cos(mx)}{1 + a \cdot \cos x} \equiv \cos(mx) - a \cdot \dfrac{\cos(mx) \cdot \cos x}{1 + a \cdot \cos x} \equiv$

$$\equiv \cos(mx) - \frac{a}{2} \cdot \frac{\cos[(m-1)x] + \cos[(m+1)x]}{1 + a \cdot \cos x} \quad \text{ergibt sich zunächst}$$

$$J_m = \int_0^\pi \cos(mx)dx - \frac{a}{2} \cdot \int_0^\pi \frac{\cos[(m-1)x]}{1 + a \cdot \cos x}\, dx - \frac{a}{2} \cdot \int_0^\pi \frac{\cos[(m+1)x]}{1 + a \cdot \cos x}\, dx$$

oder

$$J_m = \int_0^\pi \cos(mx)dx - \frac{a}{2} \cdot (J_{m-1} + J_{m+1}).$$

Für $m = 0$ folgt hieraus $J_0 = \pi - \dfrac{a}{2} \cdot (J_{-1} + J_1)$, was wegen $J_m = J_{-m}$ auf

$J_1 = \dfrac{1}{a} \cdot (\pi - J_0)$ führt. Setzt man hier den in der vorherigen Aufgabe gefundenen Wert $J_0 = \dfrac{\pi}{\sqrt{1 - a^2}}$ ein, so ergibt sich

$$J_1 = \frac{\pi}{\sqrt{1 - a^2}} \cdot \frac{\sqrt{1 - a^2} - 1}{a} = J_0 \cdot \frac{\sqrt{1 - a^2} - 1}{a}.$$

Beschränkt man sich nun zunächst auf $m \in \mathbb{N}$, so wird wegen $\int_0^\pi \cos(mx)dx = 0$

$$J_m = -\frac{a}{2} \cdot (J_{m-1} + J_{m+1}) \quad \text{oder} \quad J_{m+1} = -\frac{2}{a} \cdot J_m - J_{m-1}.$$

Es ist somit

$$J_2 = -\frac{2}{a} \cdot J_1 - J_0 = J_0 \cdot \left(\frac{\sqrt{1 - a^2} - 1}{a} \right)^2,$$

$$J_3 = -\frac{2}{a} \cdot J_2 - J_1 = J_0 \cdot \left(\frac{\sqrt{1 - a^2} - 1}{a} \right)^3.$$

Daraus läßt sich $J_m = J_0 \cdot \left(\dfrac{\sqrt{1 - a^2} - 1}{a} \right)^m$ vermuten, was durch **vollständige Induktion** bewiesen werden kann:

Unter der Annahme der Richtigkeit dieser Formel für alle $m \leqslant M$ erhält man

$$J_{M+1} = -\frac{2}{a} \cdot J_M - J_{M-1} = J_0 \cdot \left(\frac{\sqrt{1-a^2}-1}{a}\right)^{M-1} \cdot \left(-\frac{2}{a} \cdot \frac{\sqrt{1-a^2}-1}{a} - 1\right) =$$

$$= J_0 \cdot \left(\frac{\sqrt{1-a^2}-1}{a}\right)^{M-1} \cdot \left(\frac{\sqrt{1-a^2}-1}{a}\right)^2 = J_0 \cdot \left(\frac{\sqrt{1-a^2}-1}{a}\right)^{M+1},$$

also die Gültigkeit für alle $m \leqslant M + 1$.

Da die Formel für $M = 1$ bereits nachgewiesen ist, gilt sie somit auch für jedes $M \in \mathbb{N}$.

Wegen $J_m = J_{-m}$ folgt schließlich $J_m = J_0 \cdot \left(\dfrac{\sqrt{1-a^2}-1}{a}\right)^{|m|} =$

$$= \frac{\pi}{\sqrt{1-a^2}} \cdot \left(\frac{\sqrt{1-a^2}-1}{a}\right)^{|m|} \quad \text{für } m \in \mathbb{Z}.$$

---

165. $y = f(x) = \dfrac{1}{\sin x + 2 \cos x}$ für $x \neq -\arctan 2 + k\pi$ und $k \in \mathbb{Z}$.

$$\int f(x)dx = \int \frac{2\,dz}{(1+z^2) \cdot \left(\dfrac{2z}{1+z^2} + 2 \cdot \dfrac{1-z^2}{1+z^2}\right)} = -\int \frac{dz}{z^2 - z - 1} =$$

$$= -\frac{1}{\sqrt{5}} \cdot \ln\left|\frac{2z-1-\sqrt{5}}{2z-1+\sqrt{5}}\right| + C = F(x) + C \quad \text{mit}$$

$$F(x) = \frac{\sqrt{5}}{5} \cdot \ln\left|\frac{2 \cdot \tan\left(\dfrac{x}{2}\right) + \sqrt{5} - 1}{2 \cdot \tan\left(\dfrac{x}{2}\right) - \sqrt{5} - 1}\right| \qquad \text{(Formel 1.18)}.$$

Hierbei fanden die in $](2k-1)\pi \; ; \; (2k+1)\pi[$ für $k \in \mathbb{Z}$ umkehrbar eindeutige Substitution $z = \tan\left(\dfrac{x}{2}\right)$, also $x = 2 \cdot \arctan z + 2k\pi$, $dx = \dfrac{2\,dz}{1+z^2}$

und die Beziehungen $\sin x = \dfrac{2z}{1+z^2}$, $\cos x = \dfrac{1-z^2}{1+z^2}$ Verwendung (vgl. Formel 3.8).

Die offenen Gültigkeitsintervalle $](2k-1)\pi \; ; \; -\arctan 2 + 2k\pi[$, $]-\arctan 2 + 2k\pi \; ; \; -\arctan 2 + (2k+1)\pi[$ und $]-\arctan 2 + (2k+1)\pi \; ; \; (2k+1)\pi[$ können (siehe Nr. 162 und 163) nach den zusätzlichen Definitionen $F((2k \pm 1)\pi) = \lim_{x \to (2k \pm 1)\pi} F(x) = 0$ noch durch Hinzunahme der Ränder $(2k \pm 1)\pi$ erweitert werden.

Als anderer Lösungsweg kann die Darstellung $\sin x + 2 \cdot \cos x =$

$= \sqrt{5} \cdot \sin(x + \varphi)$ mit $\varphi = \text{arc tan} 2$ benutzt werden.

Mit Hilfe von Formel 2.14 ergibt sich so

$$\int f(x)dx = \frac{1}{\sqrt{5}} \cdot \int \frac{dx}{\sin(x + \varphi)} = \frac{\sqrt{5}}{5} \cdot \ln \left| \tan\left(\frac{x + \varphi}{2}\right) \right| + C_1 =$$

$$= \frac{\sqrt{5}}{5} \cdot \ln \left| \tan\left(\frac{x + \text{arc tan} 2}{2}\right) \right| + C_1.$$

---

166. $y = f(x) = \text{arc sin}(2x)$ für $|x| \leqslant \frac{1}{2}$.

Mit Verwendung der **partiellen Integration** ergibt sich

$$\int f(x)dx = \int \text{arc sin}(2x) \cdot dx = \text{arc sin}(2x) \cdot x - \int \frac{2x\,dx}{\sqrt{1 - 4x^2}} =$$

$$= x \cdot \text{arc sin}(2x) + \frac{1}{4} \cdot \int \frac{dz}{\sqrt{z}} + C = x \cdot \text{arc sin}(2x) + \frac{1}{2} \cdot \sqrt{1 - 4x^2} + C$$

in $\left] -\frac{1}{2} ; \frac{1}{2} \right[$, wobei $1 - 4x^2 = z$ und damit $-8x\,dx = dz$ substituiert wurde.

Weil $f(x)$ in $\left[-\frac{1}{2} ; \frac{1}{2} \right]$ stetige Stammfunktionen besitzt, gilt das Ergebnis

sogar in $\left[-\frac{1}{2} ; \frac{1}{2} \right]$. Es kann auch unmittelbar Formel 2.48 verwendet

werden.

---

167. $y = f(x) = x \cdot \text{arc tan} x;$

$$\int f(x)dx = \int \text{arc tan} x \cdot x\,dx = \text{arc tan} x \cdot \frac{x^2}{2} - \frac{1}{2} \cdot \int \frac{x^2}{1 + x^2}\,dx =$$

$$= \frac{x^2}{2} \cdot \text{arc tan} x - \frac{1}{2} \cdot \int dx + \frac{1}{2} \cdot \int \frac{dx}{1 + x^2} = \frac{x^2}{2} \cdot \text{arc tan} x +$$

$$+ \frac{1}{2} \cdot \text{arc tan} x - \frac{x}{2} + C \qquad \text{(Formel 1.14)} \quad \text{in }]-\infty ; +\infty [.$$

168. $y = f(x) = \dfrac{\arcsin x}{x^2}$ für $x \in [-1;0[\cup]0;1]$;

$$\int f(x)dx = \int \arcsin x \cdot \frac{dx}{x^2} = \arcsin x \cdot \left(-\frac{1}{x} \right) + \int \frac{dx}{x \cdot \sqrt{1 - x^2}} =$$

$$= -\frac{\arcsin x}{x} - \ln \left| \frac{1 + \sqrt{1 - x^2}}{x} \right| + C \qquad \text{(Formel 1.53)}$$

in $]-1; 0[$ und $]0; 1[$.

Das Ergebnis gilt auch in $[-1; 0[$ und $]0; 1]$, weil $f(x)$ hier stetige Stammfunktionen besitzt.

---

169. $y = f(x) = \coth(x - 1)$ für $x \neq 1$;

$$\int f(x)dx = \int \frac{\cosh(x - 1)}{\sinh(x - 1)} \, dx = \int \frac{dz}{z} = \ln |z| + C =$$

$$= \ln | \sinh(x - 1)| + C \quad \text{mit } \sinh(x-1) = z \quad \text{und} \quad \cosh(x - 1) \cdot dx = dz$$

in $]-\infty ; 1[$ und $]1; +\infty [$.

---

170. $y = f(x) = 3 \cdot \sinh \left(\dfrac{x}{4} \right) \cdot \cosh \left(\dfrac{x}{4} \right)$;

$$\int f(x)dx = \frac{3}{2} \cdot \int \sinh \left(\frac{x}{2} \right) dx = 3 \cdot \int \sinh z \, dz = 3 \cdot \cosh z + C =$$

$$= 3 \cdot \cosh \left(\frac{x}{2} \right) + C \quad \text{mit} \quad \frac{x}{2} = z \quad \text{und} \quad dx = 2 \, dz \quad \text{in }]-\infty ; +\infty [.$$

Das Integral kann auch unmittelbar nach Formel 2.70 angegeben werden.

---

171. $y = f(x) = \sinh^2 x$;

$$\int f(x)dx = \frac{1}{2} \cdot \int [\cosh(2x) - 1]dx = \frac{1}{4} \cdot \int \cosh z \, dz - \frac{1}{2} \cdot \int dx =$$

$$= \frac{1}{4} \sinh(2x) - \frac{x}{2} + C \quad \text{mit } 2x = z \quad \text{und} \quad dx = \frac{dz}{2} \quad \text{in }]-\infty ; +\infty [.$$

Das Ergebnis ist in Formel 2.53 für $a = 1$ enthalten.

172. $y = f(x) = \dfrac{1}{1 + \cosh x}$;

Formt man den Integranden in $\dfrac{1}{1 + \cosh x} = \dfrac{1}{2 \cdot \cosh^2\left(\dfrac{x}{2}\right)}$ um, so folgt

$$\int f(x)dx = \int \frac{dx}{2 \cdot \cosh^2\left(\dfrac{x}{2}\right)} = \int \frac{dz}{\cosh^2 z} = \tanh z + C =$$

$$= \tanh\left(\frac{x}{2}\right) + C \quad \text{mit} \quad \frac{x}{2} = z \quad \text{und} \quad \frac{dx}{2} = dz \quad \text{in} \ ]-\infty \ ; +\infty \ [$$

(vgl. Formel 2.62).

---

173. $y = f(x) = \dfrac{1}{\sinh x}$ für $x \neq 0$;

$$\int f(x)dx = \frac{1}{2} \cdot \int \frac{dx}{\sinh\left(\dfrac{x}{2}\right) \cdot \cosh\left(\dfrac{x}{2}\right)} = \frac{1}{2} \cdot \int \frac{1}{\tanh\left(\dfrac{x}{2}\right)} \cdot \frac{dx}{\cosh^2\left(\dfrac{x}{2}\right)} = \int \frac{dz}{z} =$$

$$= \ln |z| + C = \ln \left| \tanh\left(\frac{x}{2}\right) \right| + C$$

mit $\tanh\left(\dfrac{x}{2}\right) = z$ und $\dfrac{dx}{2\cosh^2\left(\dfrac{x}{2}\right)} = dz$ in $]-\infty \ ; 0[$ und $]0; +\infty \ [$.

Eine andere Möglichkeit zur Auffindung einer Stammfunktion besteht bei Verwendung von $\sinh x = \dfrac{e^x - e^{-x}}{2}$. Hiermit wird

$$\int f(x)dx = 2 \cdot \int \frac{dz}{z \cdot \left(z - \dfrac{1}{z}\right)} = -2 \cdot \int \frac{dz}{1 - z^2} = \ln \left| \frac{1 - z}{1 + z} \right| + C =$$

$$= \ln \left| \frac{1 - e^x}{1 + e^x} \right| + C = \ln \left| \frac{e^{\frac{x}{2}} - e^{-\frac{x}{2}}}{e^{\frac{x}{2}} + e^{-\frac{x}{2}}} \right| + C = \ln \left| \tanh\left(\frac{x}{2}\right) \right| + C,$$

wobei nach Formel 3.6 $e^x = z$, $dx = \dfrac{dz}{z}$ substituiert ist.

Schließlich kann das Ergebnis auch unmittelbar mit Hilfe von Formel 2.55 erhalten werden.

174. $y = f(x) = \cosh^{2n+1} x$ mit $n \in \mathbb{N}$;

$$\int f(x)dx = \int \cosh^{2n} x \cdot \cosh x \, dx = \int (1 + \sinh^2 x)^n \cdot \cosh x \, dx =$$

$$= \int (1 + z^2)^n dz = \int \sum_{\nu=0}^{n} \binom{n}{\nu} \cdot z^{2\nu} \, dz = \sum_{\nu=0}^{n} \frac{1}{2\nu + 1} \cdot \binom{n}{\nu} \cdot z^{2\nu+1} +$$

$$+ \, C = \sum_{\nu=0}^{n} \frac{1}{2\nu + 1} \cdot \binom{n}{\nu} \cdot \sinh^{2\nu+1} x + C$$

mit $\sinh x = z$ und $\cosh x \, dx = dz$ in $]-\infty \; ; +\infty \, [$.

Für $n = 2$ ergibt sich beispielsweise

$$\int \cosh^5 x \, dx = \sum_{\nu=0}^{2} \frac{1}{2\nu + 1} \cdot \binom{2}{\nu} \cdot \sinh^{2\nu+1} x + C =$$

$$= \sinh x + \frac{2}{3} \cdot \sinh^3 x + \frac{1}{5} \cdot \sinh^5 x + C.$$

Die Aufgabe kann auch unter Verwendung von Formel 2.60 gelöst werden.

---

175. $y = f(x) = \dfrac{1 - \sinh x}{\sinh x \cdot (1 + \cosh x)}$ für $x \neq 0$.

Mit der Substitution von Formel 3.9, $\tanh\left(\dfrac{x}{2}\right) = z$, also $x = 2 \cdot \operatorname{ar} \tanh z$

und damit $\sinh x = \dfrac{2z}{1 - z^2}$, $\cosh x = \dfrac{1 + z^2}{1 - z^2}$, $dx = \dfrac{2 \, dz}{1 - z^2}$, gültig in

$]-\infty \; ; +\infty \, [$, folgt

$$\int f(x)dx = \int \frac{1 - \dfrac{2z}{1 - z^2}}{\dfrac{2z}{1 - z^2} \cdot \left(1 + \dfrac{1 + z^2}{1 - z^2}\right)} \cdot \frac{2 \, dz}{1 - z^2} = -\frac{1}{2} \int \left(z + 2 - \frac{1}{z}\right) dz =$$

$$= -\frac{1}{2} \cdot \left(\frac{z^2}{2} + 2z - \ln|z|\right) + C = -\frac{1}{4} \cdot \tanh^2\left(\frac{x}{2}\right) - \tanh\left(\frac{x}{2}\right) +$$

$$+ \frac{1}{2} \cdot \ln\left|\tanh\left(\frac{x}{2}\right)\right| + C \qquad \text{in }]-\infty \; ;0[\quad \text{und} \quad]0; +\infty \, [.$$

176. $y = f(x) = \ln(3x + \sqrt{9x^2 - 1})$ für $x \geqslant \frac{1}{3}$;

$$\int f(x)dx = \int \text{ar cosh}(3x)dx = \text{ar cosh}(3x) \cdot x - \int \frac{3x\,dx}{\sqrt{9x^2 - 1}} =$$

$$= x \cdot \text{ar cosh}(3x) - \frac{1}{6} \cdot \int \frac{dz}{\sqrt{z}} = x \cdot \text{ar cosh}(3x) - \frac{1}{3} \cdot \sqrt{9x^2 - 1} + C$$

mit $9x^2 - 1 = z$ und $18x\,dx = dz$ in $\left]\dfrac{1}{3} ; +\infty\right[$ (vgl. Formel 2.81).

Der Gültigkeitsbereich kann auf $\left[\dfrac{1}{3} ; +\infty\right[$ erweitert werden, weil f(x) hier stetige Stammfunktionen besitzt.

---

177. Welche Maßzahl A^* hat der Inhalt A der von den positiven Koordina-

tenachsen, dem Graphen von $y = \dfrac{e^{2x}}{e^x + 1}$ und der Geraden $g \equiv x - 3 = 0$

eingeschlossenen Fläche?

x	...	-1	0	1	2	3	...
y	...	0,10	0,5	1,99	6,51	19,13	...

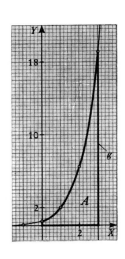

$$A^* = \int_0^3 \frac{e^{2x}}{e^x + 1}\,dx = \int_{(0)}^{(3)} \frac{z^2\,dz}{z \cdot (z + 1)} =$$

$$= \int_{(0)}^{(3)} dz - \int_{(0)}^{(3)} \frac{dz}{z + 1} = z \Big|_{(0)}^{(3)} -$$

$$- \ln|z + 1| \Big|_{(0)}^{(3)} = e^x \Big|_0^3 - \ln(e^x + 1) \Big|_0^3 =$$

$$= e^3 - 1 - \ln(e^3 + 1) + \ln 2 \approx 16,730$$

mit $e^x = z$ und $e^x dx = dz$ oder $dx = \dfrac{dz}{z}$.

---

178. Man bestimme die Maßzahl A^* des Inhalts A desjenigen Flächen-

stückes, das sich, begrenzt durch den Graphen von $y = \dfrac{e^x - 1}{e^x + 1}$, die

Gerade $g \equiv y - 1 = 0$ und die Y-Achse, ins Unendliche erstreckt.

x	0	±1	±2	±3	±4	±5	...
y	0	±0,46	±0,76	±0,91	±0,96	±0,99	...

$$A^* = \int\limits_{0}^{+\infty} \left(1 - \frac{e^x - 1}{e^x + 1}\right) dx =$$

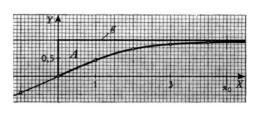

$$= \lim_{x_0 \to +\infty} \int\limits_{0}^{x_0} \frac{2}{e^x + 1}\, dx,$$

was mit der Substitution $e^x = z$ und damit $e^x dx = dz$ oder $dx = \dfrac{dz}{z}$ und den

transformierten Grenzen $0 \to 1$, $x_0 \to z_0$ in

$$A^* = 2 \cdot \lim_{z_0 \to +\infty} \int\limits_{1}^{z_0} \frac{dz}{(z + 1) \cdot z} \quad \text{übergeht.}$$

Bei Zerlegung in Partialbrüche folgt hieraus

$$A^* = 2 \cdot \lim_{z_0 \to +\infty} \int\limits_{1}^{z_0} \left(\frac{-1}{z + 1} + \frac{1}{z}\right) dz = 2 \cdot \lim_{z_0 \to +\infty} \left[-\ln|z + 1| + \ln|z|\right]_{1}^{z_0} =$$

$$= 2 \cdot \left[\ln 2 + \lim_{z_0 \to +\infty} \ln\left(\frac{z_0}{z_0 + 1}\right)\right] = 2 \cdot \left[\ln 2 + \lim_{z_0 \to +\infty} \ln\left(\frac{1}{1 + \frac{1}{z_0}}\right)\right] =$$

$$= 2 \cdot \ln 2 \approx 1,386.$$

---

179. Durch den Graphen von $y = 2 \cdot e^{-0,5x}$ und die beiden positiven Koordinatenachsen wird ein sich ins Unendliche erstreckendes Flächenstück vom Inhalt A begrenzt. Durch welchen Punkt $P_0(x_0; 0)$ ist eine Parallele zur Y-Achse zu legen, die das Flächenstück in zwei inhaltsgleiche Teile zerlegt?

x	...	-1	0	1	2	3	4	5	6	7	...
y	...	3,30	2	1,21	0,74	0,45	0,27	0,16	0,10	0,06	...

Für die Abszisse x_0 des Punktes P_0 muß die Zahlenwertgleichung

$$\int\limits_{0}^{+\infty} 2 \cdot e^{-0,5x}\, dx = 2 \cdot \int\limits_{0}^{x_0} 2 \cdot e^{-0,5x}\, dx \quad \text{gelten,}$$

woraus über

$$\lim_{x_1 \to +\infty} \int\limits_{0}^{x_1} e^{-0,5x}\, dx = 2 \cdot \int\limits_{0}^{x_0} e^{-0,5x}\, dx \quad \text{und}$$

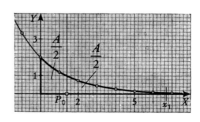

$-2 \cdot \lim\limits_{x_1 \to +\infty} \left[e^{-0,5x} \right]_0^{x_1} = -4 \cdot \left[e^{-0,5x} \right]_0^{x_0}$ oder

$\lim\limits_{x_1 \to +\infty} e^{-0,5x_1} - 1 = 2 \cdot e^{-0,5x_0} - 2$

die transzendente Gleichung

$e^{-0,5x_0} = 0,5$ mit der Lösung $x_0 = 2 \cdot \ln 2 \approx 1,386$ folgt.

---

180. Es ist die geometrische Maßzahl $|A^*| = |A_1^*| + A_2^* + |A_3^*|$ des Flächenstücks vom Inhalt $A = A_1 + A_2 + A_3$ zu ermitteln, das von der X-Achse und dem Graphen von $y = \cos(2x) - \cos x$ im Intervall $0 \leqslant x \leqslant 2\pi$ begrenzt ist.

x	0	±30°	±60°	±90°	±120°	±150°	±180°	...
y	0	-0,366	-1	-1	0	1,366	2	...

;

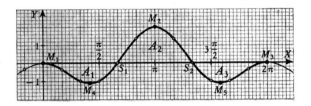

Relative Maxima $M_1(0; 0)$, $M_2(\pi; 2)$, $M_3(2\pi; 0)$;

Relative Minima $M_4(1,318; -1,125)$, $M_5(4,965; -1,125)$.

Nach Ermittlung der Schnittpunkte $S_1\left(\frac{2}{3}\pi; 0\right)$ und $S_2\left(\frac{4}{3}\pi; 0\right)$ der Kurve mit der X-Achse können die Maßzahlen der beiden Flächenstücke mit den Inhalten A_1 und A_3 aus Symmetriegründen zu

$$A_1^* = A_3^* = \int\limits_0^{\frac{2}{3}\pi} [\cos(2x) - \cos x]\,dx = \left[\frac{1}{2}\sin(2x) - \sin x \right]_0^{\frac{2}{3}\pi} =$$

$$= -\frac{1}{2} \cdot \frac{1}{2}\sqrt{3} - \frac{1}{2}\sqrt{3} = -\frac{3}{4}\sqrt{3} \text{ angegeben werden.}$$

Mit

$$A_2^* = \int\limits_{\frac{2}{3}\pi}^{\frac{4}{3}\pi} [\cos(2x) - \cos x]\,dx = \left[\frac{1}{2}\sin\left(\frac{8}{3}\pi\right) - \sin\left(\frac{4}{3}\pi\right) - \frac{1}{2}\sin\left(\frac{4}{3}\pi\right) + \right.$$

$$+ \sin\left(\frac{2}{3}\pi\right)\Bigg] = 3\sin\left(\frac{\pi}{3}\right) = \frac{3}{2}\sqrt{3}$$

folgt die gesuchte g e o m e t r i s c h e F l ä c h e n m a ß z a h l

$$|A^*| = 2\,|A_1^*| + A_2^* = \frac{3}{2}\sqrt{3} + \frac{3}{2}\sqrt{3} = 3\sqrt{3} \approx 5,196.$$

---

181. Welche Maßzahl A^* hat der Inhalt A des durch den Graphen von

$y = \tan^3 x$, die Gerade $g \equiv x - \dfrac{\pi}{4} = 0$ und die X-Achse eingeschlossenen

Flächenstücks?

x	0	$\pm 15^{\mathrm{o}}$	$\pm 30^{\mathrm{o}}$	$\pm 45^{\mathrm{o}}$	$\pm 60^{\mathrm{o}}$	...
y	0	$\pm 0,019$	$\pm 0,192$	1	$\pm 5,196$	...

Mit der Substitution $\tan x = z$

und $\dfrac{dx}{\cos^2 x} = (1 + \tan^2 x)\,dx =$

$= (1 + z^2)\,dx = dz$

ergibt sich

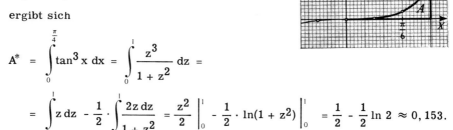

$$A^* = \int_0^{\frac{\pi}{4}} \tan^3 x\,dx = \int_0^1 \frac{z^3}{1 + z^2}\,dz =$$

$$= \int_0^1 z\,dz - \frac{1}{2}\cdot\int_0^1 \frac{2z\,dz}{1 + z^2} = \frac{z^2}{2}\Bigg|_0^1 - \frac{1}{2}\cdot\ln(1 + z^2)\Bigg|_0^1 = \frac{1}{2} - \frac{1}{2}\ln 2 \approx 0,153.$$

Die Aufgabe kann auch mittels Formel 2.28 behandelt werden.

---

182. Man bestimme den Inhalt A des vom Graphen von $y = c\cdot e^{a\cdot x}\cdot\sin(b\cdot x)$ mit $a < 0$, $b > 0$, $c > 0$ und der positiven x-Achse begrenzten, sich ins Unendliche erstreckenden Flächenstückes für die speziellen Werte $a = -0,04$ cm^{-1},

$b = \dfrac{2\pi}{10}$ cm^{-1} und $c = 15$ cm.

Der zugehörige Graph von $y = 15\cdot e^{-0,04\frac{x}{cm}}\cdot\sin\left(\dfrac{2\pi}{10}\cdot\dfrac{x}{cm}\right)$ cm schneidet

die x-Achse in $x_k = \dfrac{\pi}{b}\cdot k = 5\,k$ cm mit $k \in \mathbf{Z}$. Seine r e l a t i v e n E x t r e m -

w e r t e haben die Abszissen $\bar{x}_k = \frac{1}{b} \cdot \left[-\text{arc tan}\left(\frac{b}{a}\right) + k \cdot \pi \right] = \bar{x}_o + \frac{k \cdot \pi}{b} \approx$

$\approx 2,3988 \text{ cm} + 5k \text{ cm, wenn } \bar{x}_o = -\frac{1}{b} \cdot \arctan\left(\frac{b}{a}\right) \text{ gesetzt wird.}$

Die zugehörigen Ordinaten berechnen sich mit

$\sin(b \cdot \bar{x}_k) = \sin\left[-\arctan\left(\frac{b}{a}\right) + k \cdot \pi \right] =$

$= \sin\left[\arcsin \frac{b}{\sqrt{a^2 + b^2}} + k \cdot \pi \right] = (-1)^k \cdot \frac{b}{\sqrt{a^2 + b^2}} \text{ zu}$

$\bar{y}_k = \frac{bc}{\sqrt{a^2 + b^2}} \cdot e^{a \cdot \bar{x}_o} \cdot \left(-e^{\frac{a\pi}{b}} \right)^k \approx 13,60007 \cdot (-0,81873)^k \text{ cm mit } k \in \mathbf{Z}.$

(Siehe hierzu Bd. II, Nr. 233 und Bd. I, Nr. 180.)

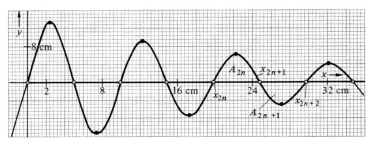

Der Inhalt A_{2n} des von der Kurve und der x-Achse in $x_{2n} = \frac{\pi}{b} \cdot 2n \leqslant x \leqslant$

$\leqslant \frac{\pi}{b} \cdot (2n + 1) = x_{2n+1}$ mit $n \in \mathbf{Z}$ eingeschlossenen Flächenstückes berechnet sich nach Formel 2.42 zu

$$A_{2n} = c \cdot \int_{\frac{\pi}{b} \cdot 2n}^{\frac{\pi}{b}(2n+1)} e^{ax} \cdot \sin(bx)dx = \frac{c \cdot e^{ax}}{a^2 + b^2} \cdot \left[a \cdot \sin(bx) - b \cdot \cos(bx) \right] \Big|_{\frac{\pi}{b} \cdot 2n}^{\frac{\pi}{b}(2n+1)} =$$

$$= \frac{c}{a^2 + b^2} \left[b \cdot e^{\frac{a\pi}{b}(2n+1)} + b \cdot e^{\frac{a\pi}{b}2n} \right] =$$

$$= \frac{b\,c}{a^2 + b^2} \cdot \left(e^{\frac{a\pi}{b}} + 1 \right) \cdot e^{\frac{a\pi}{b}2n} \approx 43,24374 \cdot 0,6703^n \text{ cm}^2.$$

Die Summe der Inhalte aller Flächen mit positiver Maßzahl läßt sich hiermit unter Verwendung der Summenformel für eine g e o m e t r i s c h e R e i h e durch

$$\sum_{n=0}^{\infty} A_{2n} = \frac{b\,c}{a^2 + b^2} \cdot \left(e^{\frac{a\pi}{b}} + 1\right) \cdot \sum_{n=0}^{\infty} \left(e^{\frac{2a\pi}{b}}\right)^n = \frac{b\,c}{a^2 + b^2} \cdot \frac{e^{\frac{a\pi}{b}} + 1}{1 - e^{\frac{2a\pi}{b}}} =$$

$$= \frac{b\,c}{a^2 + b^2} \cdot \frac{1}{1 - e^{\frac{a\pi}{b}}} \approx 131,16884 \ \text{cm}^2$$

angegeben.

In gleicher Weise findet man die Summe der sich in der unteren Halbebene erstreckenden Flächeninhalte über

$$A_{2n+1} = \left| c \cdot \int_{\frac{\pi}{b}(2n+1)}^{\frac{\pi}{b}(2n+2)} e^{ax} \cdot \sin(b\,x)dx \right| = \frac{b\,c}{a^2 + b^2} \cdot \left(e^{\frac{a\pi}{b}} + 1\right) \cdot e^{\frac{a\pi}{b}(2n+1)} \approx$$

$$\approx 35,40498 \cdot 0,6703^n \ \text{cm}^2$$

zu

$$\sum_{n=0}^{\infty} A_{2n+1} = \frac{b\,c}{a^2 + b^2} \cdot e^{\frac{a\pi}{b}} \cdot \frac{1}{1 - e^{\frac{a\pi}{b}}} \approx 107,39197 \ \text{cm}^2 \quad \text{mit } n \in \mathbb{Z}.$$

Der gesuchte Flächeninhalt A beträgt demnach

$$A = \sum_{n=0}^{\infty} (A_{2n} + A_{2n+1}) = \frac{b\,c}{a^2 + b^2} \cdot \frac{1 + e^{\frac{a\pi}{b}}}{1 - e^{\frac{a\pi}{b}}} = -\frac{b\,c}{a^2 + b^2} \cdot \coth\left(\frac{a\pi}{2b}\right) \approx$$

$$\approx 238,56081 \ \text{cm}^2.$$

---

183. Welche Maßzahl A* hat der Inhalt des zwischen dem Graphen von $y = c \cdot e^{-\alpha x} \cdot \sin^2(\beta x)$ für $\alpha, \beta, c > 0$ mit den speziellen Zahlenwerten $\alpha = 0,25$, $\beta = 2$, $c = 5$ und der +X-Achse gelegenen Flächenstückes?

Für den Graphen von $y = 5 \cdot e^{-0,25x} \cdot \sin^2(2x)$ berechnen sich seine Berührpunkte mit der X-Achse zu $x_k = k \cdot \frac{\pi}{\beta} = k \cdot \frac{\pi}{2}$, die Abszissen seiner relativen Maxima zu

$$\overline{x}_k = \frac{1}{\beta} \cdot \left[\arctan\left(\frac{2\beta}{\alpha}\right) + k \cdot \pi \right] = \overline{x}_0 + \frac{k}{\beta} \cdot \pi \approx 0,75419 + k \cdot \frac{\pi}{2}$$

und die Ordinaten seiner relativen Maxima zu

$$\overline{y}_k = \frac{4 c \beta^2}{\alpha^2 + 4\beta^2} \cdot e^{-\alpha \overline{x}_0} \cdot \left(e^{-\frac{\alpha \pi}{\beta}} \right)^k \approx 4,12469 \cdot 0,67523^k \quad \text{mit } k \in \mathbb{Z}.$$

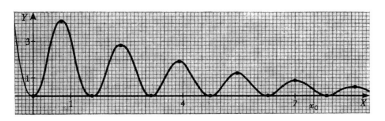

Mit Verwendung der Formel 2.44 findet man

$$A^* = c \cdot \int_0^\infty e^{-\alpha x} \cdot \sin^2(\beta x) dx = \frac{c}{2} \cdot \int_0^\infty e^{-\alpha x} dx - \frac{c}{2} \cdot \int_0^\infty e^{-\alpha x} \cos(2\beta x) dx =$$

$$= \frac{c}{2} \cdot \lim_{x_0 \to +\infty} \int_0^{x_0} e^{-\alpha x} dx - \frac{c}{2} \cdot \lim_{x_0 \to +\infty} \int_0^{x_0} e^{-\alpha x} \cos(2\beta x) dx =$$

$$= -\frac{c}{2} \cdot \lim_{x_0 \to +\infty} \frac{e^{-\alpha x}}{\alpha} \bigg|_0^{x_0} - \frac{c}{2 \cdot (\alpha^2 + 4\beta^2)} \cdot \lim_{x_0 \to +\infty} e^{-\alpha x} \times$$

$$\times \left[-\alpha \cdot \cos(2\beta x) + 2\beta \cdot \sin(2\beta x) \right] \bigg|_0^{x_0} =$$

$$= -\frac{c}{2\alpha} \cdot \left[\lim_{x_0 \to +\infty} e^{-\alpha x_0} - 1 \right] - \frac{c}{2 \cdot (\alpha^2 + 4\beta^2)} \cdot$$

$$\cdot \left\{ \lim_{x_0 \to +\infty} e^{-\alpha x_0} \cdot \left[-\alpha \cdot \cos(2\beta x_0) + 2\beta \cdot \sin(2\beta x_0) \right] + \alpha \right\} =$$

$$= \frac{c}{2\alpha} - \frac{c\alpha}{2 \cdot (\alpha^2 + 4\beta^2)} = \frac{2 c \beta^2}{\alpha \cdot (\alpha^2 + 4\beta^2)} \approx 9,96109.$$

---

184. Durch den Graphen von $y = x \cdot \arcsin\left(\frac{x}{2}\right)$, die Gerade $g \equiv x - 2 = 0$ und die X-Achse wird ein Flächenstück begrenzt. Wie groß ist die Maßzahl A^* seines Inhaltes A?

x	0	± 0,5	± 1	± 1,5	± 2
y	0	0,126	0,524	1,272	3,142

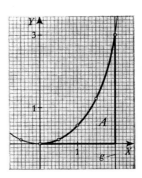

$$A^* = \int_0^2 x \cdot \arcsin\left(\frac{x}{2}\right) dx =$$

$$= \int_0^{\frac{\pi}{2}} 2 \cdot \sin t \cdot t \cdot 2 \cdot \cos t \, dt =$$

$$= 2 \cdot \int_0^{\frac{\pi}{2}} t \cdot \sin(2t)\, dt = 2 \cdot \left[\frac{1}{4} \cdot \sin(2t) - \frac{1}{2} \cdot t \cdot \cos(2t) \right]_0^{\frac{\pi}{2}} = \frac{\pi}{2}$$

mit der Substitution $x = 2 \cdot \sin t$, also $dx = 2 \cdot \cos t \, dt$ und Formel 2.36.

---

185. Welche Maßzahl A^* besitzt der Flächeninhalt A des als Punktmenge
$\mathbb{A} = \{(x;y) \mid 0 \leqslant x < 1 \wedge 0 \leqslant y \leqslant \operatorname{ar}\tanh x\}$ beschriebenen, sich ins Unendliche erstreckenden Flächenstücks?

x	0	± 0,2	± 0,4	± 0,6	± 0,8	± 0,9	± 1
y	0	± 0,20	± 0,42	± 0,69	± 1,10	± 1,47	± ∞

Nach Formel Nr. 2.82 wird

$$A^* = \int_0^1 \operatorname{ar}\tanh x \, dx = \lim_{a \to 1-0} \left[x \cdot \operatorname{ar}\tanh x + \frac{1}{2} \cdot \ln(1-x^2) \right]_0^a =$$

$$= \lim_{a \to 1-0} \left[\frac{a}{2} \cdot \ln(1+a) - \frac{a}{2} \cdot \ln(1-a) + \frac{1}{2} \cdot \ln(1+a) + \frac{1}{2} \cdot \ln(1-a) \right] =$$

$$= \lim_{a \to 1-0} \left[\frac{1+a}{2} \ln(1+a) + \frac{1-a}{2} \cdot \ln(1-a) \right] =$$

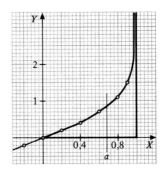

$$= \ln 2 + \lim_{a \to 1-0} \frac{1}{2} \cdot \frac{\ln(1-a)}{\dfrac{1}{1-a}} \, .$$

Mit der L'HOSPITALschen Regel wird der Grenzwert des zweiten Terms zu

$$\lim_{a \to 1-0} \frac{1}{2} \cdot (1-a) = 0 \quad \text{erkannt (Siehe Band II)}.$$

Somit ist $A^* = \ln 2 \approx 0,693$.

186. Gegeben ist die Parameterdarstellung $x = f(t) = a \cdot \sin t$, $y = g(t) =$
$= b \cdot \sin(2t)$ mit $0 \leqslant t < 360^O$ und $a > 0$, $b > 0$. Man ermittle den Inhalt A der von dem zugehörigen Graphen eingeschlossenen Fläche.

t	0	$\pm 15^O$	$\pm 30^O$	$\pm 45^O$	$\pm 60^O$	$\pm 75^O$	$\pm 90^O$	...
$\dfrac{x}{a}$	0	$\pm 0,26$	$\pm 0,50$	$\pm 0,71$	$\pm 0,87$	$\pm 0,97$	± 1	...
$\dfrac{y}{b}$	0	$\pm 0,50$	$\pm 0,87$	± 1	$\pm 0,87$	$\pm 0,50$	0	...

Nach der F o r m e l v o n LEIBNIZ

$$A = 4 \cdot \frac{1}{2} \int_{\frac{\pi}{2}}^{0} \left[f(t) \cdot \frac{dg(t)}{dt} - \right.$$

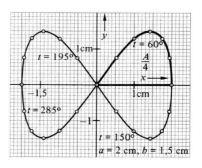

$$\left. - g(t) \cdot \frac{df(t)}{dt} \right] dt =$$

$$= 2 \cdot \int_{\frac{\pi}{2}}^{0} [a \cdot \sin t \cdot 2\, b \cdot \cos(2t) - $$

$$- b \cdot \sin(2t) \cdot a \cdot \cos t] dt =$$

$$= 2\,a\,b \cdot \int_{\frac{\pi}{2}}^{0} \left[-\frac{3}{2}\sin t + \frac{1}{2}\sin(3t) \right] dt =$$

$$= a\,b \cdot \left[3\cos t - \frac{1}{3}\cos(3t) \right]_{\frac{\pi}{2}}^{0} = a\,b \cdot \left(3 - \frac{1}{3} \right) = \frac{8}{3}\,a\,b.$$

Durch zweimalige Anwendung der Formel 2.35 in

$$A^* = 2\,a\,b \cdot \int_{\frac{\pi}{2}}^{0} [2 \cdot \sin t \cdot \cos(2t) - \sin(2t) \cdot \cos t] dt$$

kommt man zum selben Ergebnis.

---

187. Wie groß ist der Inhalt A der von der g e s t r e c k t e n H y p o z y k l o i d e mit der Gleichung $x = f(t) = (R - r) \cdot \cos t + a \cdot \cos \left(\dfrac{R - r}{r} \right) t$,

$y = g(t) = (R - r) \cdot \sin t - a \cdot \sin \left(\dfrac{R - r}{r} \right) t$ und $0 < a < r$ umschlossenen

Fläche, wenn das Verhältnis der Radien R und r von festem und rollendem Kreis ganzzahlig ist?

Bei Wahl des Koordinatensystems
wie in der Abbildung kann mit a
als Abstand des Kurvenpunktes P
vom Mittelpunkt M des rollenden
Kreises und t als Parameter, der
gesuchte Flächeninhalt als Summe

der Inhalte von $\dfrac{R}{r}$ kongruenten

Teilflächen nach der F o r m e l
v o n LEIBNIZ zu

$$A = \frac{1}{2} \cdot \frac{R}{r} \cdot \int_{0}^{\frac{r}{R} \cdot 2\pi} \left[f(t) \cdot \frac{dg(t)}{dt} - g(t) \cdot \frac{df(t)}{dt} \right] dt$$

angegeben werden.

Unter Verwendung von $\dfrac{df(t)}{dt} = -(R - r) \cdot \sin t - a \cdot \dfrac{R - r}{r} \cdot \sin\left(\dfrac{R - r}{r} \cdot t\right)$

und $\dfrac{dg(t)}{dt} = (R - r) \cdot \cos t - a \cdot \dfrac{R - r}{r} \cdot \cos\left(\dfrac{R - r}{r} \cdot t\right)$ folgt

$$A = \frac{R}{2r}(R - r) \cdot \int_{0}^{\frac{r}{R} \cdot 2\pi} \left[R - r - \frac{a^2}{r} - \frac{a}{r}(R - 2r) \cdot \cos\left(\frac{R}{r} \cdot t\right) \right] dt =$$

$$= \frac{R}{2r}(R - r) \cdot \left[\left(R - r - \frac{a^2}{r}\right) \cdot t - \frac{a}{R}(R - 2r) \cdot \sin\left(\frac{R}{r} \cdot t\right) \right]_{0}^{\frac{r}{R} \cdot 2\pi} =$$

$$= \frac{R}{2r}(R - r) \cdot \left(R - r - \frac{a^2}{r}\right) \cdot \frac{r}{R} 2\pi = (R - r) \cdot \left(R - r - \frac{a^2}{r}\right)\pi \quad .$$

Für die in der Figur gewählten Abmessungen R = 3r = 6a = 4 cm wird

$x = 2r \cdot \cos t + \dfrac{r}{2} \cos(2t)$, $y = 2r \cdot \sin t - \dfrac{r}{2} \cdot \sin(2t)$ und es gilt die

Wertetabelle

t	0	30°	60°	90°	120°	150°	180° ...
$\dfrac{x}{r}$	2,50	1,98	0,75	-0,50	-1,25	-1,48	-1,50 ... .
$\dfrac{y}{r}$	0	0,57	1,30	2,00	2,17	1,43	0 ...

Der Flächeninhalt beträgt $A = \dfrac{7}{2} r^2 \pi$.

188. Welchen Flächeninhalt A überstreicht
ein gespannter Faden, wenn er von einem
Kreis mit Radius r um einen halben Kreis-
umfang abgewickelt wird?

Bei Einführung eines kartesischen Koordinatensystems wie in der Zeichnung lautet
die Parameterdarstellung der Bahnkurve
des Fadenendpunktes P

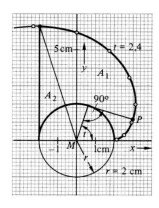

$x = r \cdot (\cos t + t \cdot \sin t),$

$y = r \cdot (\sin t - t \cdot \cos t)$

mit $t \in \mathbb{R}$ als Parameter (K r e i s v o l v e n t e).

t	0	0,4	0,8	1,2	1,6	2,0	2,4	2,8	π	3,2	...
$\dfrac{x}{r}$	1	1,077	1,271	1,481	1,570	1,402	0,884	-0,004	-1	-1,185	...
$\dfrac{y}{r}$	0	0,021	0,160	0,497	1,046	1,742	2,445	2,973	π	3,136	...

Der Inhalt der überstrichenen Fläche berechnet sich unter Verwendung der
F o r m e l   v o n LEIBNIZ zu

$$A = A_1 + A_2 - \frac{r^2 \pi}{2} = \frac{r^2}{2} \cdot \int_0^\pi [(\cos t + t \cdot \sin t) \cdot t \cdot \sin t -$$

$$-(\sin t - t \cdot \cos t) \cdot t \cdot \cos t]\, dt + \frac{r^2}{2} (\sin \pi - \pi \cdot \cos \pi) - \frac{r^2 \pi}{2} =$$

$$= \frac{r^2}{2} \cdot \int_0^\pi t^2\, dt = \frac{r^2}{6} \cdot \pi^3.$$

---

189. Man bestimme den Inhalt A des von der L e m n i s k a t e mit der Gleichung $(x^2 + y^2)^2 - a^2(x^2 - y^2) = 0$ und $a > 0$ eingeschlossenen Flächenstücks.

Bezüglich der Y-Richtung ergeben sich die r e l a t i v e n M a x i m a

$M_{1;2} \left(\pm \frac{a}{4} \sqrt{6} ; \frac{a}{4} \sqrt{2} \right)$

und die r e l a t i v e n M i n i m a

$M_{3;4} \left(\pm \frac{a}{4} \sqrt{6} ; -\frac{a}{4} \sqrt{2} \right).$

D o p p e l p u n k t im Nullpunkt.

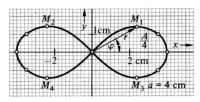

Wegen des symmetrischen Kurvenverlaufs bezüglich beider Koordinatenachsen genügt es, den Inhalt des im 1.Quadranten liegenden Flächenstückes
zu ermitteln. Unter Verwendung der mit der Transformation $x = r\cos\varphi$

und $y = r\sin\varphi$ sich ergebenden Darstellung $r = f(\varphi) = a \sqrt{\cos(2\varphi)}$ in
dimensionierten Polarkoordinaten r und φ folgt

$$A = \frac{4}{2} \cdot \int_{0}^{\frac{\pi}{4}} [f(\varphi)]^2 \, d\varphi = 2 \cdot \int_{0}^{\frac{\pi}{4}} a^2 \cdot \cos(2\varphi) \, d\varphi = a^2 \cdot \sin(2\varphi) \Big|_{0}^{\frac{\pi}{4}} = a^2.$$

φ	0	$\pm 15^o$	$\pm 30^o$	$\pm 45^o$	——	...
$\dfrac{r}{a}$	1	0,93	0,707	0	——	...

---

190. Wie groß ist der Inhalt A des Flächenstücks, das vom DESCARTES-
s c h e n   B l a t t mit der Gleichung $x^3 + y^3 - 3axy = 0$ und $a > 0$ begrenzt ist?

Der Kurvenverlauf ist symmetrisch bezüglich der Geraden mit der Gleichung
$y = x$; die Gerade $g \equiv y + x + a = 0$
ist Asymptote.

Zur Ermittlung des Flächeninhaltes
wird die Darstellung

$$r = f(\varphi) = 3a \cdot \frac{\sin\varphi \, \cos\varphi}{\cos^3\varphi + \sin^3\varphi}$$

der Relation in dimensionierten Polarkoordinaten r und φ herangezogen.

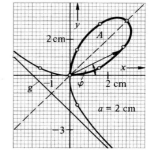

$\varphi - 45^o$	0	$\pm 15^o$	$\pm 30^o$	$\pm 45^o$—	$\pm 90^o$	$\pm 105^o$	$\pm 120^o$	$\pm 135^o$
$\dfrac{r}{a}$	2,12	1,68	0,82	0 —	∞	2,48	0,85	0

Es wird

$$A = \frac{1}{2} \cdot \int_{0}^{\frac{\pi}{2}} [f(\varphi)]^2 \, d\varphi = 9a^2 \cdot \int_{0}^{\frac{\pi}{4}} \frac{\sin^2\varphi \, \cos^2\varphi}{(\cos^3\varphi + \sin^3\varphi)^2} \, d\varphi =$$

$$= 9a^2 \cdot \int_{0}^{\frac{\pi}{4}} \frac{\tan^2\varphi}{(1 + \tan^3\varphi)^2} \cdot \frac{d\varphi}{\cos^2\varphi} = 9a^2 \cdot \int_{0}^{1} \frac{z^2}{(1 + z^3)^2} \, dz$$

mit $\tan\varphi = z$ und $\dfrac{d\varphi}{\cos^2\varphi} = dz$.

Die weitere Substitution $1 + z^3 = w$ oder $3z^2\,dz = dw$ liefert

$$A = 3a^2 \cdot \int_1^2 \frac{dw}{w^2} = -3a^2 \cdot \frac{1}{w}\bigg|_1^2 = -3a^2\left(\frac{1}{2} - 1\right) = \frac{3}{2}a^2.$$

---

191. Gegeben ist die Gleichung der K e t t e n l i n i e $y = f(x) = a \cdot \cosh\left(\dfrac{x}{a}\right)$

mit $a > 0$.

Man berechne die Länge s des Bogenstückes der Kurve im Intervall
$-a \leqslant x \leqslant a$.

$\dfrac{x}{a}$	0	$\pm 0,2$	$\pm 0,4$	$\pm 0,6$	$\pm 0,8$	$\pm 1,0$	$\pm 1,2$ $\ldots$
$\dfrac{y}{a}$	1	1,02	1,08	1,19	1,34	1,54	1,81 $\ldots$

;

R e l a t i v e s   M i n i m u m   M(0; a).

Nach der Formel $s = \displaystyle\int_{-a}^{a} \sqrt{1 + [f'(x)]^2}\, dx$

ergibt sich

$$s = \int_{-a}^{a} \sqrt{1 + \sinh^2\left(\frac{x}{a}\right)}\, dx =$$

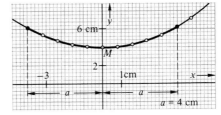

$$= \int_{-a}^{a} \cosh\left(\frac{x}{a}\right) dx =$$

$$= a \cdot \sinh\left(\frac{x}{a}\right)\bigg|_{-a}^{a} = 2a \cdot \sinh 1 = a \cdot\left(e - \frac{1}{e}\right) \approx 2,350\ a.$$

---

192. Welche Länge U hat eine gewöhnliche E p i z y k l o i d e , die von einem Punkt P auf dem Umfang eines Kreises vom Radius r beschrieben wird, der auf einem festen Kreis vom Radius R mit $\dfrac{R}{r} \in \mathbb{N}$ ohne zu gleiten so lange außen abrollt, bis sich die Bahnkurve von P schließt?

Die Parameterdarstellung
der vom Punkt P durch-
laufenen Kurve ist

$$x = f(t) = (R + r) \cdot \cos t -$$

$$- r \cdot \cos \left(\frac{R + r}{r} \cdot t \right),$$

$$y = g(t) = (R + r) \cdot \sin t -$$

$$- r \cdot \sin \left(\frac{R + r}{r} \cdot t \right)$$

mit $t \in \mathbb{R}$ als Parameter.

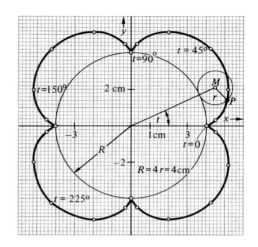

Unter der gemachten Voraussetzung eines ganzzahligen Verhältnisses der
beiden Kreisradien schließt sich die Bahnkurve des Punktes P nach
$\frac{R}{r}$ Umdrehungen des rollenden Kreises und besteht aus $\frac{R}{r}$ kongruenten
Stücken. Die Länge der Epizykloide berechnet sich demnach bei Wahl eines
Koordinatensystems wie in der Abbildung zu

$$U = \frac{R}{r} \cdot \int_{0}^{\frac{r}{R} \cdot 2\pi} \sqrt{ \left[\frac{df(t)}{dt} \right]^2 + \left[\frac{dg(t)}{dt} \right]^2 } \; dt =$$

$$= \frac{R}{r} \cdot (R + r) \cdot \int_{0}^{\frac{r}{R} \cdot 2\pi} \sqrt{ \left[\sin t - \sin \left(\frac{R + r}{r} \cdot t \right) \right]^2 + \left[\cos t - \cos \left(\frac{R + r}{r} \cdot t \right) \right]^2 } \; dt =$$

$$= \frac{R \sqrt{2}}{r} \cdot (R + r) \cdot \int_{0}^{\frac{r}{R} \cdot 2\pi} \sqrt{ 1 - \cos \left(\frac{R}{r} \cdot t \right) } \; dt =$$

$$= \frac{2R}{r} \cdot (R + r) \cdot \int_{0}^{\frac{r}{R} \cdot 2\pi} \sin \left(\frac{R}{2r} \cdot t \right) \; dt =$$

$$= - \frac{2R}{r} \cdot (R + r) \cdot \frac{2r}{R} \cdot \cos \left(\frac{R}{2r} \cdot t \right) \Big|_{0}^{\frac{r}{R} \cdot 2\pi} = 8 \cdot (R + r).$$

Für die in der Figur gewählten Abmessungen $R = 4r = 4$ cm wird
$x = 5r \cdot \cos t - r \cdot \cos(5t)$, $y = 5r \cdot \sin t - r \cdot \sin(5t)$, und es gilt die
Wertetabelle

t	0	$\pm 15^\circ$	$\pm 30^\circ$	$\pm 45^\circ$	$\pm 60^\circ$	$\pm 75^\circ$	$\pm 90^\circ$	...
$\dfrac{x}{y}$	4	4,57	5,20	4,24	2,00	0,33	0	...
$\dfrac{y}{r}$	0	$\pm 0,33$	$\pm 2,00$	$\pm 4,24$	$\pm 5,20$	$\pm 4,57$	± 4	...

Die Länge der Epizykloide beträgt U ≈ 40 cm.

---

193. Die abgebildete k o n i s c h e S c h r a u b e n l i n i e wird durch

$$x = f(\varphi) = r_0 \cdot e^{a\varphi} \cdot \cos\varphi, \quad y = g(\varphi) = r_0 \cdot e^{a\varphi} \cdot \sin\varphi,$$

$$z = h(\varphi) = h_0 \cdot e^{a\varphi} \quad \text{mit} \quad \varphi \in \mathbb{R} \text{ als Parameter und } a \in \mathbb{R}^+ \text{ erfaßt.}$$

Sie verläuft auf einer geraden Kreiskegelfläche, deren von der yz-Ebene ausgeschnittene Mantellinien die Steigungen $\pm \dfrac{h_0}{r_0}$ aufweisen.

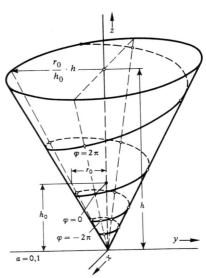

Welche Länge s besitzt das zwischen der xy-Ebene und der zu dieser parallelen Ebene im gerichteten Abstand h > 0 liegende Stück der Schraubenlinie?

Mit

$$\frac{df(\varphi)}{d\varphi} = r_0 \cdot e^{a\varphi} \cdot (a \cdot \cos\varphi - \sin\varphi),$$

$$\frac{dg(\varphi)}{d\varphi} = r_0 \cdot e^{a\varphi} \cdot (a \cdot \sin\varphi + \cos\varphi),$$

$$\frac{dh(\varphi)}{d\varphi} = a \cdot h_0 \cdot e^{a\varphi}$$

und dem z = h entsprechenden Parameterwert φ_h ergibt sich die gesuchte Kurvenlänge zu

$$s = \int_{-\infty}^{\varphi_h} \sqrt{\left[\frac{df(\varphi)}{d\varphi}\right]^2 + \left[\frac{dg(\varphi)}{d\varphi}\right]^2 + \left[\frac{dh(\varphi)}{d\varphi}\right]^2}\, d\varphi =$$

$$= \lim_{\varphi_0 \to -\infty} \sqrt{a^2 \cdot r_0^2 + r_0^2 + a^2 \cdot h_0^2} \cdot \int_{\varphi_0}^{\varphi_h} e^{a\varphi}\, d\varphi =$$

$$= \frac{1}{a} \cdot \sqrt{a^2 \cdot r_0^2 + r_0^2 + a^2 \cdot h_0^2} \cdot \lim_{\varphi_0 \to -\infty} e^{a\varphi}\Big|_{\varphi_0}^{\varphi_h} =$$

$$= \frac{1}{a} \cdot \sqrt{a^2 \cdot r_0^2 + r_0^2 + a^2 \cdot h_0^2} \; e^{a \varphi h} \; ,$$

was sich wegen $h = h_0 e^{a \varphi h}$ noch auf die Form

$$s = \frac{h}{a \cdot h_0} \cdot \sqrt{a^2 \cdot r_0^2 + r_0^2 + a^2 \cdot h_0^2} \quad \text{bringen läßt.}$$

194. Das von der X-Achse und dem Graph von $y = f(x) = x \cdot \sin x$ für $x \in [0; 2\pi]$ begrenzte Flächenstück drehe sich um die X-Achse.

Welche Maßzahl V_x^* hat das Volumen V_x des entstehenden Drehkörpers?

x	0	$\pm\dfrac{\pi}{4}$	$\pm\dfrac{\pi}{2}$	$\pm\dfrac{3}{4}\pi$	$\pm\pi$	$\pm\dfrac{5}{4}\pi$	$\pm\dfrac{3}{2}\pi$	$\pm\dfrac{7}{4}\pi$
y	0	0,56	1,57	1,67	0	-2,78	-4,71	-3,89

x	$\pm 2\pi$	$\pm\dfrac{9}{4}\pi \;\ldots$
y	0	5,00 $\ldots$

Unter Verwendung der Formel 2.40 folgt

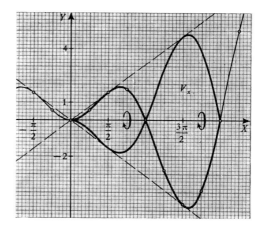

$$V_x^* = \pi \cdot \int_0^{2\pi} [f(x)]^2 \, dx =$$

$$= \pi \cdot \int_0^{2\pi} x^2 \cdot \sin^2 x \, dx =$$

$$= \frac{\pi}{2} \cdot \int_0^{2\pi} x^2 \cdot [1 - \cos(2x)] \, dx = \frac{\pi}{2} \cdot \int_0^{2\pi} x^2 \, dx - \frac{\pi}{2} \cdot \int_0^{2\pi} x^2 \cdot \cos(2x) \, dx =$$

$$= \frac{\pi}{2} \cdot \frac{x^3}{3} \Big|_0^{2\pi} - \frac{\pi}{2} \cdot \frac{1}{8} \left[4x \cdot \cos(2x) - (2 - 4x^2) \cdot \sin(2x) \right]_0^{2\pi} =$$

$$= \frac{4\pi^4}{3} - \frac{\pi^2}{2} \approx 124,944 .$$

195. Durch den Graphen von $y = 10 \cdot \sqrt{x} \cdot e^{-\frac{x^2}{2}}$ und die positive X-Achse wird ein sich längs dieser Achse ins Unendliche erstreckendes Flächenstück bestimmt. Wie groß ist die Volumenmaßzahl V_x^* des Rotationskörpers, der durch Drehung dieses Flächenstückes um die X-Achse entsteht?

x	0	1	2	3	4	...
y	0	6,07	1,91	0,19	0,01	...

Relatives Maximum M(0,71; 6,55)

Mit der Substitution $x^2 = z$, $2x\,dx = dz$
folgt

$$V_x^* = \pi \cdot \int_0^{+\infty} 100x \cdot e^{-x^2}\,dx =$$

$$= 100\,\pi \cdot \lim_{x_0 \to +\infty} \int_0^{x_0} x \cdot e^{-x^2}\,dx =$$

$$= 50\,\pi \cdot \lim_{z_0 \to +\infty} \int_0^{z_0} e^{-z}\,dz =$$

$$= -50\,\pi \cdot \lim_{z_0 \to +\infty} e^{-z}\Big|_0^{z_0} =$$

$$= 50\,\pi \approx 157,080.$$

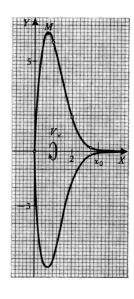

196. Man bestimme die Maßzahl O_x^* des Flächeninhalts O_x der Drehfläche, die durch Rotation des Graphen von $y = f(x) = 4 \cdot \sin(2x)$ um die X-Achse in $[0; \pi]$ beschrieben wird.

x	0	±15°	±30°	±45°	...
y	0	±2	±3,46	±4	...

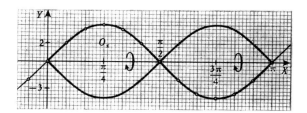

Mit Verwendung der Substitution $8 \cdot \cos(2x) = z$, $-16 \cdot \sin(2x)dx = dz$ und der Formel 1.60 ergibt sich

$$O_x^* = 2\,\pi \cdot \int_0^{\pi} |f(x)| \cdot \sqrt{1 + [f'(x)]^2}\,dx =$$

$$= 8\,\pi \cdot \int_0^{\pi} |\sin(2x)| \cdot \sqrt{1 + 64 \cdot \cos^2(2x)}\,dx =$$

$$= 16\pi \cdot \int_0^{\frac{\pi}{2}} \sin(2x) \cdot \sqrt{1 + 64 \cdot \cos^2(2x)}\, dx = -\pi \cdot \int_8^{-8} \sqrt{1 + z^2}\, dz =$$

$$= 2\pi \cdot \left[\frac{z}{2} \cdot \sqrt{1 + z^2} + \frac{1}{2} \cdot \ln(z + \sqrt{1 + z^2}) \right]_0^8 =$$

$$= \pi \cdot [8 \cdot \sqrt{65} + \ln(8 + \sqrt{65})] \approx 211,349.$$

---

197. Durch $x = f(t) = r \cdot \cos^3 t$ und $y = g(t) = r \cdot \sin^3 t$ mit $-\pi \leqslant t < \pi$ als Parameter ist eine A s t r o i d e gegeben. Welchen Inhalt O_x hat die Fläche, die durch Drehung der Kurve um die X-Achse entsteht?

t	0	$\pm 30^o$	$\pm 45^o$	$\pm 60^o$	$\pm 90^o$
$\frac{x}{r}$	1	0,650	0,354	0,125	0
$\frac{y}{r}$	0	$\pm 0,125$	$\pm 0,354$	$\pm 0,650$	± 1

Aus Symmetriegründen ist

$$O_x = 2\pi \cdot \int_0^{\pi} |g(t)| \cdot \sqrt{\left[\frac{df(t)}{dt} \right]^2 + \left[\frac{dg(t)}{dt} \right]^2}\, dt =$$

$$= 4\pi \cdot \int_0^{\frac{\pi}{2}} r \cdot \sin^3 t \cdot \sqrt{9r^2 \cdot \cos^4 t \cdot \sin^2 t + 9r^2 \cdot \sin^4 t \cdot \cos^2 t}\, dt =$$

$$= 12r^2 \pi \cdot \int_0^{\frac{\pi}{2}} \sin^4 t \cdot \cos t\, dt =$$

$$= 12r^2 \pi \cdot \int_0^1 z^4 dz =$$

$$= 12r^2 \pi \cdot \left. \frac{z^5}{5} \right|_0^1 =$$

$$= \frac{12\pi}{5} r^2 \qquad \text{mit } \sin t = z \text{ und } \cos t\, dt = dz.$$

198. Es sind die Koordinaten x_S und y_S des Schwerpunktes S derjenigen Fläche vom Inhalt A zu berechnen, die von der Kurve mit der Gleichung $y = f(x) = x \cdot \ln(1 + x)$, der positiven X-Achse und der Geraden $g \equiv x - 4 = 0$ begrenzt wird.

x	-1	-0,5	0	1	2	3	4	5	...
y	$+\infty$	0,35	0	0,69	2,20	4,16	6,44	8,96	...

Relatives Minimum M im Nullpunkt.
Die Maßzahl A^* der Fläche folgt aus

$$A^* = \int_0^4 x \cdot \ln(1 + x)\, dx \quad \text{mit } 1 + x = z,\ dx = dz$$

und den Formeln 2.6, 2.7 zu

$$A^* = \int_1^5 (z - 1) \cdot \ln z\, dz =$$

$$= \int_1^5 (z \cdot \ln z - \ln z)\, dz =$$

$$= \left[\frac{z^2}{2} \cdot \ln z - \frac{z^2}{4} - z \cdot \ln z + z \right]_1^5 =$$

$$= \frac{15}{2} \cdot \ln 5 - 2 \approx 10,0708.$$

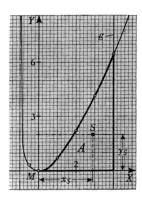

Damit wird

$$x_S = \frac{1}{A^*} \cdot \int_0^4 x \cdot f(x)\, dx = \frac{1}{A^*} \cdot \int_0^4 x^2 \cdot \ln(1 + x)\, dx =$$

$$= \frac{1}{A^*} \cdot \int_1^5 (z - 1)^2 \cdot \ln z\, dz = \frac{1}{A^*} \cdot \int_1^5 (z^2 \cdot \ln z - 2z \cdot \ln z + \ln z)\, dz =$$

$$= \frac{1}{A^*} \cdot \left[\frac{z^3}{3} \cdot \ln z - \frac{z^3}{9} - z^2 \cdot \ln z + \frac{z^2}{2} + z \cdot \ln z - z \right]_1^5 =$$

$$= \frac{1}{A^*} \cdot \left(\frac{65}{3} \cdot \ln 5 - \frac{52}{9} \right) \approx \frac{29,0934}{10,0708} \approx 2,889$$

und

$$y_S = \frac{1}{2A^*} \cdot \int_0^4 [f(x)]^2 dx = \frac{1}{2A^*} \cdot \int_0^4 x^2 \cdot [\ln(1 + x)]^2 dx =$$

$$= \frac{1}{2A^*} \cdot \int_1^5 (z - 1)^2 \cdot (\ln z)^2 dz = \frac{1}{2A^*} \cdot \left[\frac{1}{3} \cdot (\ln z)^2 \cdot (z - 1)^3 \Big|_1^5 \right. -$$

$$\left. - \frac{2}{3} \cdot \int_1^5 \frac{\ln z}{z} \cdot (z - 1)^3 dz \right] =$$

$$= \frac{1}{2A^*} \cdot \left[\frac{64}{3} \cdot (\ln 5)^2 - \frac{2}{3} \cdot \int_1^5 \left(z^2 \cdot \ln z - 3z \cdot \ln z + 3 \cdot \ln z - \frac{\ln z}{z} \right) dz \right] =$$

$$= \frac{1}{2A^*} \cdot \left[\frac{64}{3} \cdot (\ln 5)^2 - \frac{2}{3} \cdot \left(\frac{z^3}{3} \cdot \ln z - \frac{z^3}{9} - \frac{3}{2} z^2 \cdot \ln z + \frac{3}{4} \cdot z^2 + \right. \right.$$

$$\left. \left. + 3z \cdot \ln z - 3z - \frac{1}{2} \cdot (\ln z)^2 \right) \Big|_1^5 \right] =$$

$$= \frac{1}{2A^*} \cdot \left[\frac{65}{3} \cdot (\ln 5)^2 - \frac{115}{9} \cdot \ln 5 + \frac{140}{27} \right] \approx \frac{40,7431}{20,1416} \approx 2,023.$$

Bei der Auswertung der Integrale wurden wiederum die Substitution $1 + x = z$, $dx = dz$, partielle Integration sowie die Formeln 2.6, 2.7 und 2.8 verwendet.

---

199. Welche Koordinaten x_S und y_S hat der S c h w e r p u n k t S des sich in der oberen Halbebene erstreckenden Bogenstückes des Graphen von $y = f(x) = 2,5 - \cosh x$?

x	0	±0,5	±1,0	±1,5	±2,0 ...
y	1,50	1,37	0,96	0,15	-1,26 ...

Der Schwerpunkt S liegt aus Symmetriegründen auf der Y-Achse. Seine Ordinate berechnet sich mit

$$x_0 = \text{ar cosh } 2,5 = \ln(2,5 + \sqrt{5,25}) \approx$$

$$\approx 1,5668 \quad \text{und}$$

$$s^* = 2 \cdot \int_0^{x_0} \sqrt{1 + f'(x)^2} \, dx =$$

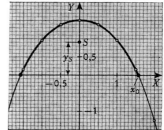

$$= 2 \cdot \int_{0}^{x_0} \sqrt{1 + \sinh^2 x} \; dx = 2 \cdot \int_{0}^{x_0} \cosh x \; dx =$$

$$= 2 \cdot \sinh x \Big|_{0}^{x_0} = 2 \sinh x_0 \approx 4,5826$$

als Maßzahl der Länge des Bogens unter Verwendung der Formel 2.59 zu

$$y_S = \frac{1}{s^*} \cdot \int_{-x_0}^{x_0} f(x) \cdot \sqrt{1 + [f'(x)]^2} \; dx = \frac{1}{s^*} \cdot 2 \cdot \int_{0}^{x_0} (2,5 - \cosh x) \cdot \cosh x \; dx =$$

$$= \frac{1}{\sinh x_0} \cdot \left[2,5 \sinh x - \frac{1}{4} \sinh(2x) - \frac{x}{2} \right]_{0}^{x_0} =$$

$$= 2,5 - \frac{1}{2} \cosh x_0 - \frac{x_0}{2 \cdot \sinh x_0} \approx 2,5 - \frac{1}{2} \cdot 2,5 - \frac{1,5668}{4,5826} \approx 0,908.$$

---

200. Das von der Kurve mit der Gleichung $y = f(x) = \dfrac{1}{\sin x}$, der X-Achse,

sowie den beiden Geraden $g_1 \equiv x - \dfrac{\pi}{6} = 0$ und $g_2 \equiv x - \dfrac{3\pi}{4} = 0$ be-

grenzte Flächenstück rotiere um die X-Achse. Welche Koordinaten x_S und y_S hat der S c h w e r p u n k t S des entstehenden Drehkörpers?

x	0	±30°	±60°	±90°	±120° ...
y	±∞	±2	±1,15	±1	±1,15 ...

Mit der Volumenmaßzahl

$$V_x^* = \pi \cdot \int_{\frac{\pi}{6}}^{\frac{3\pi}{4}} \frac{dx}{\sin^2 x} = -\pi \cdot \cot x \Big|_{\frac{\pi}{6}}^{\frac{3\pi}{4}} =$$

$$= -\pi \cdot (-1 - \sqrt{3}) = \pi \cdot (1 + \sqrt{3})$$

wird unter Verwendung von partieller Integration und Formel 2.29 die Abszisse des Schwerpunktes

$$x_S = \frac{\pi}{V_x^*} \cdot \int_{\frac{\pi}{6}}^{\frac{3\pi}{4}} x \cdot [f(x)]^2 \; dx = \frac{\pi}{\pi \cdot (1 + \sqrt{3})} \cdot \int_{\frac{\pi}{6}}^{\frac{3\pi}{4}} \frac{x \, dx}{\sin^2 x} =$$

$$= \frac{\sqrt{3}-1}{2} \cdot \int_{\frac{\pi}{6}}^{\frac{3\pi}{4}} x \cdot \frac{dx}{\sin^2 x} = \frac{\sqrt{3}-1}{2} \cdot \left[-x \cdot \cot x \,\Big|_{\frac{\pi}{6}}^{\frac{3\pi}{4}} + \int_{\frac{\pi}{6}}^{\frac{3\pi}{4}} \cot x \, dx \right] =$$

$$= \frac{\sqrt{3}-1}{2} \cdot \left[\frac{3\pi}{4} + \frac{\pi}{6} \cdot \sqrt{3} + \ln(\sin x) \,\Big|_{\frac{\pi}{6}}^{\frac{3\pi}{4}} \right] =$$

$$= \frac{\sqrt{3}-1}{2} \cdot \left[\frac{\pi}{12} \cdot (9 + 2 \cdot \sqrt{3}) + \frac{1}{2} \cdot \ln 2 \right] \approx 1,321.$$

Die Ordinate des Schwerpunktes ist aus Symmetriegründen $y_S = 0$.

---

201. Durch den Graphen von $y = f(x) = \ln x$, die X-Achse und die Gerade $g \equiv x - 9 = 0$ ist ein Flächenstück begrenzt, das sich um die X-Achse drehe. Welche Maßzahl J_x^* hat das T r ä g h e i t s m o m e n t J_x des dadurch entstehenden Rotationskörpers?

x	0	0,5	1	2	3	4	5	6	7	8	9	10	...
y	$-\infty$	-0,69	0	0,69	1,10	1,39	1,61	1,79	1,95	2,08	2,20	2,30	...

Bedeutet $\rho*$ die Maßzahl der Dichte ρ des als homogen angenommenen Körpers, so gilt

$$J_x^* = \frac{\pi}{2} \rho* \cdot \int_1^9 [f(x)]^4 \, dx =$$

$$= \frac{\pi}{2} \rho* \cdot \int_1^9 (\ln x)^4 \cdot dx =$$

$$= \frac{\pi}{2} \cdot \rho* \cdot \int_0^{\ln 9} z^4 \cdot e^z \, dz =$$

$$= \frac{\pi}{2} \cdot \rho* \cdot e^z \cdot [z^4 - 4z^3 + 12z^2 - 24z + 24]_0^{\ln 9} =$$

$$= 10,758 \cdot \rho* \quad \text{mit } \ln x = z, \ dx = x \cdot dz = e^z \, dz \quad \text{und Formel 2.4.}$$

---

202. Ein gerader Kreiszylinder mit der Höhe H und den Grundkreisradien R wird von einer Ebene geschnitten, die einen Grundkreisdurchmesser $\overline{AB}$ enthält und den Umfang der anderen Grundfläche nur in einem Punkt C trifft. Wo liegt der Schwerpunkt S des abgeschnittenen keilförmigen Stückes?
(Vgl. Nr. 129 und Nr. 237)

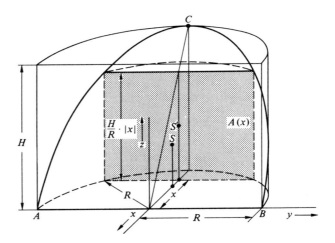

Schneidet man den entstehenden Z y l i n d e r h u f nach Einführung eines räum-
lichen Koordinatensystems wie in der Abbildung durch eine Parallelebene
zur yz-Ebene im gerichteten Abstand x mit $-R \leqslant x \leqslant 0$, so entsteht ein

Rechteck mit dem Inhalt $A(x) = 2 \cdot \sqrt{R^2 - x^2} \cdot \dfrac{H}{R} \cdot |x| = -2 \cdot \dfrac{H}{R} \cdot x \cdot \sqrt{R^2 - x^2}$.

Hiermit ergibt sich das Volumen V des Zylinderhufs unter Verwendung von
Formel 1. 62 zu

$$V = \int\limits_{-R}^{0} A(x)\,dx = -\frac{2H}{R} \cdot \int\limits_{-R}^{0} x \cdot \sqrt{R^2 - x^2}\,dx = \frac{2H}{R} \cdot \frac{1}{3} \cdot \sqrt{R^2 - x^2}^{\,3}\Big|_{-R}^{0} =$$

$$= \frac{2}{3} \cdot R^2 \cdot H.$$

Mit $S(x_S; y_S; z_S)$ als Schwerpunkt des Zylinderhufs ist aus Symmetriegründen $y_S = 0$.

Nach dem M o m e n t e n s a t z genügt x_S der Gleichung $x_S \cdot V = \int\limits_{-R}^{0} x \cdot A(x)\,dx$.

Es errechnet sich mit Hilfe der Formel 1. 63, 1. 52 und 1. 50

$$\int\limits_{-R}^{0} x \cdot A(x)\,dx = -\frac{2H}{R} \cdot \int\limits_{-R}^{0} x^2 \cdot \sqrt{R^2 - x^2}\,dx = -\frac{2H}{4R} x^3 \cdot \sqrt{R^2 - x^2}\Big|_{-R}^{0} -$$

$$-\frac{2H}{R} \cdot \frac{R^2}{4} \cdot \int\limits_{-R}^{0} \frac{x^2}{\sqrt{R^2 - x^2}}\,dx = -\frac{HR}{2} \int\limits_{-R}^{0} \frac{x^2}{\sqrt{R^2 - x^2}}\,dx =$$

$$= \frac{HR}{4} \cdot x \sqrt{R^2 - x^2}\Big|_{-R}^{0} - \frac{HR^3}{4} \int\limits_{-R}^{0} \frac{dx}{\sqrt{R^2 - x^2}} =$$

$$= - \frac{HR^3}{4} \cdot \arcsin\left(\frac{x}{R}\right) \Big|_{-R}^{0} = - \frac{HR^3 \pi}{8} \quad, \text{ was über}$$

$$x_S \cdot \frac{2}{3} \cdot HR^2 = - \frac{HR^3 \pi}{8} \quad \text{auf } x_S = - \frac{3}{16} \cdot R\pi \approx -0,589\,R \quad \text{führt.}$$

Unter Heranziehung des Schwerpunktes S' $\left(x; 0; \frac{H \cdot |x|}{2R} \right)$ des anfangs einge-
führten Rechtecks vom Inhalt A(x) wird wiederum nach dem Momentensatz

$$z_S \cdot V = \int_{-R}^{0} \frac{-Hx}{2R} \cdot A(x)\,dx, \text{ also } z_S \cdot V = - \frac{H}{2R} \cdot \int_{-R}^{0} x \cdot A(x)\,dx.$$

Das auftretende bestimmte Integral wurde bereits bei der Berechnung von
x_S ausgewertet. Man erhält hiermit

$$z_S \cdot \frac{2}{3} \cdot HR^2 = - \frac{H}{2R} \cdot \frac{-HR^3 \pi}{8} \quad, \text{ also } z_S = \frac{3}{32}\,\pi \cdot H \approx 0,295\,H.$$

---

203. Ein Rad vom Durchmesser 2r rollt auf einer Geraden unter Beibehal-
tung der Richtung seiner Drehachse ohne zu gleiten. Welche Länge s hat der
Weg, den ein Punkt P auf dem Umfang des Rades bei einer Umdrehung zurücklegt?

Die Bahnkurve des Punktes P ist eine g e w ö h n l i c h e   Z y k l o i d e , die der
Parameterdarstellung

$$x = f(t) = r \cdot t - r \sin t \quad \text{und} \quad y = g(t) = r - r \cos t$$

mit dem Drehwinkel t als Parameter genügt.

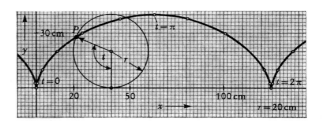

t	0°	30°	60°	90°	120°	150°	180° ...
$\frac{x}{r}$	0	0,02	0,18	0,57	1,23	2,12	3,14 ...
$\frac{y}{r}$	0	0,13	0,50	1,00	1,50	1,87	2,00 ...

Die Länge des zurückgelegten Weges beträgt

$$s = 2 \cdot \int_0^\pi \sqrt{\left[\frac{df(t)}{dt}\right]^2 + \left[\frac{dg(t)}{dt}\right]^2}\, dt = 2r \cdot \int_0^\pi \sqrt{(1 - \cos t)^2 + \sin^2 t}\, dt =$$

$$= 2\sqrt{2}\, r \cdot \int_0^\pi \sqrt{1 - \cos t}\, dt = 4r \cdot \int_0^\pi \sin\frac{t}{2}\, dt = -8r \cdot \cos\frac{t}{2}\, \Big|_0^\pi = 8\,r.$$

204. Die Eintauchtiefe eines homogenen quaderförmigen Körpers von der Länge l, der Breite b und der Höhe h in Wasser sei $t > \dfrac{h}{2}$. Welche Arbeit W muß geleistet werden, um diesen Körper um seine Längsrichtung soweit zu kippen, daß eine waagrechte obere Kante den Wasserspiegel berührt?

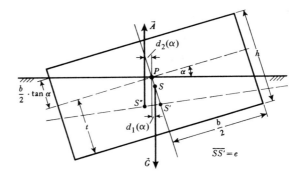

Wird mit α der **Krängungswinkel** bezeichnet, so ist die aufzuwendende Arbeit, um den Körper aus der waagrechten Lage um den Winkel α_0 zu kippen,

$$W = \int_0^{\alpha_0} [M_1(\alpha) + M_2(\alpha)]\, d\alpha\ .$$ Hierbei sind $M_1(\alpha) = d_1(\alpha) \cdot G$,

$M_2(\alpha) = d_2(\alpha) \cdot G$ die skalaren Momente bezüglich der durch P verlaufenden Schwimmachse und G der skalare Wert der im Körperschwerpunkt S angreifenden Gewichtskraft $\vec{G}$. Im Verdrängungsschwerpunkt S' wirkt der Auftrieb $\vec{A} = -\vec{G}$.

Der Abstand $d_1(\alpha)$ zwischen der Schwimmachse und der Wirkungslinie der Gewichtskraft $\vec{G}$ beträgt $d_1(\alpha) = \left(\dfrac{t}{2} - e\right) \cdot \sin\alpha$, wobei $e = \dfrac{h - t}{2}$ den Abstand des Körperschwerpunktes S vom Verdrängungsschwerpunkt S' bei Ruhelage bedeutet.

Aus den Formeln $x_{S''} = \dfrac{b}{3} \cdot \dfrac{a + 2c}{a + c}$, $y_{S''} = \dfrac{a^2 + a \cdot c + c^2}{3 \cdot (a + c)}$ für die

Schwerpunktkoordinaten des trapezförmigen Eintauchquerschnittes findet man

mit $a = t + \dfrac{b}{2} \cdot \tan\alpha$, $c = t - \dfrac{b}{2} \cdot \tan\alpha$

$x_{S''} = \dfrac{b}{2} - \dfrac{b^2}{12 \cdot t} \cdot \tan\alpha$,

$y_{S''} = \dfrac{t}{2} + \dfrac{b^2}{24 \cdot t} \cdot \tan^2\alpha$

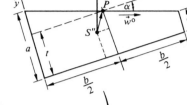

und daraus

$$\overrightarrow{S''P} = \begin{pmatrix} \dfrac{b}{2} - x_{S''} \\[2mm] t - y_{S''} \end{pmatrix} = \begin{pmatrix} \dfrac{b^2}{12 \cdot t} \cdot \tan\alpha \\[2mm] \dfrac{-1}{24 \cdot t} \cdot (b^2 \cdot \tan^2\alpha - 12 \cdot t^2) \end{pmatrix} .$$

In Verbindung mit dem die Wasserlinie festlegenden Einheitsvektor

$\overrightarrow{w^0} = \begin{pmatrix} \cos\alpha \\ -\sin\alpha \end{pmatrix}$ folgt der gerichtete Abstand $d_2(\alpha)$ zwischen der

Schwimmachse und der Wirkungslinie des Auftriebes $\overrightarrow{A}$ zu

$$d_2(\alpha) = \overrightarrow{S''P} \cdot \overrightarrow{w^0} = \left[\dfrac{b^2}{24 \cdot t} \cdot (2 + \tan^2\alpha) - \dfrac{t}{2} \right] \cdot \sin\alpha .$$

Mit diesen Ergebnissen läßt sich die gesuchte Arbeit für den Krängungswinkel α_0 durch

$$W = \int_0^{\alpha_0} [d_1(\alpha) \cdot G + d_2(\alpha) \cdot G] d\alpha =$$

$$= G \cdot \int_0^{\alpha_0} \left[\dfrac{b^2}{24 \cdot t} \cdot (2 + \tan^2\alpha) - e \right] \cdot \sin\alpha \, d\alpha$$

darstellen.

Hieraus ergibt sich

$$W = G \cdot \left(\dfrac{b^2}{12t} - e \right) \cdot \int_0^{\alpha_0} \sin\alpha \, d\alpha + \dfrac{G \cdot b^2}{24t} \int_0^{\alpha_0} \dfrac{\sin^3\alpha \, d\alpha}{\cos^2\alpha} =$$

$$= -G \cdot \left(\dfrac{b^2}{12t} - e \right) \cos\alpha \Big|_0^{\alpha_0} + \dfrac{G \cdot b^2}{24t} \cdot \left[\dfrac{1 + \cos^2\alpha}{\cos\alpha} \right]_0^{\alpha_0} =$$

$$= \dfrac{G \cdot b^2}{24t} \cdot \dfrac{\sin^2\alpha_0}{\cos\alpha_0} + G \cdot e \cdot (\cos\alpha_0 - 1).$$

Das zweite auftretende Integral läßt sich etwa durch die Umformung
$\dfrac{\sin^3 \alpha}{\cos^2 \alpha} = \dfrac{1 - \cos^2 \alpha}{\cos^2 \alpha} \cdot \sin \alpha$ des Integranden und die nachfolgende Substitution $z = \cos \alpha$ auswerten.

Da der Krängungswinkel α_0, bei dem eine waagrechte obere Kante den Wasserspiegel berührt, wegen $h - t = \dfrac{b}{2} \cdot \tan \alpha_0$ der Beziehung

$$\tan \alpha_0 = \frac{2(h - t)}{b} = \frac{4e}{b}$$ genügt, folgt schließlich

$$W = G \cdot e \cdot \left(\frac{2be + 3bt}{3t \cdot \sqrt{b^2 + 16e^2}} - 1 \right).$$

---

205. Die Wechselspannung $u(t) = \hat{u} \cdot [\sin(\omega t) + \sin(2 \omega t)]$ erzeugt in einem Leiterkreis den Strom $i(t) = \hat{i} \cdot [\sin(\omega t + \varphi) + \sin(2 \omega t + 2 \varphi)]$, wobei ω die Kreisfrequenz und φ den Phasenwinkel bedeuten. Man ermittle die Wirkleistung P dieses Wechselstromes.

Mit $T = \dfrac{2\pi}{\omega}$ als Periodendauer ist $P = \dfrac{1}{T} \cdot \displaystyle\int_0^T u(t) \cdot i(t)\, dt$.

Im vorliegenden Fall ergibt sich mit trigonometrischer Umformung des Integranden

$$P = \frac{1}{T} \cdot \int_0^T \frac{\hat{u} \cdot \hat{i}}{2} \cdot [\cos \varphi - \cos(2 \omega t + \varphi) + \cos(\omega t + 2 \varphi) -$$

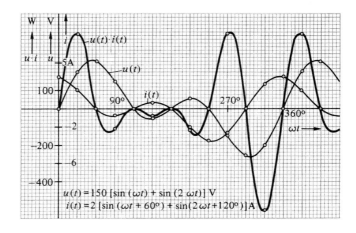

$u(t) = 150 [\sin(\omega t) + \sin(2\omega t)]$ V
$i(t) = 2 [\sin(\omega t + 60°) + \sin(2\omega t + 120°)]$ A

$$- \cos(3 \,\omega\, t + 2 \,\varphi\,) + \cos(\,\omega\, t - \varphi\,) - \cos(3 \,\omega\, t + \varphi\,) + \cos(2 \,\varphi\,) -$$

$$- \cos(4 \,\omega\, t + 2 \,\varphi\,)] \, dt =$$

$$= \frac{\hat{u} \cdot \hat{i}}{2\,T} \cdot [\cos\varphi \cdot T + \cos(2 \,\varphi\,) \cdot T] = \frac{\hat{u} \cdot \hat{i}}{2} \cdot [\cos\varphi + \cos(2 \,\varphi\,)].$$

Für die speziellen Zahlenwerte $\hat{u}$ = 150 V, $\hat{i}$ = 2 A und φ = 60° gilt die Wertetabelle

$\omega\, t$	0°	30°	60°	90°	120°	150°	180°
$\dfrac{u(t)}{\hat{u}}$	0	1,37	1,73	1,00	0	-0,37	0
$\dfrac{i(t)}{\hat{i}}$	1,73	1,00	0	-0,37	0	0,37	0
$\dfrac{u(t) \cdot i(t)}{\hat{u} \cdot \hat{i}}$	0	1,37	0	-0,37	0	-0,13	0

$\omega\, t$	210°	240°	270°	300°	330°
$\dfrac{u(t)}{\hat{u}}$	0,37	0	-1,00	-1,73	-1,37
$\dfrac{i(t)}{\hat{i}}$	-1,00	-1,73	-1,37	0	1,37
$\dfrac{u(t) \cdot i(t)}{\hat{u} \cdot \hat{i}}$	-0,37	0	1,37	0	-1,87

Die Wirkleistung ist bei dem gegebenen Phasenwinkel Null.

---

206. Fließt durch eine mit einem Ohmschen Widerstand R in Reihe geschaltete Induktivität L während des Zeitintervalls $[t_0; t_1]$ der Strom i(t), so leistet dieser die Arbeit

$$W = \int_{t_0}^{t_1} [i(t)]^2 \cdot R \, dt + \int_{t_0}^{t_1} i(t) \cdot L \cdot \frac{di(t)}{dt} \, dt.$$

Man berechne W für $i(t) = \hat{i} \cdot \sin(\omega t)$ mit ω als Kreisfrequenz während einer Periode $T = \dfrac{2\pi}{\omega}$.

Für beliebiges t_0 ergibt sich

$$W = \hat{i}^2 \cdot R \cdot \int_{t_0}^{t_0+T} \sin^2(\omega t)\,dt + L \cdot \hat{i}^2 \cdot \int_{t_0}^{t_0+T} \sin(\omega t) \cdot \omega \cdot \cos(\omega t)\,dt =$$

$$= \hat{i}^2 \cdot R \cdot \left[-\frac{1}{4\omega} \cdot \sin(2\omega t) + \frac{t}{2} \right]_{t_0}^{t_0+T} + \frac{L \cdot \hat{i}^2}{2} \cdot \sin^2(\omega t)\Big|_{t_0}^{t_0+T} =$$

$$= \hat{i}^2 \cdot R \cdot \frac{T}{2} \quad \text{(Formeln 2.11, 2.32).}$$

---

207. Man bestimme den **Effektivwert** $U = \dfrac{1}{\sqrt{T}} \cdot \sqrt{\int_{0}^{T} [u(t)]^2\,dt}$ einer Wechselspannung $u(t)$, deren zeitliche Abhängigkeit durch $u(t) = \hat{u} \cdot \sin^2(\omega t)$ gegeben ist.

$$\frac{u(t)}{\hat{u}} = \frac{1}{2}\left[1 - \cos(2\omega t)\right] ;$$

ωt	0	30°	45°	60°	90°	...
$\dfrac{u(t)}{\hat{u}}$	0	0,25	0,50	0,75	1,00	...

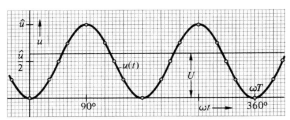

Mit $T = \dfrac{\pi}{\omega}$ als Periodendauer ergibt sich

$$U = \frac{\hat{u}}{2\sqrt{T}} \cdot \sqrt{\int_{0}^{\frac{\pi}{\omega}} \left[\frac{3}{2} - 2\cos(2\omega t) + \frac{1}{2}\cos(4\omega t) \right] dt} =$$

$$= \frac{\hat{u}}{2\sqrt{T}} \cdot \sqrt{\frac{3}{2} \cdot T} = \frac{\hat{u}}{4} \cdot \sqrt{6} \approx 0,61\,\hat{u} \quad \text{(Quadratischer Mittelwert).}$$

208. Man berechne den **Effektivwert** I der Stromstärke eines mittels Gleichrichtung und **Anschnittsteuerung** erhaltenen Wechselstromes der Periode $T = \dfrac{2\pi}{\omega}$, welcher für $0 \leqslant t < T$ und $0 \leqslant \lambda < \pi$ durch

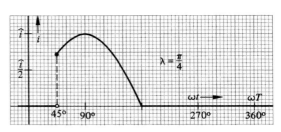

$$i(t) = \begin{cases} 0, \text{ falls } 0 \leqslant t < \dfrac{\lambda}{\omega} \\ \hat{i} \cdot \sin(\omega\, t), \text{ falls } \dfrac{\lambda}{\omega} \leqslant t \leqslant \dfrac{T}{2} \\ 0, \text{ falls } \dfrac{T}{2} < t < T \end{cases} \quad \text{beschrieben wird.}$$

$$I = \frac{1}{\sqrt{T}} \cdot \sqrt{\int_0^T [i(t)]^2\, dt} = \frac{\hat{i}}{\sqrt{T}} \cdot \sqrt{\int_{\frac{\lambda}{\omega}}^{\frac{\pi}{\omega}} \sin^2(\omega\, t)\, dt} =$$

$$= \frac{\hat{i}}{\sqrt{T}} \cdot \sqrt{\left[-\frac{\sin(2\omega t)}{4\omega} + \frac{t}{2} \right]_{\frac{\lambda}{\omega}}^{\frac{\pi}{\omega}}} = \frac{\hat{i}}{\sqrt{T}} \cdot \sqrt{\frac{\pi}{2\omega} - \frac{\lambda}{2\omega} + \frac{\sin(2\lambda)}{4\omega}} =$$

$$= \hat{i} \cdot \sqrt{\frac{2\pi - 2\lambda + \sin(2\lambda)}{8\pi}} \quad \text{(Formel 2.11).}$$

Für $\lambda = 0$ liegt einfache Einweggleichrichtung eines Wechselstromes vor, und es ist $I = \dfrac{\hat{i}}{2}$.

---

209. Nach Schließen des Schalters im abgebildeten Schaltkreis mit dem Ohmschen Widerstand R und der Induktivität L fließt in Abhängigkeit von der Zeit t ein Strom i(t) gemäß

$$i(t) = \frac{U}{R} \cdot (1 - e^{-\frac{R}{L}t}).$$

Spezielle Werte: $U = 200\,V$, $R = 20\,\Omega$, $L = 3\,H$.

Welche Arbeit $W = \int_0^{t_1} U \cdot i(t)\, dt$ leistet der Strom bis zum Zeitpunkt $t_1 = \dfrac{L}{R}$?

Welche Arbeit $W_R = \int_0^{t_1} R \cdot [i(t)]^2\, dt$ wird bis zu diesem Zeitpunkt im Ohm-

schen Widerstand R geleistet?

Welche Energiebilanz ergibt sich unter Berücksichtigung der im Zeitpunkt t_1

in der Induktivität L gespeicherten magnetischen Energie $W_L = \dfrac{1}{2} \cdot L \cdot [i(t_1)]^2$?

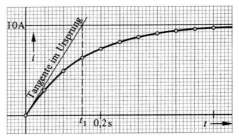

$\dfrac{t}{s}$	0	0,05	0,10	0,15	0,20	0,25	0,30	0,35	0,40	0,45	0,50 ...
$\dfrac{i(t)}{A}$	0	2,83	4,87	6,32	7,36	8,11	8,65	9,03	9,31	9,50	9,64 ...

$t_1 = \dfrac{L}{R} = 0,15\ \text{s}.$

$$W = \frac{U^2}{R} \cdot \int_0^{\frac{L}{R}} (1 - e^{-\frac{R}{L} \cdot t})\, dt = \frac{U^2}{R} \cdot \left[t + \frac{L}{R} \cdot e^{-\frac{R}{L} \cdot t} \right]_0^{\frac{L}{R}} =$$

$$= \frac{U^2 \cdot L}{R^2} \cdot e^{-1} \approx 110,364\ \text{Nm}.$$

$$W_R = \frac{U^2}{R} \cdot \int_0^{\frac{L}{R}} (1 - e^{-\frac{R}{L} \cdot t})^2\, dt = \frac{U^2}{R} \cdot \int_0^{\frac{L}{R}} (1 - 2 e^{-\frac{R}{L} \cdot t} + e^{-\frac{2R}{L} \cdot t})\, dt =$$

$$= \frac{U^2}{R} \cdot \left[t + \frac{2L}{R} \cdot e^{-\frac{R}{L} \cdot t} - \frac{L}{2R} \cdot e^{-\frac{2R}{L} \cdot t} \right]_0^{\frac{L}{R}} =$$

$$= \frac{U^2 \cdot L}{R^2} \cdot \left(2 e^{-1} - \frac{e^{-2}}{2} - \frac{1}{2} \right) \approx 50,427\ \text{Nm}.$$

$$W_L = \frac{1}{2} \cdot L \cdot [i(t_1)]^2 = \frac{1}{2} \cdot \frac{U^2 \cdot L}{R^2} \cdot (1 - e^{-1})^2 \approx 59,936 \text{ Nm}.$$

Energiebilanz : $W_R + W_L = W$.

4. Potenzreihen

210. Gegeben ist die Funktion $y = f(x) = \sqrt[3]{1 - x^5}$ mit der Definitions-
menge $\mathbb{D}_y = \,]-\infty\,;\,1]$. Es ist die durch $J(x) = F(x) + C$ mit $C \in \mathbb{R}$ beschriebene Menge der Stammfunktionen über eine R e i h e n e n t w i c k l u n g von
$y = f(x)$ zu ermitteln.

$J(x)$ läßt sich nachweislich nicht in geschlossener Form angeben. Da aber
$y = f(x)$ in $\mathbb{D}_y$ stetig ist, gestattet der H a u p t s a t z d e r D i f f e r e n t i a l -
u n d I n t e g r a l r e c h n u n g die Darstellung

$$J(x) = \int\limits_{a}^{x} \sqrt[3]{1 - t^5}\ dt + C \quad \text{mit beliebig gewähltem } a \in \mathbb{D}_y.$$

Kann jedoch insbesondere, wie beispielsweise im folgenden durchgeführt,
$y = f(x)$ in eine P o t e n z r e i h e entwickelt werden, deren Konvergenz-
intervall $\mathbb{K}$ eine Teilmenge von $\mathbb{D}_y$ ist, so läßt sich $J(x)$ im Innern von $\mathbb{K}$
durch gliedweise Integration ermitteln. Nach dem ABELschen G r e n z -
w e r t s a t z gilt das Ergebnis auch noch an einem Rand oder beiden Rän-
dern von $\mathbb{K}$, falls die erhaltene Reihe dort noch konvergiert.

Unter Verwendung der für $z \in [-1;\,1]$ konvergenten b i n o m i s c h e n R e i h e

$$\sqrt[3]{1 - z} = \sum_{\nu = 0}^{\infty} \binom{\frac{1}{3}}{\nu} \cdot (-1)^\nu \cdot z^\nu = 1 - \frac{1}{3} \cdot z - \frac{1}{3} \cdot \frac{2}{6} \, z^2 - \frac{1}{3} \cdot \frac{2}{6} \cdot \frac{5}{9} \, z^3 -$$

$$- \frac{1}{3} \cdot \frac{2}{6} \cdot \frac{5}{9} \cdot \frac{8}{12} \cdot z^4 - \ldots$$

folgt mit $z = t^5$ die für $t \in [-1;\,1]$ gültige Entwicklung

$$\sqrt[3]{1 - t^5} = \sum_{\nu = 0}^{\infty} \binom{\frac{1}{3}}{\nu} \cdot (-1)^\nu \cdot t^{5\nu} = 1 - \frac{1}{3} \cdot t^5 - \frac{1}{3} \cdot \frac{2}{6} \cdot t^{10} - \frac{1}{3} \cdot \frac{2}{6} \cdot \frac{5}{9} \cdot t^{15} -$$

$$- \frac{1}{3} \cdot \frac{2}{6} \cdot \frac{5}{9} \cdot \frac{8}{12} \cdot t^{20} - \ldots .$$

Somit gilt, wenn z. B. für a der Mittelpunkt der Potenzreihe, also $a = 0$
gewählt wird,

$$J(x) = \int_0^x \sqrt{1 - t^5}\, dt + C_1 = \sum_{\nu=0}^\infty \binom{\frac{1}{3}}{\nu} \cdot (-1)^\nu \cdot \int_0^x t^{5\nu}\, dt + C_1 =$$

$$= \sum_{\nu=0}^\infty \binom{\frac{1}{3}}{\nu} \cdot (-1)^\nu \cdot \frac{x^{5\nu+1}}{5\nu+1} + C_1 =$$

$$= x - \frac{1}{3} \cdot \frac{x^6}{6} - \frac{1}{3} \cdot \frac{2}{6} \cdot \frac{x^{11}}{11} - \frac{1}{3} \cdot \frac{2}{6} \cdot \frac{5}{9} \cdot \frac{x^{16}}{16} - \frac{1}{3} \cdot \frac{2}{6} \cdot \frac{5}{9} \cdot \frac{8}{12} \cdot \frac{x^{21}}{21} - \ldots + C_1$$

zunächst für $x \in\,]-1;\, 1[$.

Die erhaltene Reihe ist für $x \in [-1;\, 1]$ **absolut konvergent**. Ersetzt man nämlich in der aus den Beträgen der Glieder gebildeten Reihe

$$\sum_{\nu=0}^\infty \left| \binom{\frac{1}{3}}{\nu} \cdot \frac{x^{5\nu+1}}{5\nu+1} \right| \qquad \text{die einzelnen Glieder durch}$$

$$\left| \binom{\frac{1}{3}}{\nu} \cdot x^{5\nu+1} \right| = |x| \cdot \left| \binom{\frac{1}{3}}{\nu} \cdot x^{5\nu} \right| , \quad \text{so stellt}$$

$$M_1 = |x| \cdot \sum_{\nu=0}^\infty \left| \binom{\frac{1}{3}}{\nu} \cdot x^{5\nu} \right| = |x| \cdot \left(1 + \frac{1}{3} \cdot |x^5| + \frac{1}{3} \cdot \frac{2}{6} \cdot x^{10} + \ldots \right) =$$

$$= |x| \cdot \left[2 - \left(1 - \frac{1}{3} \cdot |x^5| - \frac{1}{3} \cdot \frac{2}{6} \cdot x^{10} - \ldots \right) \right] = |x| \, (2 - \sqrt[3]{1 - |x|^5})$$

für $x \leqslant 1$ eine **konvergente Majorante** dar.

Die für $J(x)$ gefundene Entwicklung gilt deshalb nach dem ABELschen Grenzwertsatz für $x \in [-1;\, 1]$.

Um zu einer in $]-\infty;\, -1]$ gültigen Darstellung von $J(x)$ zu gelangen, kann die für $x \in\,]-\infty;\, -1]$ konvergente Reihe

$$\sqrt[3]{1 - x^5} = \sqrt[3]{-x^5} \cdot \sqrt[3]{1 - \frac{1}{x^5}} = (-x)^{\frac{5}{3}} \cdot \sum_{\nu=0}^\infty \binom{\frac{1}{3}}{\nu} \cdot (-x)^{-5\nu} =$$

$$= (-x)^{\frac{5}{3}} \cdot \left(1 - \frac{1}{3} \cdot \frac{1}{x^5} - \frac{1}{3} \cdot \frac{2}{6} \cdot \frac{1}{x^{10}} - \frac{1}{3} \cdot \frac{2}{6} \cdot \frac{5}{9} \cdot \frac{1}{x^{15}} - \right.$$

$$\left. - \frac{1}{3} \cdot \frac{2}{6} \cdot \frac{5}{9} \cdot \frac{8}{12} \cdot \frac{1}{x^{20}} - \ldots \right) =$$

$$= (-x)^{\frac{5}{3}} + \frac{1}{3} \cdot (-x)^{-\frac{10}{3}} - \frac{1}{3} \cdot \frac{2}{6} \cdot (-x)^{-\frac{25}{3}} +$$

$$+ \frac{1}{3} \cdot \frac{2}{6} \cdot \frac{5}{9} \cdot (-x)^{-\frac{40}{3}} - \frac{1}{3} \cdot \frac{2}{6} \cdot \frac{5}{9} \cdot \frac{8}{12} \cdot (-x)^{-\frac{55}{3}} \pm \ldots$$

herangezogen werden. Diese besitzt für $x \in [k; -1]$ mit beliebigem reellem $k < -1$, also für jedes Teilintervall mit dem rechten Rand -1, die **k o n v e r g e n t e   M a j o r a n t e**

$$M_2 = (-k)^{\frac{5}{3}} + \frac{1}{3} + \frac{1}{3} \cdot \frac{2}{6} + \frac{1}{3} \cdot \frac{2}{6} \cdot \frac{5}{9} + \ldots =$$

$$= (-k)^{\frac{5}{3}} + 1 - \left(1 - \frac{1}{3} - \frac{1}{3} \cdot \frac{2}{6} - \frac{1}{3} \cdot \frac{2}{6} \cdot \frac{5}{9} - \ldots \right) =$$

$$= (-k)^{\frac{5}{3}} + 1 - \sqrt[3]{1 - 1} = 1 + (-k)^{\frac{5}{3}}$$

und **k o n v e r g i e r t** daher in $[k; -1]$ **g l e i c h m ä ß i g**.

Somit kann $J(x) = \int\limits_a^x \sqrt[3]{1 - t^5}\, dt + C_2$ für beliebige reelle $a, x \in]-\infty; -1]$

durch gliedweise Integration erhalten werden, was auf

$$J(x) = \sum_{\nu=0}^{\infty} \binom{\frac{1}{3}}{\nu} \cdot \int\limits_a^x (-t)^{\frac{5}{3} - 5\nu}\, dt + C_2 = \sum_{\nu=0}^{\infty} \binom{\frac{1}{3}}{\nu} \cdot \frac{3}{15\nu - 8} \cdot (-t)^{\frac{8}{3} - 5\nu} \Bigg|_a^x + C_2 =$$

$$= -3x^2 \cdot \sqrt[3]{x^2} \cdot \left(\frac{1}{8} + \frac{1}{3} \cdot \frac{1}{7} \cdot \frac{1}{x^5} + \frac{1}{3} \cdot \frac{2}{6} \cdot \frac{1}{22} \cdot \frac{1}{x^{10}} + \frac{1}{3} \cdot \frac{2}{6} \cdot \frac{5}{9} \cdot \frac{1}{37} \cdot \frac{1}{x^{15}} + \right.$$

$$\left. + \frac{1}{3} \cdot \frac{2}{6} \cdot \frac{5}{9} \cdot \frac{8}{12} \cdot \frac{1}{52} \cdot \frac{1}{x^{20}} + \ldots \right) + \overline{C}_2$$

mit $\overline{C}_2 = C_2 - \sum_{\nu=0}^{\infty} \binom{\frac{1}{3}}{\nu} \frac{3}{15\nu - 8} \cdot (-a)^{\frac{8 - 15\nu}{3}}$, also $\overline{C}_2 \in \mathbb{R}$, führt.

Die Zerlegung der durch Integration entstandenen Reihe in zwei Teilreihen ist statthaft. Bei diesen handelt es sich nämlich mit den zulässigen Werten für x bzw. a um alternierende Reihen, die den Voraussetzungen des LEIBNIZschen **K r i t e r i u m** genügen und deshalb konvergieren.

211. Man bestimme die nicht in geschlossener Form erhältliche Gesamtheit der Stammfunktionen von $y = f(x) = \dfrac{1}{\sqrt{1 + x^4}}$ durch Reihenentwicklung.

Die in $z \in\;]-1;\, 1]$ gültige Darstellung

$$\frac{1}{\sqrt{1 + z}} = \sum_{\nu = 0}^{\infty} \binom{-\tfrac{1}{2}}{\nu} \cdot z^{\nu} = 1 - \frac{1}{2} \cdot z + \frac{1}{2} \cdot \frac{3}{4} \cdot z^2 - \frac{1}{2} \cdot \frac{3}{4} \cdot \frac{5}{6} \cdot z^3 + - \ldots$$

durch eine **binomische Reihe** ergibt mit $z = x^4$

$$f(x) = \sum_{\nu = 0}^{\infty} \binom{-\tfrac{1}{2}}{\nu} \cdot x^{4\nu} = 1 - \frac{1}{2} \cdot x^4 + \frac{1}{2} \cdot \frac{3}{4} \cdot x^8 - \frac{1}{2} \cdot \frac{3}{4} \cdot \frac{5}{6} \cdot x^{12} + - \ldots$$

für $x \in [-1;\, 1]$.

Durch gliedweise Integration mit dem Mittelpunkt 0 der Reihe als unterer Integrationsgrenze bekommt man

$$J(x) = \int_{0}^{x} f(t)dt + C_1 = \int_{0}^{x} \left[\sum_{\nu = 0}^{\infty} \binom{-\tfrac{1}{2}}{\nu} \cdot t^{4\nu} \right] dt + C_1 =$$

$$= \int_{0}^{x} \left(1 - \frac{1}{2} \cdot t^4 + \frac{1}{2} \cdot \frac{3}{4} \cdot t^8 - \frac{1}{2} \cdot \frac{3}{4} \cdot \frac{5}{6} \cdot t^{12} + - \ldots \right) dt + C_1 =$$

$$= \sum_{\nu = 0}^{\infty} \binom{-\tfrac{1}{2}}{\nu} \cdot \frac{x^{4\nu + 1}}{4\nu + 1} + C_1 =$$

$$= x - \frac{1}{2} \cdot \frac{x^5}{5} + \frac{1}{2} \cdot \frac{3}{4} \cdot \frac{x^9}{9} - \frac{1}{2} \cdot \frac{3}{4} \cdot \frac{5}{6} \cdot \frac{x^{13}}{13} + - \ldots + C_1$$

als Gesamtheit der Stammfunktionen zunächst in $]-1;\, 1[$ mit C_1 als Integrationskonstante.

Die durch Integration erhaltene Reihe konvergiert auch noch für $x = \pm 1$, da in diesen Fällen alternierende Reihen vorliegen, die den Forderungen des **LEIBNIZschen Kriteriums** genügen. Die Darstellung von $J(x)$ gilt somit nach dem **ABELschen Grenzwertsatz** für $x \in [-1;\, 1]$.

Zur Auffindung von Stammfunktionen für $]-\infty;\, -1]$ und $[1;\, +\infty[$ kann entweder der im zweiten Teil der vorherigen Aufgabe eingeschlagene Weg gewählt oder wie folgt verfahren werden:

Mit der Substitution $x = \dfrac{1}{w}$ und damit $dx = -\dfrac{dw}{w^2}$ wird

$$\int \frac{dx}{\sqrt{1 + x^4}} = -\int \frac{dw}{w^2 \cdot \sqrt{1 + \dfrac{1}{w^4}}} = -\int \frac{dw}{\sqrt{1 + w^4}} \quad , \text{ wobei den x-Intervallen}$$

$]-\infty; -1]$ und $[1; +\infty[$ die w-Intervalle $[-1; 0[$ und $]0; 1]$ entsprechen.

Damit ist eine Rückführung auf die obige Reihendarstellung erreicht, denn für $w \in [-1; 1]$ ist

$$-\int \frac{dw}{\sqrt{1 + w^4}} = -\int_0^w f(u)du + C_2 = -\sum_{\nu=0}^{\infty} \binom{-\frac{1}{2}}{\nu} \cdot \frac{w^{4\nu+1}}{4\nu + 1} + C_2,$$

woraus

$$J(x) = -\sum_{\nu=0}^{\infty} \binom{-\frac{1}{2}}{\nu} \frac{1}{(4\nu + 1) \cdot x^{4\nu+1}} = -\left(\frac{1}{x} - \frac{1}{2} \cdot \frac{1}{5x^5} + \frac{1}{2} \cdot \frac{3}{4} \cdot \frac{1}{9x^9} \right.$$

$$\left. - \frac{1}{2} \cdot \frac{3}{4} \cdot \frac{5}{6} \cdot \frac{1}{13x^{13}} + - \dots \right) + C_2 \text{ als Gesamtheit der Stammfunk-}$$

tionen im Intervall $]-\infty; -1]$ oder $[1; +\infty[$ mit C_2 als Integrationskonstante folgt.

---

212. Welche Stammfunktion $F(x)$ von $y = f(x) = \dfrac{e^x}{x}$ für $x \neq 0$ genügt der Forderung $F(1) = 0$?

Die in $]-\infty; 0[$ und $]0; +\infty[$ stetige Funktion $y = f(x) = \dfrac{e^x}{x}$ besitzt in diesen Intervallen Stammfunktionen, die nachweislich nicht in geschlossener Form dargestellt werden können.

Für $]0; +\infty[$, worin die Stelle $x = 1$ enthalten ist, läßt aber die Gesamtheit der Stammfunktionen die Integraldarstellung

$$J(x) = \int_a^x \frac{e^t}{t} dt + C_1 \quad \text{mit beliebigen } a \in \mathbb{R}^+ \text{ und } C_1 \in \mathbb{R} \text{ zu. Der Forderung}$$

$F(1) = 0$ genügt dann offenbar die sich für $a = 1$ und $C_1 = 0$ ergebende

spezielle Stammfunktion $F(x) = \displaystyle\int_1^x \frac{e^t}{t} dt$.

Über die für $x \in \mathbb{R} \setminus \{0\}$ gültige Darstellung

$$\frac{e^x}{x} = \frac{1}{x} \cdot \sum_{\nu=0}^{\infty} \frac{x^\nu}{\nu!} = \sum_{\nu=0}^{\infty} \frac{x^{\nu-1}}{\nu!} = \frac{1}{x} + \sum_{\nu=1}^{\infty} \frac{x^{\nu-1}}{\nu!} = \frac{1}{x} + \left(1 + \frac{x}{2!} + \frac{x^2}{3!} + \frac{x^3}{4!} + \cdots \right)$$

folgt so durch Integration

$$F(x) = \int_1^x \frac{e^t}{t}\, dt = \ln x + \sum_{\nu=1}^{\infty} \frac{x^\nu - 1}{\nu \cdot \nu!} \quad \text{in }]0; +\infty[.$$

Mit Hilfe der durch $Ei(x) = \displaystyle\int_{-\infty}^{x} \frac{e^t}{t}\, dt = C + \ln|x| + \sum_{\nu=1}^{\infty} \frac{x^\nu}{\nu \cdot \nu!}$ mit

$C = -\displaystyle\int_0^{\infty} e^{-x} \cdot \ln x\, dx = 0,577215665 \ldots$ als **EULERsche Konstante**

definierten **Integralexponentialfunktion** ergibt sich die Darstellung $F(x) = Ei(x) - Ei(1)$.

---

213. Es ist das **elliptische Normalintegral 1. Gattung**

$$F(\varphi; k) = \int_0^{\varphi} \frac{d\vartheta}{\sqrt{1 - k^2 \cdot \sin^2\vartheta}} \quad \text{mit } k^2 < 1 \quad \text{anzugeben.}$$

Mit der in $[-1; 1[$ gültigen Darstellung durch eine **binomische Reihe**

$$\frac{1}{\sqrt{1-z}} = \sum_{\nu=0}^{\infty} \binom{-\frac{1}{2}}{\nu} \cdot (-1)^\nu \cdot z^\nu = 1 + \frac{1}{2} \cdot z + \frac{1}{2} \cdot \frac{3}{4} \cdot z^2 + \frac{1}{2} \cdot \frac{3}{4} \cdot \frac{5}{6} \cdot z^3 + \cdots$$

folgt für $\vartheta \in \mathbb{R}$

$$\frac{1}{\sqrt{1 - k^2 \cdot \sin^2\vartheta}} = \sum_{\nu=0}^{\infty} \binom{-\frac{1}{2}}{\nu} \cdot (-1)^\nu \cdot k^{2\nu} \cdot \sin^{2\nu}\vartheta = 1 + \frac{1}{2} \cdot k^2 \cdot \sin^2\vartheta +$$

$$+ \frac{1}{2} \cdot \frac{3}{4} \cdot k^4 \cdot \sin^4\vartheta + \frac{1}{2} \cdot \frac{3}{4} \cdot \frac{5}{6} \cdot k^6 \cdot \sin^6\vartheta + \cdots .$$

Diese Reihe besitzt die **konvergente Majorante**

$$M = \sum_{\nu = 0}^{\infty} \binom{-\frac{1}{2}}{\nu} \cdot (-1)^{\nu} \cdot k^{2\nu} = 1 + \frac{1}{2} \cdot k^2 + \frac{1}{2} \cdot \frac{3}{4} \cdot k^4 + \frac{1}{2} \cdot \frac{3}{4} \cdot \frac{5}{6} \cdot k^6 + \ldots =$$

$$= \frac{1}{\sqrt{1 - k^2}}$$

mit von ϑ unabhängigen Gliedern und k o n v e r g i e r t daher g l e i c h m ä - ß i g. Die deshalb zulässige gliedweise Integration erbringt

$$F(\nu ; k) = \int_{0}^{\varphi} \left(1 + \frac{1}{2} \cdot k^2 \sin^2 \vartheta + \frac{1}{2} \cdot \frac{3}{4} \cdot k^4 \sin^4 \vartheta + \right.$$

$$\left. + \frac{1}{2} \cdot \frac{3}{4} \cdot \frac{5}{6} \cdot k^6 \sin^6 \vartheta + \ldots \right) d\vartheta =$$

$$= \varphi + \frac{1}{2} \cdot k^2 \cdot \left(-\frac{1}{4} \cdot \sin(2\varphi) + \frac{\varphi}{2} \right) +$$

$$+ \frac{1}{2} \cdot \frac{3}{4} \cdot k^4 \cdot \left(-\frac{1}{4} \cdot \sin^3 \varphi \cdot \cos \varphi - \frac{3}{16} \cdot \sin(2\varphi) + \frac{3}{8} \varphi \right) +$$

$$+ \frac{1}{2} \cdot \frac{3}{4} \cdot \frac{5}{6} \cdot k^6 \cdot \int_{0}^{\varphi} \sin^6 \vartheta \, d\vartheta + \ldots,$$

wobei die obigen Integrale nach der Formel 2.11 und der Rekursions-formel 2.13 ermittelt werden können.

Für $\varphi = \frac{\pi}{2}$ ergibt sich unter Beachtung von

$$\int_{0}^{\frac{\pi}{2}} \sin^{2n} x \, dx = \frac{1 \cdot 3 \cdot 5 \cdot \ldots \cdot (2n - 1)}{2 \cdot 4 \cdot 6 \cdot \ldots \cdot 2n} \cdot \frac{\pi}{2} \quad \text{mit } n \in \mathbb{N} \text{ das } \text{v o l l s t ä n d i g e}$$

e l l i p t i s c h e   N o r m a l i n t e g r a l 1. Gattung

$$K(k) = F\left(\frac{\pi}{2} ; k \right) = \int_{0}^{\frac{\pi}{2}} \frac{d\vartheta}{\sqrt{1 - k^2 \cdot \sin^2 \vartheta}} =$$

$$= \frac{\pi}{2} \cdot \left[1 + \sum_{\nu = 1}^{\infty} \left(\frac{1 \cdot 3 \cdot 5 \cdot \ldots \cdot (2\nu - 1)}{2 \cdot 4 \cdot 6 \cdot \ldots \cdot 2\nu} \right)^2 \cdot k^{2\nu} \right].$$

214. Man berechne die Maßzahl A^* des Inhaltes A des mit $f(x) = \dfrac{2}{\sqrt[3]{1 + x^2}}$

durch $\mathbb{B} = \{(x; y) \mid 0 \leqslant x \leqslant 5 \wedge 0 \leqslant y \leqslant f(x)\}$ beschriebenen Flächenstükkes.

x	0	±1	±2	±3	±4	±5	±6	...
y	2	1,59	1,17	0,93	0,78	0,68	0,60	...

Relatives Maximum M(0; 2).

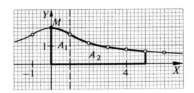

Da $\int f(x)\,dx$ nicht in geschlossener Form darstellbar ist, wird auf eine Lösung durch Reihenentwicklung zurückgegriffen, wobei unter Berücksichtigung der Konvergenzintervalle der verwendeten Reihen die Zerlegung

$$A^* = A_1^* + A_2^* \quad \text{mit} \quad A_1^* = \int_0^1 f(x)\,dx \quad \text{und} \quad A_2^* = \int_1^5 f(x)\,dx \quad \text{erfolgt.}$$

Um A_1^* zu erhalten, benutzt man die für $z \in \,]\text{-}1; 1]$ gültige b i n o m i s c h e R e i h e n e n t w i c k l u n g.

$$\frac{1}{\sqrt[3]{1 + z}} = \sum_{\nu = 0}^{\infty} \binom{-\frac{1}{3}}{\nu} \cdot z^\nu = 1 - \frac{1}{3} \cdot z + \frac{1}{3} \cdot \frac{4}{6} \cdot z^2 - \frac{1}{3} \cdot \frac{4}{6} \cdot \frac{7}{9} \cdot z^3 +$$

$$+ \frac{1}{3} \cdot \frac{4}{6} \cdot \frac{7}{9} \cdot \frac{10}{12} \cdot z^4 - + \ldots,$$

aus welcher durch die Substitution $z = x^2$ und Multiplikation mit 2

$$f(x) = \frac{2}{\sqrt[3]{1 + x^2}} = 2 \cdot \sum_{\nu = 0}^{\infty} \binom{-\frac{1}{3}}{\nu} \cdot x^{2\nu} \quad \text{für} \quad x \in [\text{-}1; 1] \text{ folgt.}$$

Die Reihendarstellung von $f(x)$ konvergiert im Integrationsintervall $[0; 1]$ gleichmäßig, weil dieses aus dem z-Intervall $[0; 1]$, einem abgeschlossenen Teilintervall der Konvergenzmenge der Potenzreihe für $\dfrac{1}{\sqrt[3]{1 + z}}$ hervorgeht.

Die deshalb zulässige gliedweise Integration führt auf

$$A_1^* = \int_0^1 f(x)\,dx = 2 \cdot \sum_{\nu = 0}^{\infty} \binom{-\frac{1}{3}}{\nu} \cdot \frac{1}{2\nu + 1} =$$

$$= 2 \cdot \left(1 - \frac{1}{3} \cdot \frac{1}{3} + \frac{1}{3} \cdot \frac{4}{6} \cdot \frac{1}{5} - \frac{1}{3} \cdot \frac{4}{6} \cdot \frac{7}{9} \cdot \frac{1}{7} + \frac{1}{3} \cdot \frac{4}{6} \cdot \frac{7}{9} \cdot \frac{10}{12} \cdot \frac{1}{9} - R_1 \right)$$

Unter Verwendung des ersten nicht mehr angeschriebenen Gliedes gilt dann

$$0 < R_1 < \frac{1}{3} \cdot \frac{4}{6} \cdot \frac{7}{9} \cdot \frac{10}{12} \cdot \frac{13}{15} \cdot \frac{1}{11} \quad \text{oder} \quad 0 < R_1 < 0,011349,$$

woraus mit $A_1^* = 2 \cdot (0,924645 \ldots - R_1)$ für A_1^* die Abschätzung $1,82659 < A_1^* < 1,84930$ folgt.

Zur Berechnung von A_2^* kann man wiederum von

$$\frac{1}{\sqrt[3]{1+z}} = \sum_{\nu=0}^{\infty} \binom{-\frac{1}{3}}{\nu} \cdot z^\nu = 1 - \frac{1}{3} \cdot z + \frac{1}{3} \cdot \frac{4}{6} \cdot z^2 - \frac{1}{3} \cdot \frac{4}{6} \cdot \frac{7}{9} \cdot z^3 +$$

$$+ \frac{1}{3} \cdot \frac{4}{6} \cdot \frac{7}{9} \cdot \frac{10}{12} \cdot z^4 - + \ldots \quad \text{für } z \in \,]-1;\,1] \text{ ausgehen.}$$

Wegen $f(x) = \dfrac{2}{\sqrt[3]{1+x^2}} = \dfrac{2}{\sqrt[3]{x^2}} \cdot \dfrac{1}{\sqrt[3]{1 + \dfrac{1}{x^2}}}$ für $x \neq 0$

ergibt sich hieraus über die Substitution $z = \dfrac{1}{x^2}$ die für $|x| \geq 1$ richtige

Darstellung

$$\frac{2}{\sqrt[3]{1+x^2}} = \frac{2}{\sqrt[3]{x^2}} \left(1 - \frac{1}{3} \cdot \frac{1}{x^2} + \frac{1}{3} \cdot \frac{4}{6} \cdot \frac{1}{x^4} - \frac{1}{3} \cdot \frac{4}{6} \cdot \frac{7}{9} \cdot \frac{1}{x^6} + \right.$$

$$\left. + \frac{1}{3} \cdot \frac{4}{6} \cdot \frac{7}{9} \cdot \frac{10}{12} \cdot \frac{1}{x^8} - + \ldots \right) .$$

Weil dem Integrationsintervall $1 \leq x \leq 5$ umkehrbar eindeutig das Intervall $\dfrac{1}{25} \leq z \leq 1$ zugeordnet werden kann, in welchem die Entwicklung von

$\dfrac{1}{\sqrt[3]{1+z}}$ gleichmäßig konvergiert, muß auch die durch Substitution erhaltene Reihe für $1 \leq x \leq 5$ gleichmäßig konvergieren. Die somit statthafte gliedweise Integration liefert

$$A_2^* = \int_1^5 f(x)\,dx = 2 \cdot \int_1^5 \left(x^{-\frac{2}{3}} - \frac{1}{3} \cdot x^{-\frac{8}{3}} + \frac{1}{3} \cdot \frac{4}{6} \cdot x^{-\frac{14}{3}} - \frac{1}{3} \cdot \frac{4}{6} \cdot \frac{7}{9} \cdot x^{-\frac{20}{3}} + \right.$$

$$\left. + \frac{1}{3} \cdot \frac{4}{6} \cdot \frac{7}{9} \cdot \frac{10}{12} \cdot x^{-\frac{26}{3}} - + \ldots \right) dx =$$

$$= 2 \cdot \sqrt[3]{x} \cdot \left(3 + \frac{1}{3} \cdot \frac{3}{5} \cdot \frac{1}{x^2} - \frac{1}{3} \cdot \frac{4}{6} \cdot \frac{3}{11} \cdot \frac{1}{x^4} + \right.$$

$$+ \frac{1}{3} \cdot \frac{4}{6} \cdot \frac{7}{9} \cdot \frac{3}{17} \cdot \frac{1}{x^6} -$$

$$\left. - \frac{1}{3} \cdot \frac{4}{6} \cdot \frac{7}{9} \cdot \frac{10}{12} \cdot \frac{3}{23} \cdot \frac{1}{x^8} + - \dots \right) \Bigg|_1^5 =$$

$$= 2 \cdot \sqrt[3]{5} \cdot \left(3 + \frac{1}{3} \cdot \frac{3}{5} \cdot \frac{1}{5^2} - \frac{1}{3} \cdot \frac{4}{6} \cdot \frac{3}{11} \cdot \frac{1}{5^4} + \right.$$

$$\left. + \frac{1}{3} \cdot \frac{4}{6} \cdot \frac{7}{9} \cdot \frac{3}{17} \cdot \frac{1}{5^6} - \frac{1}{3} \cdot \frac{4}{6} \cdot \frac{7}{9} \cdot \frac{10}{12} \cdot \frac{3}{23} \cdot \frac{1}{5^8} + R_2 \right) -$$

$$- 2 \cdot \left(3 + \frac{1}{3} \cdot \frac{3}{5} - \frac{1}{3} \cdot \frac{4}{6} \cdot \frac{3}{11} + \frac{1}{3} \cdot \frac{4}{6} \cdot \frac{7}{9} \cdot \frac{3}{17} - \right.$$

$$\left. - \frac{1}{3} \cdot \frac{4}{6} \cdot \frac{7}{9} \cdot \frac{10}{12} \cdot \frac{3}{23} + R_3 \right)$$

$$= 2 \cdot (5,143445 \dots + R_2 - 3,151108 \dots - R_3) =$$

$$= 3,984674 \dots + 2 \cdot (R_2 - R_3), \text{ wobei}$$

$$0 < R_2 < \frac{1}{3} \cdot \frac{4}{6} \cdot \frac{7}{9} \cdot \frac{10}{12} \cdot \frac{13}{15} \cdot \frac{3}{29} \cdot \frac{1}{5^{10}} < 0,000001,$$

$$0 < R_3 < \frac{1}{3} \cdot \frac{4}{6} \cdot \frac{7}{9} \cdot \frac{10}{12} \cdot \frac{13}{15} \cdot \frac{3}{29} < 0,012914,$$

also $-0,012914 < R_2 - R_3 < 0,000001$ ist. Dies bringt

$$3,95884 < A_2^* < 3,98468$$

und führt in Verbindung mit

$$1,82659 < A_1^* < 1,84930$$

auf $\quad 5,78543 < A^* < 5,83398$

oder nach weiterer Rundung auf

$$5,7854 < A^* < 5,8340,$$

woraus schließlich $A^* = 5,8097 \pm 0,0243$ folgt.

Die Zerlegung der bei gliedweiser Integration für A_2^* entstehenden Reihe in zwei Teilreihen war zulässig, weil diese - abgesehen vom jeweils ersten Glied - alternieren und den Forderungen des LEIBNIZschen Kriteriums genügen, also konvergieren.

Die verhältnismäßig geringe Genauigkeit des gefundenen Ergebnisses für die Flächenmaßzahl A^*, bedingt durch das schlechte Konvergenzverhalten der beiden Reihenentwicklungen für $x = 1$, kann durch andere Wahl der Integrationsintervalle erheblich verbessert werden.

Bei Zerlegung in $A^* = \bar{A}_1^* + \bar{A}_2^*$ mit $\bar{A}_1^* = \int\limits_{0}^{0,8} f(x)dx$ und $\bar{A}_2^* = \int\limits_{0,8}^{5} f(x)dx$

kann zur Berechnung von $\bar{A}_1^*$ wiederum die bereits verwendete, in $[-1;1]$ gültige Entwicklung

$$f(x) = \frac{2}{\sqrt[3]{1 + x^2}} = 2 \cdot \sum_{\nu = 0}^{\infty} \binom{-\frac{1}{3}}{\nu} \cdot x^{2\nu} \quad \text{herangezogen werden.}$$

Damit findet man

$$\bar{A}_1^* = 2 \cdot \left[\frac{4}{5} - \frac{1}{3} \cdot \frac{1}{3} \cdot \left(\frac{4}{5}\right)^3 + \frac{1}{3} \cdot \frac{4}{6} \cdot \frac{1}{5} \cdot \left(\frac{4}{5}\right)^5 - \frac{1}{3} \cdot \frac{4}{6} \cdot \frac{7}{9} \cdot \frac{1}{7} \cdot \left(\frac{4}{5}\right)^7 + \bar{R}_1 \right] =$$

$$= 1,504993 \ldots + 2 \cdot \bar{R}_1 \quad \text{mit } 0 < \bar{R}_1 < \frac{1}{3} \cdot \frac{4}{6} \cdot \frac{7}{9} \cdot \frac{10}{12} \cdot \frac{1}{9} \cdot \left(\frac{4}{5}\right)^9 <$$

$$< 0,002148, \text{ also } 1,50499 < \bar{A}_1^* < 1,50929.$$

Um eine in $[0,8; 5]$ gültige Entwicklung zu erhalten, kann $\int\limits_{0,8}^{5} f(x)dx$ mittels

der Substitution $1 + x^2 = z^3$ oder $x = \sqrt{z^3 - 1}$ und damit

$$dx = \frac{3z^2 \, dz}{2 \cdot \sqrt{z^3 - 1}} \quad \text{für } x \geqslant 0 \text{ in} \quad \int\limits_{\sqrt[3]{1,64}}^{\sqrt[3]{26}} \frac{3z \cdot dz}{\sqrt{z^3 - 1}} \quad \text{übergeführt werden.}$$

Da die Reihendarstellung

$$\frac{z}{\sqrt{z^3 - 1}} = \frac{1}{\sqrt{z}} \cdot \frac{1}{\sqrt{1 - \frac{1}{z^3}}} = \frac{1}{\sqrt{z}} \cdot \sum_{\nu = 0}^{\infty} (-1)^{\nu} \cdot \binom{-\frac{1}{2}}{\nu} \cdot \frac{1}{z^{3\nu}} \quad \text{in}$$

$[\sqrt[3]{1,64}; \sqrt[3]{26}]$ gleichmäßig konvergiert, folgt

$$\overline{A}_2^* = \int\limits_{\sqrt[3]{1,64}}^{\sqrt[3]{26}} \frac{3z \cdot dz}{\sqrt{z^3 - 1}} = 3 \cdot \int\limits_{\sqrt[3]{1,64}}^{\sqrt[3]{26}} \frac{1}{\sqrt{z}} \cdot \left(1 + \frac{1}{2} \cdot \frac{1}{z^3} + \frac{1}{2} \cdot \frac{3}{4} \cdot \frac{1}{z^6} + \right.$$

$$\left. + \frac{1}{2} \cdot \frac{3}{4} \cdot \frac{5}{6} \cdot \frac{1}{z^9} + \frac{1}{2} \cdot \frac{3}{4} \cdot \frac{5}{6} \cdot \frac{7}{8} \cdot \frac{1}{z^{12}} + \dots \right) dz =$$

$$= 3 \cdot \sqrt{z} \cdot \left(2 - \frac{1}{2} \cdot \frac{2}{5} \cdot \frac{1}{z^3} - \frac{1}{2} \cdot \frac{3}{4} \cdot \frac{2}{11} \cdot \frac{1}{z^6} - \frac{1}{2} \cdot \frac{3}{4} \cdot \frac{5}{6} \cdot \frac{2}{17} \cdot \frac{1}{z^9} - \right.$$

$$\left. - \frac{1}{2} \cdot \frac{3}{4} \cdot \frac{5}{6} \cdot \frac{7}{8} \cdot \frac{2}{23} \cdot \frac{1}{z^{12}} \right) \Bigg|_{\sqrt[3]{1,64}}^{\sqrt[3]{26}} - \overline{R}_2(z) \Bigg|_{\sqrt[3]{1,64}}^{\sqrt[3]{26}}$$

$$\text{mit } 0 < \overline{R}_2(z) < 3 \cdot \sqrt{z} \cdot \frac{1}{2} \cdot \frac{3}{4} \cdot \frac{5}{6} \cdot \frac{7}{8} \cdot \frac{9}{10} \cdot \frac{2}{29} \cdot \frac{1}{z^{15}} \cdot \left(1 + \frac{1}{z^3} + \frac{1}{z^6} + \dots \right) =$$

$$= \frac{189 \cdot \sqrt{z}}{3712 \cdot z^{15}} \cdot \frac{1}{1 - \frac{1}{z^3}} = \frac{189 \cdot \sqrt{z}}{3712 \cdot z^{12} \cdot (z^3 - 1)}.$$

Damit findet man über

$$\overline{A}_2^* = 10,2868901 \dots - \overline{R}_2(\sqrt[3]{26}) - 5,9979173 \dots + \overline{R}_2(\sqrt[3]{1,64})$$

mit $\overline{R}_2(\sqrt[3]{26}) < 0,000000008$ und $\overline{R}_2(\sqrt[3]{1,64}) < 0,0119427904$

$$4,28897 < \overline{A}_2^* < 4,30092.$$

Zusammen mit

$$1,50499 < \overline{A}_1^* < 1,50929$$

folgt schließlich die gesuchte Flächenmaßzahl aus

$$5,79396 < A^* < 5,81021$$

zu $A^* = 5,8021 \pm 0,0082$.

---

215. Man berechne die Maßzahl A^* der Fläche vom Inhalt A, die von dem Graphen mit der Gleichung $y = f(x) = \sqrt[4]{16 - x^2}$, der X-Achse und dem Parallelenpaar $g_{1;2} = x \pm 2 = 0$ begrenzt ist.

x	0	±1	±2	±3	±3,5	±4
y	2	1,97	1,86	1,63	1,39	0

;

R e l a t i v e s   M a x i m u m   M(0; 2)

Wegen des symmetrischen Kurvenverlaufs bezüglich der Y-Achse
läßt sich die Flächenmaßzahl A^*
bei Verwendung der für $x \in [-4;4]$
konvergenten **b i n o m i s c h e n**
R e i h e

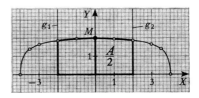

$$f(x) = 2 \cdot \sqrt[4]{1 - \left(\frac{x}{4}\right)^2} = 2 \cdot \sum_{\nu = 0}^{\infty} \binom{\frac{1}{4}}{\nu} \cdot (-1)^{\nu} \cdot \left(\frac{x}{4}\right)^{2\nu} =$$

$$= 2 \left[1 - \frac{1}{4} \cdot \left(\frac{x}{4}\right)^2 - \frac{1}{4} \cdot \frac{3}{8} \cdot \left(\frac{x}{4}\right)^4 - \frac{1}{4} \cdot \frac{3}{8} \cdot \frac{7}{12} \cdot \left(\frac{x}{4}\right)^6 - \right.$$

$$\left. - \frac{1}{4} \cdot \frac{3}{8} \cdot \frac{7}{12} \cdot \frac{11}{16} \cdot \left(\frac{x}{4}\right)^8 - \ldots \right]$$

durch

$$A^* = 2 \cdot \int_0^2 2 \cdot \left(1 - \frac{1}{4^3} \cdot x^2 - \frac{1}{4^5} \cdot \frac{3}{8} \cdot x^4 - \frac{1}{4^7} \cdot \frac{3}{8} \cdot \frac{7}{12} \cdot x^6 - \right.$$

$$\left. - \frac{1}{4^9} \cdot \frac{3}{8} \cdot \frac{7}{12} \cdot \frac{11}{16} \cdot x^8 - \ldots \right) dx =$$

$$= 4 \cdot \left[x - \frac{1}{4^3} \cdot \frac{x^3}{3} - \frac{1}{4^5} \cdot \frac{3}{8} \cdot \frac{x^5}{5} - \frac{1}{4^7} \cdot \frac{3}{8} \cdot \frac{7}{12} \cdot \frac{x^7}{7} - \right.$$

$$\left. - \frac{1}{4^9} \cdot \frac{3}{8} \cdot \frac{7}{12} \cdot \frac{11}{16} \cdot \frac{x^9}{9} - \ldots \right]_0^2 =$$

$$= 4 \cdot \left(2 - \frac{1}{4^3} \cdot \frac{2^3}{3} - \frac{1}{4^5} \cdot \frac{3}{8} \cdot \frac{2^5}{5} - \frac{1}{4^7} \cdot \frac{3}{8} \cdot \frac{7}{12} \cdot \frac{2^7}{7} - \right.$$

$$\left. - \frac{1}{4^9} \cdot \frac{3}{8} \cdot \frac{7}{12} \cdot \frac{11}{16} \cdot \frac{2^9}{9} - R \right) =$$

$$= 4 \cdot \left(2 - \frac{1}{24} - \frac{3}{1280} - \frac{1}{4096} - \frac{77}{2359296} - R \right) = 7,822851 \ldots - 4\,R$$

angeben.

Der Rest R kann mit Hilfe einer geometrischen Reihe durch

$$0 < R = \frac{1}{4^{11}} \cdot \frac{3}{8} \cdot \frac{7}{12} \cdot \frac{11}{16} \cdot \frac{15}{20} \cdot 2^{11} \cdot \left(\frac{1}{11} + \frac{1}{4^2} \cdot \frac{19}{24} \cdot \frac{2^2}{13} + \right.$$

$$\left. + \frac{1}{4^4} \cdot \frac{19}{24} \cdot \frac{23}{28} \cdot \frac{2^4}{15} + \ldots \right) <$$

$$< \frac{1}{2^{11}} \cdot \frac{231}{2048} \cdot \left(\frac{1}{11} + \frac{1}{2^2 \cdot 13} + \frac{1}{2^4 \cdot 15} + \ldots \right) <$$

$$< \frac{1}{11 \cdot 2^{11}} \cdot \frac{231}{2048} \cdot \left(1 + \frac{1}{4} + \frac{1}{4^2} + \ldots \right) =$$

$$= \frac{1}{11 \cdot 2^{11}} \cdot \frac{231}{2048} \cdot \frac{1}{1 - \frac{1}{4}} = \frac{231}{33 \cdot 2^9 \cdot 2048} < 0,0000067$$

abgeschätzt werden.

Mit $0 < 4\,R < 0,00003$ gilt daher $7,82282 < A^* < 7,82286$ oder
$A^* = 7,82284 \pm 0,00002$.

---

216. Wie groß ist die Maßzahl A^* der Fläche vom Inhalt A, die von dem

Graphen mit der Gleichung $y = f(x) = \begin{cases} \dfrac{\sin x}{x} & \text{, falls } x \neq 0 \\ 1 & \text{, falls } x = 0 \end{cases}$

sowie den beiden positiven Koordinatenachsen in $0 \leqslant x \leqslant \pi$ berandet ist?

x	0	$\pm\frac{\pi}{6}$	$\pm\frac{\pi}{3}$	$\pm\frac{\pi}{2}$	$\pm\frac{2\pi}{3}$	$\pm\frac{5\pi}{6}$	$\pm\pi$	$\pm\frac{7\pi}{6}$	$\pm\frac{4\pi}{3}$
y	1	0,95	0,83	0,64	0,41	0,19	0	-0,14	-0,21

x	$\pm\frac{3\pi}{2}$	$\pm\frac{5\pi}{3}$	$\pm\frac{11\pi}{6}$	$\pm 2\pi$	$\pm\frac{13\pi}{6}$
y	-0,21	-0,17	-0,09	0	0,07 ...

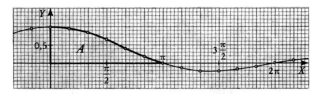

Das nicht mehr in geschlossener Form darstellbare Integral

$$Si(\pi) = \int_0^\pi \frac{\sin x}{x}\,dx \quad (\text{Integralsinus}) \text{ kann unter Verwendung der für}$$

$x \in \mathbb{R}$ gültigen MAC LAURINschen Reihe

$$\sin x = \sum_{\nu=0}^{\infty} (-1)^\nu \cdot \frac{x^{2\nu+1}}{(2\nu+1)!} = x - \frac{x^3}{3!} + \frac{x^5}{5!} - \frac{x^7}{7!} + \frac{x^9}{9!} - + \dots$$

ermittelt werden.

Über $f(x) = \displaystyle\sum_{\nu=0}^{\infty} (-1)^\nu \cdot \frac{x^{2\nu}}{(2\nu+1)!} = 1 - \frac{x^2}{3!} + \frac{x^4}{5!} - \frac{x^6}{7!} + \frac{x^8}{9!} - + \dots$

für $x \in \mathbb{R}$ wird so

$$Si(\pi) = \int_0^\pi f(x)\,dx = \sum_{\nu=0}^{\infty} (-1)^\nu \cdot \frac{1}{(2\nu+1)! \cdot (2\nu+1)} \cdot x^{2\nu+1} \Bigg|_0^\pi =$$

$$= \pi - \frac{\pi^3}{3! \cdot 3} + \frac{\pi^5}{5! \cdot 5} - \frac{\pi^7}{7! \cdot 7} + \frac{\pi^9}{9! \cdot 9} - R = 1,852572 \dots - R$$

mit $0 < R < \dfrac{\pi^{11}}{11! \cdot 11} < 0,000671,$

also $1,851901 \dots < Si(\pi) < 1,852572 \dots$.

---

217. Es soll der Umfang U einer Ellipse
mit Halbachsen von den Längen
a und $b < a$ berechnet werden.

Bei Verwendung der Parameterdarstellung
$x = f(\varphi) = a \cdot \cos\varphi$, $y = g(\varphi) = b \cdot \sin\varphi$
mit $0 \leqslant \varphi < 2\pi$ für einen die Ellipse
durchlaufenden Punkt 0 kann der Umfang U
durch

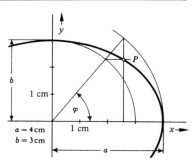

$$U = 4 \cdot \int_0^{\frac{\pi}{2}} \sqrt{\left[\frac{df(\varphi)}{d\varphi}\right]^2 + \left[\frac{dg(\varphi)}{d\varphi}\right]^2} \; d\varphi =$$

$$= 4 \cdot \int_0^{\frac{\pi}{2}} \sqrt{a^2 \sin^2\varphi + b^2 \cos^2\varphi} \; d\varphi = 4a \int_0^{\frac{\pi}{2}} \sqrt{1 - \epsilon^2 \cos^2\varphi} \; d\varphi$$

und $\epsilon = \frac{1}{a} \cdot \sqrt{a^2 - b^2} < 1$ als n u m e r i s c h e   E x z e n t r i z i t ä t ange-

gegeben werden, wobei nachweisbar keine geschlossen darstellbare Stammfunktionen des Integranden vorhanden sind.

Mit der für $z \in [-1; 1]$ gültigen b i n o m i s c h e n   R e i h e n e n t w i c k l u n g

$$\sqrt{1 - z} = \sum_{\nu = 0}^{\infty} \binom{\frac{1}{2}}{\nu} \cdot (-1)^\nu \cdot z^\nu = 1 - \frac{1}{2} \cdot z - \frac{1}{2} \cdot \frac{1}{4} \cdot z^2 - \frac{1}{2} \cdot \frac{1}{4} \cdot \frac{3}{6} \cdot z^3 -$$

$$- \frac{1}{2} \cdot \frac{1}{4} \cdot \frac{3}{6} \cdot \frac{5}{8} \cdot z^4 - \dots \qquad \text{folgt wegen } |\epsilon \cos\varphi| < 1$$

$$\sqrt{1 - \epsilon^2 \cdot \cos^2\varphi} = \sum_{\nu = 0}^{\infty} \binom{\frac{1}{2}}{\nu} \cdot (-1)^\nu \cdot \epsilon^{2\nu} \cos^{2\nu}\varphi =$$

$$= 1 - \frac{1}{2} \cdot \epsilon^2 \cdot \cos^2\varphi - \frac{1}{2} \cdot \frac{1}{4} \cdot \epsilon^4 \cdot \cos^4\varphi -$$

$$- \frac{1}{2} \cdot \frac{1}{4} \cdot \frac{3}{6} \cdot \epsilon^6 \cdot \cos^6\varphi - \frac{1}{2} \cdot \frac{1}{4} \cdot \frac{3}{6} \cdot \frac{5}{8} \cdot \epsilon^8 \cdot \cos^8\varphi - \dots$$

für $\varphi \in \mathbb{R}$. Diese Entwicklung konvergiert in jedem reellen Zahlenintervall g l e i c h m ä ß i g , weil wegen $\left| \binom{\frac{1}{2}}{\nu} \right| \leqslant 1$ und $0 < \epsilon < 1$ die k o n -

v e r g e n t e   M a j o r a n t e $\sum_{\nu = 0}^{\infty} \epsilon^{2\nu} = \dfrac{1}{1 - \epsilon^2}$ vorhanden ist.

Die somit zulässige gliedweise Integration liefert

$$U = 4a \cdot \int_0^{\frac{\pi}{2}} \sqrt{1 - \epsilon^2 \cos^2\varphi} \; d\varphi = 4a \cdot \sum_{\nu = 0}^{\infty} \binom{\frac{1}{2}}{\nu} \cdot (-1)^\nu \cdot \epsilon^{2\nu} \cdot \int_0^{\frac{\pi}{2}} \cos^{2\nu}\varphi \, d\varphi .$$

Unter Verwendung der sich für $n \in \mathbb{N}$ aus Formel 2.21 ergebenden Beziehung

$$\int_0^{\frac{\pi}{2}} \cos^{2n}\varphi \, \mathrm{d}\varphi = \frac{1 \cdot 3 \cdot 5 \ \ldots \ (2n-1)}{2 \cdot 4 \cdot 6 \ \ldots \ 2n} \cdot \frac{\pi}{2} \quad \text{wird so}$$

$$U = 2a \cdot \pi \cdot \left[1 + \sum_{\nu=1}^{\infty} \binom{\frac{1}{2}}{\nu} \cdot (-1)^{\nu} \cdot \epsilon^{2\nu} \cdot \frac{1 \cdot 3 \cdot 5 \ \ldots \ (2\nu-1)}{2 \cdot 4 \cdot 6 \ \ldots \ 2\nu} \right] =$$

$$= 2a \cdot \pi \cdot \left(1 - \frac{1}{2} \cdot \epsilon^2 \cdot \frac{1}{2} - \frac{1}{2} \cdot \frac{1}{4} \cdot \epsilon^4 \cdot \frac{1}{2} \cdot \frac{3}{4} - \frac{1}{2} \cdot \frac{1}{4} \cdot \frac{3}{6} \cdot \epsilon^6 \cdot \frac{1 \cdot 3 \cdot 5}{2 \cdot 4 \cdot 6} - \right.$$

$$\left. - \frac{1}{2} \cdot \frac{1}{4} \cdot \frac{3}{6} \cdot \frac{5}{8} \cdot \epsilon^8 \cdot \frac{1 \cdot 3 \cdot 5 \cdot 7}{2 \cdot 4 \cdot 6 \cdot 8} - R \right) =$$

$$= 2a \cdot \pi \cdot \left[1 - \left(\frac{1}{2}\right)^2 \cdot \epsilon^2 - \frac{1}{3} \cdot \left(\frac{1 \cdot 3}{2 \cdot 4}\right)^2 \cdot \epsilon^4 - \frac{1}{5} \cdot \left(\frac{1 \cdot 3 \cdot 5}{2 \cdot 4 \cdot 6}\right)^2 \cdot \epsilon^6 - \right.$$

$$\left. - \frac{1}{7} \cdot \left(\frac{1 \cdot 3 \cdot 5 \cdot 7}{2 \cdot 4 \cdot 6 \cdot 8}\right)^2 \cdot \epsilon^8 - R \right] .$$

Hierbei genügt der Rest $R > 0$ der Abschätzung

$$R = \left(\frac{1 \cdot 3 \cdot 5 \cdot 7 \cdot 9}{2 \cdot 4 \cdot 6 \cdot 8 \cdot 10}\right)^2 \cdot \epsilon^{10} \cdot \left[\frac{1}{9} + \frac{1}{11} \cdot \left(\frac{11}{12}\right)^2 \cdot \epsilon^2 + \right.$$

$$\left. + \frac{1}{13} \cdot \left(\frac{11}{12}\right)^2 \cdot \left(\frac{13}{14}\right)^2 \cdot \epsilon^4 + \frac{1}{15} \cdot \left(\frac{11}{12}\right)^2 \cdot \left(\frac{13}{14}\right)^2 \cdot \left(\frac{15}{16}\right)^2 \cdot \epsilon^6 + \ldots \right] <$$

$$< \frac{1}{9} \cdot \left(\frac{1 \cdot 3 \cdot 5 \cdot 7 \cdot 9}{2 \cdot 4 \cdot 6 \cdot 8 \cdot 10}\right)^2 \cdot \epsilon^{10} (1 + \epsilon^2 + \epsilon^4 + \epsilon^6 + \ldots) =$$

$$= \frac{1}{9} \cdot \left(\frac{1 \cdot 3 \cdot 5 \cdot 7 \cdot 9}{2 \cdot 4 \cdot 6 \cdot 8 \cdot 10}\right)^2 \cdot \frac{\epsilon^{10}}{1 - \epsilon^2} .$$

Für die speziellen Werte $a = 4$ cm und $b = 3$ cm berechnet sich mit $\epsilon^2 = \frac{7}{16}$ der Umfang U zu

U = $8\pi \cdot (0,87962596 \ldots - R)$ cm = $22,107411 \ldots$ cm $- 8\pi \cdot R$ cm
mit $0 < 8\pi \cdot R < 0,004820$; es gilt also $22,1025$ cm $< U < 22,1075$ cm.

Durch die Substitution $\varphi = \frac{\pi}{2} - \vartheta$ läßt sich $\int_0^{\frac{\pi}{2}} \sqrt{1 - \epsilon^2 \cdot \cos^2\varphi} \, \mathrm{d}\varphi$ auf

das **vollständige elliptische Normalintegral 2. Gattung**

$$E(\epsilon) = E\left(\frac{\pi}{2}; \epsilon\right) = \int_0^{\frac{\pi}{2}} \sqrt{1 - \epsilon^2 \cdot \sin^2\vartheta} \; d\vartheta =$$

$$= \frac{\pi}{2} \cdot \left[1 - \sum_{\nu=1}^{\infty} \left(\frac{1 \cdot 3 \cdot 5 \cdot \ldots \cdot (2\nu - 1)}{2 \cdot 4 \cdot 6 \cdot \ldots \cdot 2\nu}\right)^2 \cdot \frac{k^{2\nu}}{2\nu - 1}\right]$$

zurückführen.

218. Die Längenabmessungen der von einer Maschine hergestellten Draht-stifte genügen einer Normalverteilung mit dem Mittelwert $\mu = 30,70$ mm und der Standardabweichung $\sigma = 0,08$ mm.

Ein Abnehmer bezieht eine Sendung dieser Drahtstifte. Toleriert er Län-gen zwischen $\mu - \delta$ und $\mu + \delta$ mit $\delta > 0$, hier speziell $\delta = 0,10$ mm, so ist der zu erwartende Anteil P von Drahtstiften innerhalb dieser Ab-

messungen $\quad P = \dfrac{1}{\sigma \cdot \sqrt{2\pi}} \cdot \displaystyle\int_{\mu - \delta}^{\mu + \delta} e^{-\frac{1}{2} \cdot \left(\frac{z - \mu}{\sigma}\right)^2} \; dz.$

Man ermittle P, indem man zunächst die Substitution $w = \dfrac{z - \mu}{\sigma}$ vor-nimmt und dann das sich ergebende Integral durch Reihenentwicklung des Integranden auswertet.

Mit $w = \dfrac{z - \mu}{\sigma}$, also $dw = \dfrac{dz}{\sigma}$, ergibt sich

$$P = \frac{1}{\sqrt{2\pi}} \cdot \int_{-\frac{\delta}{\sigma}}^{\frac{\delta}{\sigma}} e^{-\frac{1}{2} \cdot w^2} \; dw = \frac{2}{\sqrt{2\pi}} \cdot \int_0^{\frac{\delta}{\sigma}} e^{-\frac{1}{2} \cdot w^2} \; dw = \frac{2}{\sqrt{2\pi}} \cdot \int_0^{\lambda} e^{-\frac{1}{2} \cdot w^2} \; dw,$$

wenn $\dfrac{\delta}{\sigma} = \lambda = 1,25$ gesetzt wird.

$$y = \frac{1}{\sqrt{2\pi}} \cdot e^{-\frac{1}{2} w^2} \; ;$$

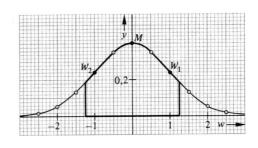

w	0	±0,5	±1	±1,5	±2	±2,5	±3	...
y	0,3989	0,3521	0,2420	0,1295	0,0540	0,0175	0,0044...	

Maximum M(0; 0,3989), Wendepunkte $W_{1,2}(\pm1; 0,2420)$.

Da die Ermittlung des Integralwertes P auf elementare Weise nachweisbar nicht möglich ist, zieht man die MAC LAURINentwicklung der Expo-

nentialfunktion $e^x = \sum_{\nu=0}^{\infty} \dfrac{x^\nu}{\nu!} = 1 + \dfrac{x}{1!} + \dfrac{x^2}{2!} + \dfrac{x^3}{3!} + \dfrac{x^4}{4!} + \cdots$

für $x \in \mathbb{R}$ heran, substituiert $x = -\dfrac{1}{2}w^2$ und erhält so

$$e^{-\frac{1}{2}\cdot w^2} = \sum_{\nu=0}^{\infty} (-1)^\nu \cdot \frac{w^{2\nu}}{2^\nu \cdot \nu!} = 1 - \frac{w^2}{2^1 \cdot 1!} + \frac{w^4}{2^2 \cdot 2!} - \frac{w^6}{2^3 \cdot 3!} + \frac{w^8}{2^4 \cdot 4!} -$$

$$- \frac{w^{10}}{2^5 \cdot 5!} + - \cdots \quad \text{für } w \in \mathbb{R}.$$

Nach gliedweiser Integration ergibt sich

$$P = \frac{2}{\sqrt{2\pi}} \cdot \int_0^\lambda e^{-\frac{1}{2}w^2}\, dw = \frac{2}{\sqrt{2\pi}} \cdot \sum_{\nu=0}^{\infty} (-1)^\nu \cdot \frac{\lambda^{2\nu+1}}{2^\nu \cdot \nu! \cdot (2\nu+1)} =$$

$$= \frac{2}{\sqrt{2\pi}} \cdot \left[\frac{\lambda}{1 \cdot 0! \cdot 1} - \frac{\lambda^3}{2^1 \cdot 1! \cdot 3} + \frac{\lambda^5}{2^2 \cdot 2! \cdot 5} - \frac{\lambda^7}{2^3 \cdot 3! \cdot 7} + \frac{\lambda^9}{2^4 \cdot 4! \cdot 9} - \right.$$

$$\left. - \frac{\lambda^{11}}{2^5 \cdot 5! \cdot 11} \right] + R, \quad \text{mit R als Restglied.}$$

Für $\lambda = 1,25$ errechnet sich $P = 0,788678 \ldots + R$. Das erste wegge-

lassene Reihenglied ist $\dfrac{2}{\sqrt{2\pi}} \cdot \dfrac{\lambda^{13}}{2^6 \cdot 6! \cdot 13} = 0,000024 \ldots < 0,000025$

und trägt positives Vorzeichen. Da die Voraussetzungen des LEIBNIZ-schen Kriteriums für alternierende Reihen erfüllt sind, gilt $0 < R < 0,000025$, also $0,788678 \ldots < P < 0,788703 \ldots$. Der Abnehmer kann also erwarten, daß etwa 79 % der Lieferung seiner Toleranzforderung genügt, während ca. 21 % Ausschuß ist.

In vielen Zahlentafeln ist die GAUSSsche Verteilungsfunktion

$$\Phi(x) = \frac{1}{\sqrt{2\pi}} \cdot \int\limits_{-\infty}^{x} e^{-\frac{1}{2}t^2}\, dt \quad \text{für } x > 0 \text{ tabelliert.}^{*)} \quad \text{Weil } \lim_{x \to +\infty} \Phi(x) = 1$$

(vgl. Nr. 236) und die Integrandenfunktion gerade ist, gilt für $x < 0$ die Beziehung $\Phi(x) = 1 - \Phi(|x|)$.

Wegen $P = \dfrac{1}{\sqrt{2\pi}} \cdot \int\limits_{-\lambda}^{\lambda} e^{-\frac{1}{2}w^2}\, dw$ ergibt sich so schneller

$$P = \Phi(\lambda) - \Phi(-\lambda) = \Phi(\lambda) - [1 - \Phi(\lambda)] = 2 \cdot \Phi(\lambda) - 1 \approx$$

$$\approx 2 \cdot 0,894350 - 1 \approx 0,788700.$$

5. Fouriersche Reihen

219. Gegeben ist die 2π-periodische Funktion

$$y = f(x) = \begin{cases} c_1 & \text{in } 0 < x < \pi \\ \dfrac{c_1 + c_2}{2} & \text{in } x = 0 \quad \text{und} \quad x = \pi \\ c_2 & \text{in } \pi < x < 2\pi \end{cases}$$

mit $c_1,\ c_2 \in \mathbb{R}$.

Wie lautet ihre FOURIERsche Reihendarstellung?

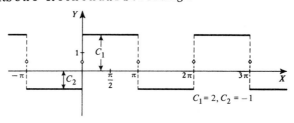

$$c_1 = 2,\ c_2 = -1$$

Jede periodische Funktion $y = f(x) = f(x + T)$, deren Grundintervall $(0; T) \in \mathbb{R}$ in eine endliche Anzahl von Teilintervallen zerlegbar ist, in denen $y = f(x)$ stetig und monoton ist, und bei der an jeder Unstetigkeitsstelle die beiderseitigen Grenzwerte definiert sind, kann durch die konvergente unendliche trigonometrische Reihe

---

*) Siehe z.B. Taschenbuch der Mathematik, Oldenbourg Verlag.

$$TR(x) = \frac{a_0}{2} + \sum_{\nu=1}^{\infty} \left[a_\nu \cdot \cos\left(\frac{2\nu\pi}{T} \cdot x\right) + b_\nu \cdot \sin\left(\frac{2\nu\pi}{T} \cdot x\right) \right]$$

approximiert werden. Die Koeffizienten sind hierbei durch

$$a_\nu = \frac{2}{T} \cdot \int_0^T f(x) \cdot \cos\left(\frac{2\nu\pi}{T} \cdot x\right) dx$$

und

$$b_\nu = \frac{2}{T} \cdot \int_0^T f(x) \cdot \sin\left(\frac{2\nu\pi}{T} \cdot x\right) dx \quad \text{mit } \nu = 0, 1, 2, \ldots$$

festgelegt. An allen stetigen Stellen ist TR(x) = f(x), an allen Unstetig-keitsstellen gilt

$$TR(x) = \lim_{\epsilon \to 0+0} \frac{f(x-\epsilon) + f(x+\epsilon)}{2} \ .$$

Die Integrationsintervalle zur Ermittlung der Koeffizienten können hierbei, falls zweckmäßig, auch über jedes andere Intervall der Länge T genommmen werden.

Im vorliegenden Beispiel berechnen sich mit $T = 2\pi$

$$a_0 = \frac{1}{\pi} \cdot \int_0^{2\pi} f(x)\,dx = \frac{C_1}{\pi} \cdot \int_0^{\pi} dx + \frac{C_2}{\pi} \cdot \int_\pi^{2\pi} dx = \frac{C_1}{\pi} \cdot x \Big|_0^{\pi} + \frac{C_2}{\pi} \cdot x \Big|_\pi^{2\pi} = C_1 + C_2,$$

oder einfacher elementar $a_0 = \frac{1}{\pi}(\pi \cdot C_1 + \pi \cdot C_2) = C_1 + C_2,$

$$a_\nu = \frac{C_1}{\pi} \cdot \int_0^{\pi} \cos(\nu x)\,dx + \frac{C_2}{\pi} \cdot \int_\pi^{2\pi} \cos(\nu x)\,dx =$$

$$= \frac{C_1}{\nu \cdot \pi} \cdot \sin(\nu x) \Big|_0^{\pi} + \frac{C_2}{\nu \cdot \pi} \sin(\nu x) \Big|_\pi^{2\pi} = 0 \quad \text{für } \nu = 1, 2, 3, \ldots \text{ und}$$

$$b_\nu = \frac{C_1}{\pi} \cdot \int_0^{\pi} \sin(\nu x)\,dx + \frac{C_2}{\pi} \cdot \int_\pi^{2\pi} \sin(\nu x)\,dx = -\frac{C_1}{\nu\,\pi} \cdot \cos(\nu x) \Big|_0^{\pi} -$$

$$- \frac{C_2}{\nu\,\pi} \cdot \cos(\nu x) \Big|_\pi^{2\pi} = \frac{C_1}{\nu \cdot \pi} \cdot [1 - \cos(\nu\pi)] + \frac{C_2}{\nu \cdot \pi} \cdot [\cos(\nu\pi) - 1] =$$

$$= \frac{C_1 - C_2}{\nu \cdot \pi} \cdot [1 - \cos(\nu\pi)] = \frac{C_1 - C_2}{\nu \cdot \pi} \cdot [1 - (-1)^\nu] =$$

$$= \begin{cases} \dfrac{2(C_1 - C_2)}{\nu \cdot \pi} & \text{für } \nu \text{ ungerade} \\ \\ 0 & \text{für } \nu \text{ gerade.} \end{cases}$$

Somit lautet die gesuchte Reihendarstellung

$$TR(x) = \frac{C_1 + C_2}{2} + \frac{2(C_1 - C_2)}{\pi} \left[\frac{\sin x}{1} + \frac{\sin(3x)}{3} + \frac{\sin(5x)}{5} + \right.$$

$$\left. + \frac{\sin(7x)}{7} + \ldots \right] = \frac{C_1 + C_2}{2} + \frac{2(C_1 - C_2)}{\pi} \sum_{\mu = 0}^{\infty} \frac{\sin(2\mu + 1) \cdot x}{2\mu + 1}.$$

Insbesondere ergibt sich unter Verwendung von

$$\sum_{\nu = 0}^{\infty} \frac{(-1)^{\nu}}{2\nu + 1} = 1 - \frac{1}{3} + \frac{1}{5} - \frac{1}{7} + - \ldots = \arctan 1 = \frac{\pi}{4}$$

$$TR\left(\frac{\pi}{2}\right) = \frac{C_1 + C_2}{2} + \frac{2(C_1 - C_2)}{\pi} \cdot \left(1 - \frac{1}{3} + \frac{1}{5} - \frac{1}{7} + - \ldots \right) =$$

$$= \frac{C_1 + C_2}{2} + \frac{2(C_1 - C_2)}{\pi} \cdot \frac{\pi}{4} = C_1 \, ;$$

$$TR(\pi) = \frac{C_1 + C_2}{2} \, ;$$

$$TR\left(\frac{3\pi}{2}\right) = \frac{C_1 + C_2}{2} + \frac{2(C_1 - C_2)}{\pi} \left(-1 + \frac{1}{3} - \frac{1}{5} + \frac{1}{7} - + \ldots \right) =$$

$$= \frac{C_1 + C_2}{2} + \frac{2(C_1 - C_2)}{\pi} \cdot \arctan(-1) = C_2.$$

Für die in der Abbildung verwendeten Zahlenwerte $C_1 = 2$ und $C_2 = -1$ lautet die FOURIERsche Reihe

$$TR(x) = \frac{1}{2} + \frac{6}{\pi} \cdot \left[\sin x + \frac{1}{3} \cdot \sin(3x) + \frac{1}{5} \cdot \sin(5x) + \frac{1}{7} \cdot \sin(7x) + \ldots \right] =$$

$$= \frac{1}{2} + \frac{6}{\pi} \cdot \sum_{\mu = 0}^{\infty} \frac{\sin(2\mu + 1) \cdot x}{2\mu + 1}.$$

$$y_1 = \frac{6}{\pi} \cdot \sin x, \quad y_2 = \frac{2}{\pi} \cdot \sin(3x), \quad y_3 = \frac{6}{5\pi} \cdot \sin(5x);$$

x	0°	6°	12°	18°	24°	30°	36°	42°	48°
y_1	0	0,20	0,40	0,59	0,78	0,95	1,12	1,28	1,42
y_2	0	0,20	0,37	0,52	0,61	0,64	0,61	0,52	0,37
y_3	0	0,19	0,33	0,38	0,33	0,19	0	-0,19	-0,33
$\frac{1}{2} + \sum\limits_{\nu=1}^{3} y_\nu$	0,5	1,09	1,60	1,99	2,22	2,28	2,23	2,11	1,96

x	54°	60°	66°	72°	78°	84°	90°	$\dots$
y_1	1,55	1,65	1,74	1,82	1,87	1,90	1,91	$\dots$
y_2	0,20	0	-0,20	-0,37	-0,52	-0,61	-0,64	$\dots$
y_3	-0,38	-0,33	-0,19	0	0,19	0,33	0,38	$\dots$
$\frac{1}{2} + \sum\limits_{\nu=1}^{3} y_\nu$	1,87	1,82	1,85	1,95	2,04	2,12	2,15	$\dots$

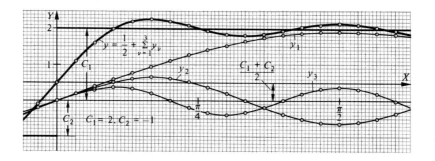

Trägt man $\dfrac{a_o}{2}$ und die Amplitudenmaßzahlen b_ν mit $\nu = 1, 2, 3, \dots$ der Teilschwingungen

$$y_\nu = b_\nu \sin(\nu x)$$

in Abhängigkeit von
den Maßzahlen ν ihrer
Kreisfrequenzen auf,
so ergibt sich das ab-
gebildete S p e k t r u m
für die Maßzahlen A_ν
der Amplituden.

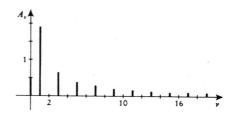

220. Die π-periodische Funktion

$$y = f(x) = \begin{cases} \dfrac{2\,C}{\pi}\cdot x & \text{in } 0 \leqslant x \leqslant \dfrac{\pi}{2} \\[3mm] -\dfrac{2\,C}{\pi}\cdot(x-\pi) & \text{in } \dfrac{\pi}{2}\leqslant x\leqslant\pi \end{cases}$$

mit $C\in\mathbb{R}$ ist in ihre FOURIERsche Reihe zu entwickeln.

Da die vorgelegte
Funktion gerade
ist, d.h. $f(-x) =$
$f(x)$, treten in der
zugehörigen Reihe
keine Sinusglieder
auf, und es gilt des-
halb mit $T = \pi$

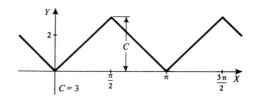

$$TR(x) = \frac{a_0}{2} + \sum_{\nu=1}^{\infty} a_\nu\cdot\cos(2\nu x) \quad\text{und}\quad a_\nu = \frac{2}{\pi}\cdot\int_{-\frac{\pi}{2}}^{\frac{\pi}{2}} f(x)\cdot\cos(2\nu x)\,dx =$$

$$= \frac{4}{\pi}\cdot\int_0^{\frac{\pi}{2}} f(x)\cdot\cos(2\nu x)\,dx,$$

wobei zur Ausnützung der Symmetrieeigenschaft das Integrationsintervall $\left[-\dfrac{\pi}{2};\dfrac{\pi}{2}\right]$ herangezogen wird.

Es berechnen sich

$$a_0 = \frac{4}{\pi}\cdot\int_0^{\frac{\pi}{2}}\frac{2\,C}{\pi}\,x\,dx = \frac{4\,C}{\pi^2}\cdot x^2\Big|_0^{\frac{\pi}{2}} = C$$

oder kürzer elementar $a_0 = \dfrac{4}{\pi}\cdot\dfrac{\pi}{4}\cdot C = C$,

und mit Verwendung von Formel 2.39

$$a_\nu = \frac{8\,C}{\pi^2}\cdot\int_0^{\frac{\pi}{2}} x\cdot\cos(2\nu x)\,dx = \frac{8\,C}{\pi^2}\cdot\left[\frac{x\cdot\sin(2\nu x)}{2\cdot\nu} + \frac{1}{4\cdot\nu^2}\cdot\cos(2\nu x)\right]_0^{\frac{\pi}{2}} =$$

$$= \frac{2\,C}{\nu^2\cdot\pi^2}\cdot[\cos(\nu x)-1] = \frac{2\,C}{\nu^2\cdot\pi^2}\cdot[(-1)^\nu-1] =$$

$$= \begin{cases} -\dfrac{4\,C}{\nu^2\cdot\pi^2} & \text{für } \nu \text{ ungerade} \\[3mm] 0 & \text{für } \nu \text{ gerade} \end{cases} \qquad \text{mit } \nu = 1,2,3,\ldots.$$

Mit diesem Ergebnis folgt die Reihendarstellung

$$TR(x) = \frac{C}{2} - \frac{4C}{\pi^2} \cdot \left[\cos(2x) + \frac{1}{9} \cdot \cos(6x) + \frac{1}{25} \cdot \cos(10x) + \ldots \right] =$$

$$= \frac{C}{2} - \frac{4C}{\pi^2} \cdot \sum_{\mu=0}^{\infty} \frac{\cos(4\mu + 2)x}{(2\mu + 1)^2} \cdot$$

$$y_1 = -\frac{4C}{\pi^2} \cdot \cos(2x), \qquad y_2 = -\frac{4C}{9\pi^2} \cdot \cos(6x);$$

x	0°	10°	15°	20°	30°	40°	45°
$\dfrac{y_1}{C}$	-0,405	-0,381	-0,351	-0,310	-0,203	-0,070	0
$\dfrac{y_2}{C}$	-0,045	-0,023	0	0,023	0,045	0,023	0
$\dfrac{1}{C}(y_1 + y_2)$	-0,450	-0,404	-0,351	-0,287	-0,158	-0,047	0

x	50°	60°	70°	75°	80°	90°	$\ldots$
$\dfrac{y_1}{C}$	0,070	0,203	0,310	0,351	0,381	0,405	$\ldots$
$\dfrac{y_2}{C}$	-0,023	-0,045	-0,023	0	0,023	0,045	$\ldots$
$\dfrac{1}{C}(y_1 + y_2)$	0,047	0,158	0,287	0,351	0,403	0,450	$\ldots$

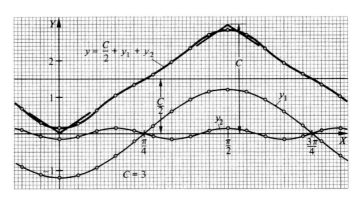

Im zugehörigen **Amplitudenspektrum** sind $\left|\dfrac{C}{2}\right|$ und die Beträge der Amplitudenmaßzahlen A_{ν} der Teilschwingungen in Abhängigkeit von der Maßzahl ν ihrer Frequenzen aufgetragen.

Einsetzen von $x = \dfrac{\pi}{2}$ in die gefundene Reihe ergibt mit

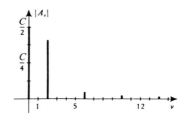

$$TR\left(\frac{\pi}{2}\right) = C \quad \text{über}$$

$$C = \frac{C}{2} - \frac{4\,C}{\pi^2}\left[-1 - \frac{1}{9} - \frac{1}{25} - \ldots\right] \quad \text{die Darstellung}$$

$$\frac{\pi^2}{8} = 1 + \frac{1}{3^2} + \frac{1}{5^2} + \ldots = \sum_{\mu=0}^{\infty} \frac{1}{(2\mu + 1)^2}.$$

---

221. Man gebe die FOURIERsche Reihe der 2π-periodischen Funktion

$$y = f(x) = \begin{cases} C \cdot x & \text{in } -\pi < x < \pi \\ 0 & \text{in } x = \pm\,\pi \end{cases}$$

mit $C \in \mathbb{R}$ an.

Wegen $f(-x) = -f(x)$ liegt eine **ungerade Funktion** vor, und es sind deshalb alle $a_\nu = 0$. Zur Berechnung der Koeffizienten b_ν kann die Integration über das Intervall $-\pi \leqslant x \leqslant \pi$ erstreckt werden. Diese liefert mit Verwendung von Formel 2.36

$$b_\nu = \frac{1}{\pi} \cdot \int_{-\pi}^{\pi} f(x) \cdot \sin(\nu x)\,dx = \frac{C}{\pi} \cdot \int_{-\pi}^{\pi} x \cdot \sin(\nu x)\,dx =$$

$$= \frac{2\,C}{\pi} \cdot \left[-\frac{x \cdot \cos(\nu x)}{\nu} + \frac{1}{\nu^2} \cdot \sin(\nu x) \right]_0^{\pi} = -\frac{2\,C}{\nu} \cdot \cos(\nu\,\pi) =$$

$$= (-1)^{\nu+1} \cdot \frac{2\,C}{\nu} \quad \text{mit } \nu = 1, 2, 3, \ldots \,.$$

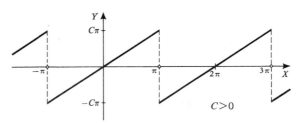

Damit ergibt sich

$$TR(x) = \sum_{\nu=1}^{\infty} b_{\nu} \cdot \sin(\nu x) = 2C \cdot \sum_{\nu=1}^{\infty} (-1)^{\nu+1} \cdot \frac{\sin(\nu x)}{\nu} =$$

$$= 2C \cdot \left[\frac{\sin x}{1} - \frac{\sin(2x)}{2} + \frac{\sin(3x)}{3} - + \ldots \right] =$$

$$= \sum_{\nu=1}^{\infty} A_{\nu} \cdot \sin(\nu x).$$

Die Abhängigkeit der Beträge der Amplituden A_{ν} von den Maßzahlen ν der Frequenzen für die einzelnen Teilschwingungen ist in der Figur veranschaulicht.

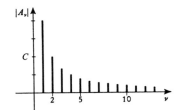

222. Wie lautet die FOURIERsche Reihe des in der Abbildung dargestellten 2π-periodischen Graphen?

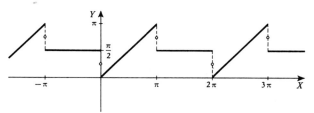

In bezug auf das gewählte kartesische Koordinatensystem kann der Kurvenverlauf durch

$$y = f(x) = \begin{cases} x & \text{in } 0 < x < \pi \\[2mm] \dfrac{3\pi}{4} & \text{in } x = \pi \\[2mm] \dfrac{\pi}{2} & \text{in } \pi < x < 2\pi \\[2mm] \dfrac{\pi}{4} & \text{in } x = 0 \quad \text{und} \quad x = 2\pi \end{cases}$$

erfaßt werden. Wählt man wie in den vorhergehenden Aufgaben den reellen Lösungsweg, so erhält man

$$a_0 = \frac{1}{\pi} \cdot \int_0^{2\pi} f(x)\,dx = \frac{1}{\pi}\left(\frac{\pi^2}{2} + \frac{\pi^2}{2}\right) = \pi,$$

$$a_\nu = \frac{1}{\pi} \cdot \int_0^{2\pi} f(x) \cdot \cos(\nu x)\,dx =$$

$$= \frac{1}{\pi} \cdot \left[\int_0^{\pi} x \cdot \cos(\nu x)\,dx + \int_{\pi}^{2\pi} \frac{\pi}{2} \cos(\nu x)\,dx \right] =$$

$$= \frac{1}{\pi} \cdot \left[\frac{x \cdot \sin(\nu x)}{\nu} + \frac{1}{\nu^2} \cdot \cos(\nu x) \right]_0^{\pi} + \frac{1}{2\nu} \cdot \sin(\nu x) \Big|_{\pi}^{2\pi} =$$

$$= \frac{1}{\nu^2 \pi} \cdot [\cos(\nu \pi) - 1] = \frac{1}{\nu^2 \pi} \cdot [(-1)^\nu - 1] =$$

$$= \begin{cases} -\dfrac{2}{\nu^2 \pi} & \text{für } \nu \text{ ungerade,} \\[2mm] 0 & \text{für } \nu \text{ gerade,} \end{cases} \qquad \text{(Formel 2.39)}$$

$$b_\nu = \frac{1}{\pi} \cdot \int_0^{2\pi} f(x) \cdot \sin(\nu x)\,dx =$$

$$= \frac{1}{\pi} \cdot \left[\int_0^{\pi} x \cdot \sin(\nu x)\,dx + \int_{\pi}^{2\pi} \frac{\pi}{2} \cdot \sin(\nu x)\,dx \right] =$$

$$= \frac{1}{\pi} \cdot \left[-\frac{x \cdot \cos(\nu x)}{\nu} + \frac{1}{\nu^2} \cdot \sin(\nu x) \right]_0^{\pi} - \frac{1}{2\nu} \cdot \cos(\nu x) \Big|_{\pi}^{2\pi} =$$

$$= -\frac{1}{2\nu} \cdot [\cos(\nu \pi) + 1] = -\frac{1}{2\nu} \cdot [(-1)^\nu + 1] =$$

$$= \begin{cases} 0 & \text{für } \nu \text{ ungerade,} \\[2mm] -\dfrac{1}{\nu} & \text{für } \nu \text{ gerade,} \end{cases}$$

mit $\nu = 1, 2, 3, \ldots$ (Formel 2.36).

Demnach lautet die Reihe

$$TR(x) = \frac{\pi}{2} - \frac{2}{\pi} \cdot \cos x - \frac{1}{2} \cdot \sin(2x) - \frac{2}{9\pi} \cdot \cos(3x) - \frac{1}{4} \cdot \sin(4x) -$$

$$- \frac{2}{25\pi} \cdot \cos(5x) - \frac{1}{6} \cdot \sin(6x) - \ldots =$$

$$= \frac{\pi}{2} - \sum_{\mu = 1}^{\infty} \left[\frac{2}{\pi} \cdot \frac{\cos[(2\mu - 1) \cdot x]}{(2\mu - 1)^2} + \frac{\sin(2\mu x)}{2\mu} \right],$$

die noch bei Beschränkung auf die Darstellung durch Sinusfunktionen auf die Form

$$TR(x) = \frac{\pi}{2} + \frac{2}{\pi} \cdot \sin(x + 270^O) + \frac{1}{2} \cdot \sin(2x + 180^O) + \frac{2}{9\pi} \cdot \sin(3x + 270^O) +$$

$$+ \frac{1}{4} \cdot \sin(4x + 180^O) + \frac{2}{25\pi} \cdot \sin(5x + 270^O) + \frac{1}{6} \cdot \sin(6x + 180^O) + \ldots =$$

$$= A_o + \sum_{\nu = 1}^{\infty} A_\nu \cdot \sin(\nu x + \varphi_\nu)$$

$$\text{mit } A_o = \frac{\pi}{2}, \quad A_\nu = \begin{cases} \dfrac{2}{\pi \nu^2} & \text{für } \nu \text{ ungerade,} \\[2mm] \dfrac{1}{\nu} & \text{für } \nu \text{ gerade} \end{cases}$$

als Amplitude und $\varphi_\nu = \begin{cases} 270^O & \text{für } \nu \text{ ungerade,} \\ 180^O & \text{für } \nu \text{ gerade} \end{cases}$ als Phasenwinkel der

ν-ten Teilschwingung gebracht werden kann.

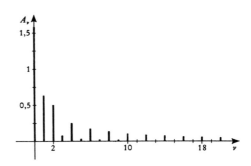

Bei Wahl des k o m p l e x e n L ö s u n g s w e g e s ist

$$TR(x) = \sum_{\nu = -\infty}^{+\infty} c_\nu \cdot e^{i \cdot \frac{2\nu\pi}{T} x} \quad \text{mit } c_\nu = \frac{1}{T} \cdot \int_0^T f(x) \cdot e^{-i \cdot \frac{2\nu\pi}{T} x} dx \text{ für } \nu \in \mathbb{Z}.$$

Im vorliegenden Falle für $T = 2\pi$ ist dann

$$c_\nu = \frac{1}{2\pi} \cdot \int_0^{2\pi} f(x) \cdot e^{-i \cdot \nu x} dx = \frac{1}{2\pi} \cdot \left[\int_0^{\pi} x \cdot e^{-i \cdot \nu x} dx + \frac{\pi}{2} \cdot \int_{\pi}^{2\pi} e^{-i \cdot \nu x} dx \right] \quad .$$

Unter Verwendung der auch im Komplexen gültigen Formeln 2.1 und 2.2 ergibt sich so für $\nu \in \mathbb{Z} \setminus \{0\}$

$$c_\nu = \frac{1}{2\pi} \cdot \left\{ \left[\frac{e^{-i \cdot \nu x}}{-\nu^2} \cdot (-i\nu x - 1) \right]_0^{\pi} + \frac{\pi}{2} \cdot \left[\frac{e^{-i \cdot \nu x}}{-i\nu} \right]_{\pi}^{2\pi} \right\} =$$

$$= \frac{1}{2\pi} \cdot \left\{ \frac{e^{-i \cdot \nu \pi}}{-\nu^2} \cdot (-i\nu\pi - 1) - \frac{1}{\nu^2} + \frac{\pi}{2} \cdot \left(\frac{i}{\nu} - \frac{i}{\nu} \cdot e^{-i \cdot \nu \pi} \right) \right\} =$$

$$= \frac{1}{2\pi} \cdot \left\{ \frac{(-1)^\nu}{\nu^2} \cdot (i \cdot \nu\pi + 1) - \frac{1}{\nu^2} + \frac{\pi}{2} \cdot \left[\frac{i}{\nu} - \frac{i}{\nu}(-1)^\nu \right] \right\} =$$

$$= \frac{(-1)^\nu - 1}{2\pi \cdot \nu^2} + i \cdot \frac{2 \cdot (-1)^\nu + 1 - (-1)^\nu}{4\nu} =$$

$$= \frac{(-1)^\nu - 1}{2\pi \cdot \nu^2} + i \cdot \frac{1 + (-1)^\nu}{4\nu} = \begin{cases} \dfrac{-1}{\pi \cdot \nu^2} & \text{für } \nu \text{ ungerade,} \\[2mm] \dfrac{i}{2\nu} & \text{für } \nu \text{ gerade.} \end{cases}$$

$\nu = 0$ bringt $c_0 = \dfrac{1}{2\pi} \cdot \left[\displaystyle\int_0^{\pi} x\,dx + \frac{\pi}{2} \cdot \int_{\pi}^{2\pi} dx \right] = \dfrac{\pi}{2}$.

Hieraus bekommt man $|c_\nu| = \begin{cases} \dfrac{1}{\pi \nu^2} & \text{für } \nu \text{ ungerade,} \\[3mm] \dfrac{1}{2 \cdot |\nu|} & \text{für } \nu \text{ gerade, aber } \nu \neq 0, \\[3mm] \dfrac{\pi}{2} & \text{für } \nu = 0 \end{cases}$

und damit das **A m p l i t u d e n s p e k t r u m** .

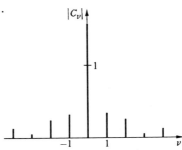

Einsetzen der c_ν -Werte in TR(x) liefert

$$TR(x) = \frac{\pi}{2} - \frac{1}{\pi} \sum_{\mu=-\infty}^{+\infty} \frac{e^{i(2\mu-1)\cdot x}}{(2\mu-1)^2} + \frac{i}{4} \cdot \left[\sum_{\mu=-\infty}^{-1} \frac{e^{i\cdot 2\mu\cdot x}}{\mu} + \sum_{\mu=1}^{+\infty} \frac{e^{i\cdot 2\mu\cdot x}}{\mu} \right] \quad ,$$

woraus sich mit Hilfe der EULERs c h e n F o r m e l n $\dfrac{e^{iz}+e^{-iz}}{2} = \cos z$

und $\dfrac{e^{iz}-e^{-iz}}{2i} = \sin z$ wieder die reelle Darstellung

$$TR(x) = \frac{\pi}{2} - \frac{1}{\pi} \cdot \sum_{\mu=1}^{\infty} \frac{e^{i\cdot(2\mu-1)\cdot x} + e^{-i(2\mu-1)\cdot x}}{(2\mu-1)^2} +$$

$$+ \frac{i}{4} \cdot \sum_{\mu=1}^{\infty} \frac{e^{i\cdot 2\mu\cdot x} - e^{-i\cdot 2\mu\cdot x}}{\mu} =$$

$$= \frac{\pi}{2} - \sum_{\mu=1}^{\infty} \left[\frac{2}{\pi} \cdot \frac{\cos(2\mu-1)\cdot x}{(2\mu-1)^2} + \frac{\sin(2\mu\cdot x)}{2\mu} \right] \quad \text{ergibt.}$$

Die reellen FOURIER k o e f f i z i e n t e n können schließlich auch noch schneller über

$a_0 = 2 \cdot c_0 = \pi \, ,$

$$a_\nu = 2 \cdot \operatorname{Re} c_\nu = \begin{cases} \dfrac{-2}{\nu^2 \pi} & \text{für } \nu \text{ ungerade,} \\[2mm] 0 & \text{für } \nu \text{ gerade,} \end{cases}$$

$$b_\nu = 2 \cdot \operatorname{Im} c_\nu = \begin{cases} 0 & \text{für } \nu \text{ ungerade,} \\[2mm] -\dfrac{1}{\nu} & \text{für } \nu \text{ gerade,} \end{cases}$$

erhalten werden.

---

223. Durch welche FOURIERs c h e R e i h e läßt sich die π -periodische Funktion

$$y = f(x) = \begin{cases} e^{0,5x} - 1 & \text{in } 0 < x < \pi \\[2mm] \dfrac{e^{0,5\pi} - 1}{2} & \text{in } x = \pi \end{cases}$$

darstellen?

$y = e^{0,5x} - 1;$

x	0+	1	2	$\pi -$
y	0	0,65	1,72	3,81

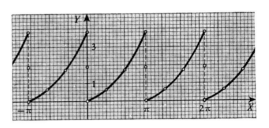

$$a_o = \frac{2}{\pi} \cdot \int_0^\pi (e^{0,5x} - 1)\, dx = \frac{2}{\pi} \cdot [2\,e^{0,5x} - x]_0^\pi = \frac{2}{\pi} \cdot \left(2\,e^{\frac{\pi}{2}} - \pi - 2 \right);$$

$$a_\nu = \frac{2}{\pi} \cdot \int_0^\pi (e^{0,5x} - 1) \cdot \cos(2\nu x)\, dx =$$

$$= \frac{2}{\pi} \cdot \left\{ \frac{e^{0,5x}}{\frac{1}{4} + 4\nu^2} \cdot \left[\frac{1}{2} \cdot \cos(2\nu x) + 2\nu \cdot \sin(2\nu x) \right] - \frac{1}{2\nu} \cdot \sin(2\nu x) \right\}\Bigg|_0^\pi =$$

$$= \frac{4}{\pi(1 + 16\nu^2)} \cdot \left(e^{\frac{\pi}{2}} - 1 \right) \qquad \text{(Formel 2.44)};$$

$$b_\nu = \frac{2}{\pi} \cdot \int_0^\pi (e^{0,5x} - 1) \cdot \sin(2\nu x)\, dx =$$

$$= \frac{2}{\pi} \cdot \left\{ \frac{e^{0,5x}}{\frac{1}{4} + 4\nu^2} \cdot \left[\frac{1}{2} \cdot \sin(2\nu x) - 2\nu \cdot \cos(2\nu x) \right] + \frac{1}{2\nu} \cdot \cos(2\nu x) \right\}\Bigg|_0^\pi =$$

$$= - \frac{16\nu}{\pi(1 + 16\nu^2)} \cdot \left(e^{\frac{\pi}{2}} - 1 \right) \qquad \text{(Formel 2.42)}.$$

Damit ergibt sich

$$TR(x) = \frac{1}{\pi} \cdot \left(2\,e^{\frac{\pi}{2}} - \pi - 2 \right) + \frac{4}{\pi} \cdot \left(e^{\frac{\pi}{2}} - 1 \right) \cdot \sum_{\nu=1}^{\infty} \frac{1}{1 + 16\,\nu^2} \, [\cos(2\,\nu\,x) -$$

$$- 4\,\nu \cdot \sin(2\,\nu\,x)] =$$

$$= \frac{1}{\pi} \cdot \left(2\,e^{\frac{\pi}{2}} - \pi - 2 \right) - \frac{4}{\pi} \cdot \left(e^{\frac{\pi}{2}} - 1 \right) \cdot \sum_{\nu=1}^{\infty} \frac{1}{\sqrt{1 + 16\,\nu^2}} \cdot \sin(2\,\nu\,x + \varphi_\nu)$$

mit $\varphi_\nu = -\,\text{arc tan} \dfrac{1}{4\,\nu}$.

Somit ist $TR(x) = A_0 + \displaystyle\sum_{\mu=1}^{\infty} A_\mu \cdot \sin(\mu\,x + \varphi_\mu)$, wobei

$$A_0 = \frac{1}{\pi} \cdot \left(2 \cdot e^{\frac{\pi}{2}} - \pi - 2 \right),$$

$$A_\mu = \begin{cases} 0 & \text{für } \mu \text{ ungerade,} \\[2mm] -\dfrac{4}{\pi} \cdot \left(e^{\frac{\pi}{2}} - 1 \right) \cdot \dfrac{1}{\sqrt{1 + 4\,\mu^2}} & \text{für } \mu \text{ gerade,} \end{cases}$$

und

$$\varphi_\mu = \begin{cases} \text{beliebig für } \mu \text{ ungerade,} \\[2mm] -\text{arc tan } \dfrac{1}{2\mu} \text{ für } \mu \text{ gerade.} \end{cases}$$

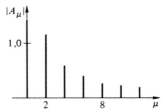

---

224. Es ist die $2\,\pi$-periodische gerade Funktion

$$y = f(x) = -\frac{x}{\pi}\,(x - 2\,\pi) \text{ in } 0 \leqslant x \leqslant 2\,\pi$$

in ihre **FOURIER**s c h e R e i h e zu entwickeln.

x	0	$\frac{\pi}{2}$	π	$\frac{3\pi}{2}$	2π
y	0	$\frac{3}{4}\pi$	π	$\frac{3}{4}\pi$	0

;

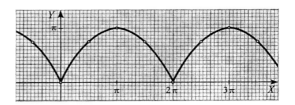

$$a_o = \frac{1}{\pi} \cdot \int_0^{2\pi} f(x)\,dx = -\frac{1}{\pi^2} \cdot \int_0^{2\pi} (x^2 - 2\pi \cdot x)\,dx =$$

$$= -\frac{1}{\pi^2} \cdot \left(\frac{x^3}{3} - \pi \cdot x^2 \right) \bigg|_0^{2\pi} = \frac{4}{3}\pi \; ;$$

$$a_\nu = \frac{1}{\pi} \cdot \int_0^{2\pi} f(x) \cdot \cos(\nu x)\,dx =$$

$$= -\frac{1}{\pi^2} \cdot \int_0^{2\pi} [x^2 \cdot \cos(\nu x) - 2\pi x \cdot \cos(\nu x)]\,dx =$$

$$= -\frac{1}{\pi^2} \cdot \left[\frac{x^2 \cdot \sin(\nu x)}{\nu} + \frac{2}{\nu^2} \cdot x \cdot \cos(\nu x) - \frac{2}{\nu^3} \cdot \sin(\nu x) - \right.$$

$$\left. - \frac{2\pi}{\nu} \cdot x \; \sin(\nu x) - \frac{2\pi}{\nu^2} \cdot \cos(\nu x) \right]_0^{2\pi} =$$

$$= -\frac{1}{\pi^2} \cdot \left[\frac{4\pi}{\nu^2} - \frac{2\pi}{\nu^2} + \frac{2\pi}{\nu^2} \right] = -\frac{4}{\nu^2 \pi} \quad \text{(Formeln 2.39 und 2.40)},$$

$b_\nu = 0$ mit $\nu = 1, 2, 3, \ldots$, da eine **gerade Funktion** vorliegt.

Damit folgt

$$TR(x) = \frac{a_o}{2} + \sum_{\nu=1}^{\infty} a_\nu \cos(\nu x) = \frac{2}{3} \cdot \pi - \frac{4}{\pi} \cdot \sum_{\nu=1}^{\infty} \frac{\cos(\nu x)}{\nu^2} =$$

$$= \frac{2}{3} \cdot \pi - \frac{4}{\pi} \cdot \left[\frac{\cos x}{1^2} + \frac{\cos(2x)}{2^2} + \frac{\cos(3x)}{3^2} + \frac{\cos(4x)}{4^2} + \cdots \right]$$

oder

$$TR(x) = A_o + \sum_{\nu=1}^{\infty} A_\nu \cdot \sin(\nu x + \varphi_\nu)$$

mit

$$A_o = \frac{2}{3} \cdot \pi$$

sowie

$$A_\nu = \frac{4}{\nu^2 \cdot \pi}$$

als Maßzahl der Amplitude und
$\varphi_\nu = 270^O$ als Phasenwinkel der
ν -ten Teilschwingung.

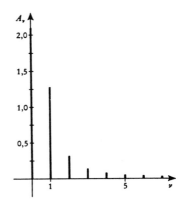

Bei Verwendung der komplexen Darstellung $TR(x) = \sum\limits_{\nu = -\infty}^{\infty} c_\nu \cdot e^{i \cdot \frac{2\nu\pi}{T} \cdot x}$

und $c_\nu = \frac{1}{T} \int\limits_0^T f(x) \cdot e^{-i \cdot \frac{2\nu\pi}{T} x} dx$ ergibt sich mit den Formeln 2. 2 und 2. 3

$$c_\nu = -\frac{1}{2\pi^2} \cdot \int\limits_0^{2\pi} x \cdot (x - 2\pi) \cdot e^{-i \cdot \nu x} dx =$$

$$= -\frac{1}{2\pi^2} \cdot \int\limits_0^{2\pi} x^2 \cdot e^{-i \cdot \nu x} dx + \frac{1}{\pi} \cdot \int\limits_0^{2\pi} x \cdot e^{-i \cdot \nu x} dx =$$

$$= -\frac{1}{2\pi^2} \cdot \left[\frac{x^2}{-i\nu} - \frac{2x}{-\nu^2} + \frac{2}{i\nu^3} \right] \cdot e^{-i \cdot \nu x} \Big|_0^{2\pi} +$$

$$+ \frac{1}{\pi} \cdot \frac{1}{-\nu^2} (-i \cdot \nu x - 1) \cdot e^{-i \cdot \nu x} \Big|_0^{2\pi} =$$

$$= -\frac{1}{2\pi^2} \cdot \left(\frac{4\pi^2}{-i\nu} + \frac{4\pi}{\nu^2} \right) + \frac{1}{\pi\nu^2} \cdot i \cdot 2\nu\pi = -\frac{2}{\pi\nu^2} \text{ für } \nu = \pm 1, \pm 2,$$

$\pm 3, \ldots$ und

$$c_o = -\frac{1}{2\pi^2} \cdot \int\limits_0^{2\pi} x \cdot (x - 2\pi) dx = -\frac{1}{2\pi^2} \cdot \left[\frac{x^3}{3} - \pi x^2 \right]_0^{2\pi} =$$

$$= -\frac{1}{2\pi^2} \cdot \left(\frac{8\pi^3}{3} - 4\pi^3 \right) = \frac{2}{3}\pi \ .$$

Damit folgt

$$TR(x) = \frac{2}{3}\pi - \frac{2}{\pi} \cdot \left(\sum_{\nu=-\infty}^{-1} \frac{1}{\nu^2} \cdot e^{i \cdot \nu x} + \right.$$

$$\left. + \sum_{\nu=1}^{\infty} \frac{1}{\nu^2} \cdot e^{i \cdot \nu x} \right) .$$

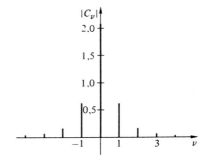

Um hieraus die äquivalente reelle Darstellung zu gewinnen, schreibt man zweckmäßig TR(x) in der Form

$$TR(x) = \frac{2}{3}\pi - \frac{2}{\pi} \cdot \sum_{\nu=1}^{\infty} \frac{1}{\nu^2} \cdot (e^{-i \cdot \nu x} + e^{i \cdot \nu x}),$$

woraus mit der EULERschen Formel $\dfrac{e^{iz} + e^{-iz}}{2} = \cos z$ für $z \in \mathbb{R}$

$$TR(x) = \frac{2}{3}\pi - \frac{4}{\pi} \cdot \sum_{\nu=1}^{\infty} \frac{\cos(\nu x)}{\nu^2} \quad \text{folgt, was mit dem bereits gefundenen}$$

Ergebnis übereinstimmt.

---

225. Die 2π-periodische Funktion

$$y = f(x) = \begin{cases} 1 - \cos x & \text{in } 0 \leqslant x < \pi \\ 1 & \text{in } x = \pi \\ 0 & \text{in } \pi < x \leqslant 2\pi \end{cases}$$

ist durch ihre FOURIERsche Reihe darzustellen.

$y = 1 - \cos x;$

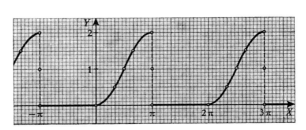

x	0	$\dfrac{\pi}{3}$	$\dfrac{\pi}{2}$	$\dfrac{2\pi}{3}$	π
y	0	0,5	1	1,5	2

.

$$c_\nu = \frac{1}{2\pi} \cdot \int_0^\pi (1 - \cos x) \cdot e^{-i \cdot \nu x} dx =$$

$$= \frac{1}{2\pi} \cdot \int_0^\pi e^{-i \cdot \nu x} dx - \frac{1}{2\pi} \cdot \int_0^\pi \cos x \cdot e^{-i \cdot \nu x} dx =$$

$$= \frac{1}{2\pi} \cdot \frac{1}{-i\nu} \cdot e^{-i \cdot \nu x} \Big|_0^\pi - \frac{1}{2\pi} \cdot \frac{e^{-i \cdot \nu x}}{1 - \nu^2} \cdot [-i \cdot \nu \cos x + \sin x]_0^\pi =$$

$$= \frac{i}{2\pi \cdot \nu} \left[(-1)^\nu - 1 \right] - \frac{1}{2\pi \cdot (1 - \nu^2)} \left[(-1)^\nu \cdot i\nu + i\nu \right] =$$

$$= \begin{cases} \dfrac{i}{\pi} \cdot \dfrac{\nu}{\nu^2 - 1} & \text{für } \nu = \pm 2, \quad \pm 4, \quad \pm 6, \ \ldots \\[3mm] -\dfrac{i}{\pi} \cdot \dfrac{1}{\nu} & \text{für } \nu = \pm 3, \quad \pm 5, \quad \pm 7, \ \ldots \quad \text{(Formel 2.44)}; \end{cases}$$

$$c_0 = \frac{1}{2\pi} \cdot \int_0^\pi (1 - \cos x) \, dx = \frac{1}{2\pi} \cdot (x - \sin x) \Big|_0^\pi = \frac{1}{2} \ ;$$

$$\left. \begin{array}{c} c_1 \\ c_{-1} \end{array} \right\} = \frac{1}{2\pi} \cdot \int_0^\pi (1 - \cos x) \cdot e^{\mp ix} dx =$$

$$= \frac{1}{2\pi} \cdot \int_0^\pi e^{\mp ix} dx - \frac{1}{2\pi} \cdot \int_0^\pi (\cos^2 x \mp i \cdot \sin x \cdot \cos x) \, dx =$$

$$= \frac{1}{2\pi} \cdot \frac{e^{\mp ix}}{\mp i} \Big|_0^\pi - \frac{1}{2\pi} \cdot \left[\frac{1}{4} \cdot \sin(2x) + \frac{x}{2} \mp \frac{i}{2} \cdot \sin^2 x \right]_0^\pi = \mp \frac{i}{\pi} - \frac{1}{4} \ ,$$

wobei jeweils das obere Vorzeichen für c_1, das untere für c_{-1} gilt (Formeln 2.19, 2.32).

Damit folgt

$$\mathrm{TR}(x) = \frac{1}{2} - \left(\frac{1}{4} + \frac{i}{\pi}\right) \cdot e^{ix} - \left(\frac{1}{4} - \frac{i}{\pi}\right) \cdot e^{-ix} + \sum_{\mu=-\infty}^{-1} \frac{1}{\pi} \cdot \frac{2\mu i}{4\mu^2 - 1} \cdot e^{i \cdot 2\mu x} +$$

$$+ \sum_{\mu=1}^{\infty} \frac{1}{\pi} \cdot \frac{2\mu i}{4\mu^2 - 1} \cdot e^{i \cdot 2\mu x} - \sum_{\mu=-\infty}^{-1} \frac{1}{\pi} \cdot \frac{i}{2\mu - 1} \cdot e^{i \cdot (2\mu - 1)x} -$$

$$- \sum_{\mu=1}^{\infty} \frac{1}{\pi} \cdot \frac{i}{2\mu + 1} \cdot e^{i \cdot (2\mu + 1)x} =$$

$$= \frac{1}{2} - \left(\frac{1}{4} + \frac{i}{\pi}\right) \cdot (\cos x + i \cdot \sin x) - \left(\frac{1}{4} - \frac{i}{\pi}\right) \cdot (\cos x - i \cdot \sin x) +$$

$$+ \frac{2i}{\pi} \cdot \sum_{\mu=1}^{\infty} \frac{\mu}{4\mu^2 - 1} \cdot (e^{i \cdot 2\mu x} - e^{-i \cdot 2\mu x}) -$$

$$- \frac{i}{\pi} \cdot \sum_{\mu=1}^{\infty} \frac{1}{2\mu + 1} \cdot (e^{i \cdot (2\mu + 1)x} - e^{-i \cdot (2\mu + 1)x} =$$

$$= \frac{1}{2} - \frac{1}{2} \cdot \cos x + \frac{2}{\pi} \cdot \sin x - \frac{2}{\pi} \cdot \sum_{\mu=1}^{\infty} \left\{ \frac{2\mu}{4\mu^2 - 1} \cdot \sin(2\mu x) + \right.$$

$$\left. - \frac{1}{2\mu + 1} \cdot \sin[(2\mu + 1) \cdot x] \right\} =$$

$$= \frac{1}{2} + \frac{1}{2\pi} \cdot \sqrt{16 + \pi^2} \cdot \sin\left(x - \arctan \frac{\pi}{4}\right) -$$

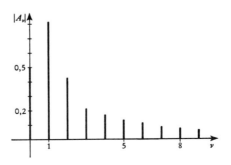

$$-\frac{2}{\pi}\cdot\sum_{\mu=1}^{\infty}\left\{\frac{2\mu}{4\mu^2-1}\cdot\sin(2\mu\,x)-\frac{1}{2\mu+1}\cdot\sin[(2\mu+1)\cdot x]\right\}=$$

$$=A_0+A_1\cdot\sin\left[x-\arctan\left(\frac{\pi}{4}\right)\right]+\sum_{\nu=2}^{\infty}A_\nu\cdot\sin(\nu\,x)$$

$$\text{mit }A_0=\frac{1}{2},\quad A_1=\frac{1}{2\pi}\cdot\sqrt{16+\pi^2}\quad\text{und}\quad A_\nu=\begin{cases}\dfrac{2}{\pi\cdot\nu}&\text{für }\nu\text{ ungerade,}\\[2mm]\dfrac{-2\nu}{\pi\cdot(\nu^2-1)}&\text{für }\nu\text{ gerade,}\end{cases}$$

mit $\nu\geqslant 2$.

---

226. Zwischen dem Antriebswinkel φ und dem Abtriebswinkel Ψ des dargestellten K r e u z g e l e n k g e t r i e b e s mit dem Ablenkwinkel λ besteht der Zusammenhang $\tan\Psi=\dfrac{\tan\varphi}{\cos\lambda}$, durch welchen für $-180^{\circ}<\varphi\leqslant 180^{\circ}$ und $-180^{\circ}<\Psi\leqslant 180^{\circ}$ eine stetige Funktion $\Psi=f(\varphi)$ mit der Periode $T=2\pi$ definiert ist. Man ermittle die F O U R I E R s c h e   R e i h e dieser Funktion für $\lambda=60^{\circ}$.

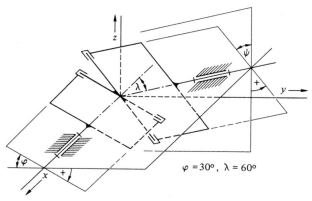

$\varphi=30^{\circ},\ \lambda=60^{\circ}$

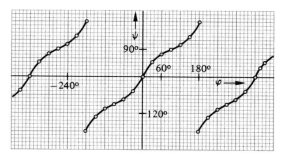

φ	0°	15°	30°	45°	60°	75°	90° ...
Ψ	0°	$28,2^{\circ}$	$49,1^{\circ}$	$63,4^{\circ}$	$73,9^{\circ}$	$82,4^{\circ}$	90° ...

Die durch $\tan\Psi = 2\cdot\tan\varphi$ für $\varphi,\Psi \in\ ]-180^{\circ}; 180^{\circ}]$ festgelegte **ungerade Funktion** kann explizit in der Form

$$\Psi = f(\varphi) = \begin{cases} \mathrm{arc}\tan(2\cdot\tan\varphi) - 180^{\circ} & \text{für } -180^{\circ} < \varphi < -90^{\circ} \\ -90^{\circ} & \text{für } \varphi = -90^{\circ} \\ \mathrm{arc}\tan(2\cdot\tan\varphi) & \text{für } -90^{\circ} < \varphi < 90^{\circ} \\ 90^{\circ} & \text{für } \varphi = 90^{\circ} \\ \mathrm{arc}\tan(2\cdot\tan\varphi) + 180^{\circ} & \text{für } 90^{\circ} < \varphi \leqslant 180^{\circ} \end{cases}$$

angegeben werden, woraus $a_{\nu} = 0$ für $\nu = 0, 1, 2, \ldots$ folgt.

Wegen $T = 2\pi$ als Periode wird

$$b_{\nu} = \frac{1}{\pi}\cdot\int\limits_{-\pi}^{\pi} f(\varphi)\cdot\sin(\nu\varphi)\,d\varphi = \frac{2}{\pi}\cdot\int\limits_{0}^{\pi} f(\varphi)\cdot\sin(\nu\varphi)\,d\varphi\ .\ \text{Partielle Integration}$$

führt mit $f'(\varphi) = \dfrac{2}{1 + 3\cdot\sin^2\varphi} = \dfrac{4}{5 - 3\cdot\cos(2\varphi)}$ auf

$$b_{\nu} = -\frac{2}{\nu\pi}\cdot\left[f(\varphi)\cdot\cos(\nu\varphi)\right]_{0}^{\pi} + \frac{8}{\nu\pi}\int\limits_{0}^{\pi}\frac{\cos(\nu\varphi)}{5 - 3\cdot\cos(2\varphi)}\,d\varphi =$$

$$= \frac{2}{\nu}\cdot(-1)^{\nu+1} + \frac{8}{\nu\pi}\cdot\int\limits_{0}^{\pi}\frac{\cos(\nu\varphi)}{5 - 3\cdot\cos(2\varphi)}\,d\varphi\ ,\ \text{was mit der Substitution}$$

$$\overline{\varphi} = \varphi - \frac{\pi}{2}\quad\text{in}$$

$$b_{\nu} = \frac{2}{\nu}\cdot(-1)^{\nu+1} + \frac{8}{\nu\pi}\cdot\int\limits_{-\frac{\pi}{2}}^{\frac{\pi}{2}}\frac{\cos\left(\nu\overline{\varphi} + \nu\cdot\frac{\pi}{2}\right)}{5 + 3\cdot\cos(2\overline{\varphi})}\,d\overline{\varphi}\quad\text{übergeht.}$$

Für ungerades $\nu = 2\mu - 1$ mit $\mu \in \mathbb{N}$ wird wegen der ungeraden Integrandenfunktion

$$\int\limits_{-\frac{\pi}{2}}^{\frac{\pi}{2}}\frac{\cos\left[(2\mu - 1)\cdot\overline{\varphi} + (2\mu - 1)\cdot\frac{\pi}{2}\right]}{5 + 3\cos(2\overline{\varphi})}\,d\overline{\varphi} = (-1)^{\mu}\cdot\int\limits_{-\frac{\pi}{2}}^{\frac{\pi}{2}}\frac{\sin[(2\mu - 1)\cdot\overline{\varphi}]}{5 + 3\cdot\cos(2\overline{\varphi})}\,d\overline{\varphi} = 0$$

und deshalb $\quad b_{2\mu-1} = \dfrac{2}{2\mu-1}$.

Für gerades $\nu = 2\mu$ mit $\mu \in \mathbb{N}$ wird wegen der geraden Integrandenfunktion

$$b_{2\mu} = -\frac{1}{\mu} + \frac{4}{\mu\pi}\,(-1)^{\mu} \cdot \int_{-\frac{\pi}{2}}^{\frac{\pi}{2}} \frac{\cos(2\mu\,\bar{\varphi})}{5 + 3\cdot\cos(2\,\bar{\varphi})}\,d\bar{\varphi} =$$

$$= -\frac{1}{\mu} + \frac{8}{\mu\pi}\,(-1)^{\mu} \cdot \int_{0}^{\frac{\pi}{2}} \frac{\cos(2\mu\,\bar{\varphi})}{5 + 3\cdot\cos(2\,\bar{\varphi})}\,d\bar{\varphi} \quad \text{und daraus mit der}$$

Substitution $x = 2\bar{\varphi}$

$$b_{2\mu} = -\frac{1}{\mu} + \frac{4}{5\mu\pi}\cdot(-1)^{\mu}\cdot\int_{0}^{\pi} \frac{\cos(\mu x)}{1 + \dfrac{3}{5}\cdot\cos x}\,dx.$$

Damit ist eine Rückführung auf das in Nr. 164 behandelte Integral erreicht und man erhält über

$$b_{2\mu} = -\frac{1}{\mu} + \frac{4}{5\mu\pi}\cdot(-1)^{\mu}\cdot\frac{\pi}{\sqrt{1 - \left(\dfrac{3}{5}\right)^2}}\cdot\left(\frac{\sqrt{1 - \left(\dfrac{3}{5}\right)^2} - 1}{\dfrac{3}{5}}\right)^{\mu} =$$

$$= -\frac{1}{\mu} + \frac{1}{\mu\cdot 3^{\mu}}$$

$$b_{2\mu} = -\frac{1}{\mu}\cdot\left(1 - \frac{1}{3^{\mu}}\right) \quad .$$

Die FOURIERentwicklung lautet somit

$$TR(\varphi) = \sum_{\mu=1}^{\infty}\left\{\frac{2}{2\mu-1}\cdot\sin[(2\mu-1)\cdot\varphi] - \frac{1}{\mu}\cdot\left(1 - \frac{1}{3^{\mu}}\right)\cdot\sin(2\mu\varphi)\right\} \quad .$$

227. Die Umformung eines Wechselstroms mit der Gleichung $i = \hat{i}\cdot\sin(\omega t)$ und $\hat{i}$ als Scheitelstromstärke durch einen Zweiweggleichrichter liefert einen pulsierenden Gleichstrom, dessen Verlauf durch $i = \hat{i}\cdot|\sin(\omega t)|$ in Abhängigkeit von der Zeit t angegeben werden kann. Wie lautet die zugehörige FOURIERsche R e i h e n e n t w i c k l u n g ?

ωt	0	$\dfrac{\pi}{6}$	$\dfrac{\pi}{2}$	$\dfrac{5}{6}\pi$	π
$\dfrac{i}{\hat{i}}$	0	0,5	1	0,5	0

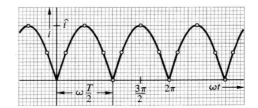

Mit ω als Kreisfrequenz ist $T = \dfrac{2\pi}{\omega}$ die Schwingungsdauer des Wechsel-stromes. Weil $i = \hat{i}\cdot |\sin(\omega t)|$ die primitive Periode $\dfrac{T}{2} = \dfrac{\pi}{\omega}$ besitzt, er-rechnet sich

$$a_0 = \dfrac{2\omega}{\pi}\cdot \int_0^{\frac{\pi}{\omega}} \hat{i}\cdot \sin(\omega t)\,dt = -\dfrac{2\omega}{\pi}\cdot \hat{i}\cdot \dfrac{\cos(\omega t)}{\omega}\Big|_0^{\frac{\pi}{\omega}} = \dfrac{4\hat{i}}{\pi}$$

und mittels Formel 2.35

$$a_\nu = \dfrac{2\omega}{\pi}\cdot \int_0^{\frac{\pi}{\omega}} \hat{i}\cdot \sin(\omega t)\cdot \cos(2\nu\omega t)\,dt =$$

$$= \dfrac{\omega \hat{i}}{\pi}\cdot \left\{ -\dfrac{\cos[(1-2\nu)\cdot \omega t]}{(1-2\nu)\omega} - \dfrac{\cos[(1+2\nu)\cdot \omega t]}{(1+2\nu)\omega}\right\}\Big|_0^{\frac{\pi}{\omega}} =$$

$$= \dfrac{2\hat{i}}{\pi}\cdot \left(\dfrac{1}{2\nu+1} - \dfrac{1}{2\nu-1}\right) = -\dfrac{4\hat{i}}{\pi}\cdot \dfrac{1}{4\nu^2-1} \quad \text{für } \nu \in \mathbb{N}.$$

Da eine **gerade Funktion** vorliegt, verschwinden alle Koeffizienten der Sinusglieder. Die gesuchte Reihe ist daher

$$TR(t) = \dfrac{2\hat{i}}{\pi} - \dfrac{4\hat{i}}{\pi}\cdot \left[\dfrac{1}{1\cdot 3}\cos(2\omega\cdot t) + \dfrac{1}{3\cdot 5}\cos(4\omega\cdot t) + \right.$$

$$\left. + \dfrac{1}{5\cdot 7}\cos(6\omega\cdot t) + \dfrac{1}{7\cdot 9}\cos(8\omega\cdot t) + \dots\right] =$$

$$= \dfrac{2\hat{i}}{\pi}\cdot \left[1 - 2\cdot \sum_{\nu=1}^{\infty}\dfrac{\cos(2\nu\omega\cdot t)}{4\nu^2-1}\right].$$

Der Zusammenhang der Amplituden

$$\hat{i}_0 = \frac{2\hat{i}}{\pi} \quad \text{und}$$

$$\hat{i}_{2\nu\omega} = |a_\nu| = \frac{4\hat{i}}{\pi} \cdot \frac{1}{4\nu^2 - 1}$$

mit den zugehörigen Kreisfrequenzen $2\nu\omega$ ist im abgebildeten Spektrum veranschaulicht.

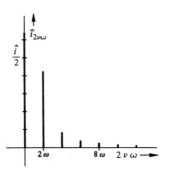

Wird der komplexe Lösungsweg gewählt und, wie in der Elektrotechnik üblich, die imaginäre Einheit mit j bezeichnet, so ergibt sich mit $\left[0; \dfrac{\pi}{\omega}\right]$ als Grundintervall

$$c_\nu = \frac{\omega\hat{i}}{\pi} \cdot \int_0^{\frac{\pi}{\omega}} \sin(\omega t) \cdot e^{-j \cdot 2\nu\omega t} dt \quad \text{für} \quad \nu \in \mathbb{Z}.$$

Unter Verwendung von Formel 2.42 folgt

$$c_\nu = \frac{\omega\hat{i}}{\pi} \cdot \frac{e^{-j \cdot 2\nu\omega t}}{\omega^2 \cdot (1 - 4\nu^2)} \cdot \left[-j \cdot 2\nu\omega \cdot \sin(\omega t) - \omega \cdot \cos(\omega t) \right]_0^{\frac{\pi}{\omega}} =$$

$$= \frac{\hat{i}}{\omega\pi \cdot (1 - 4\nu^2)} \cdot 2\omega = \frac{-2\hat{i}}{\pi \cdot (4\nu^2 - 1)} \quad \text{also}$$

$$TR(t) = -\frac{2\hat{i}}{\pi} \cdot \sum_{\nu = -\infty}^{\infty} \frac{1}{4\nu^2 - 1} \cdot e^{j \cdot 2\nu\omega \cdot t} = \frac{2\hat{i}}{\pi} - \frac{4\hat{i}}{\pi} \cdot \sum_{\nu = 1}^{\infty} \frac{\cos(2\nu\omega \cdot t)}{4\nu^2 - 1} \quad .$$

Die reellen FOURIERkoeffizienten ergeben sich auch unmittelbar zu

$$a_\nu = 2 \cdot \text{Re } c_\nu = \frac{-4\hat{i}}{\pi} \cdot \frac{1}{4\nu^2 - 1} \quad \text{und} \quad b_\nu = -2 \cdot \text{Im } c_\nu = 0.$$

---

228. Bei der Einweggleichrichtung wird ein Wechselstrom der Gleichung $i = \hat{i} \cdot \sin(\omega t)$ mit $\hat{i}$ als Scheitelstromstärke und ω als Kreisfrequenz in einen pulsierenden Gleichstrom umgewandelt, der durch

$$i = \frac{\hat{i}}{2} \cdot \sin(\omega t) + \frac{\hat{i}}{2} \cdot |\sin(\omega t)|$$ beschrieben werden kann. Welche FOURIERsche Reihe ergibt sich?

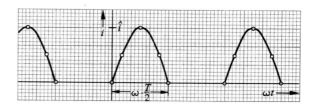

Mit Hilfe der FOURIERschen Reihe für den zweiweggleichgerichteten
Wechselstrom (vgl. Nr. 227) bekommt man durch Überlagerung

$$TR(t) = \frac{\hat{i}}{2} \cdot \sin(\omega t) + \frac{\hat{i}}{\pi} \cdot \left[1 - 2 \cdot \sum_{\nu = 1}^{\infty} \frac{\cos(2\,\nu\,\omega \cdot t)}{4\,\nu^2 - 1} \right] \quad .$$

Die im abgebildeten Spektrum auftretenden
Amplituden sind

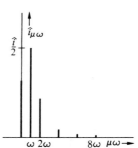

$$\hat{i}_0 = \frac{\hat{i}}{\pi} \quad , \quad \hat{i}_\omega = \frac{\hat{i}}{2} \quad \text{und}$$

$$\hat{i}_{2\nu\omega} = \frac{2\hat{i}}{\pi \cdot (4\,\nu^2 - 1)} \quad \text{für} \quad \nu \in \mathbb{N}.$$

6. Kurvenintegrale

229. Gegeben sei die **vektorielle Ortsfunktion** $\vec{V} = \vec{v}(x;y) = \vec{v}(\vec{r}) =$

$= \begin{pmatrix} -y \\ x + y \end{pmatrix}$, die in bezug auf ein kartesisches **XY**-Koordinatensystem ein **Vektorfeld** beschreibt. Welche Werte nimmt das **skalare Kurvenintegral**

$$I_{vs} = \int_{P_1(C)}^{P_2} \vec{v}\,(\vec{r})\,d\vec{r}$$ an, wenn als Integrationsweg von $P_1(0; 0)$ nach $P_2(2; 4)$ die

Strecke $\overline{P_1 P_2}$ bzw. der Parabelbogen mit der Parameterdarstellung $x = f(s) =$
$= 2\,s^2$, $y = g(s) = 4s$ gewählt werden?

Mit $\overrightarrow{P_1 P_2} = \begin{pmatrix} 2 \\ 4 \end{pmatrix}$ ist $\vec{r} = \begin{pmatrix} 2 \\ 4 \end{pmatrix} \cdot t$ für $t \in [0; 1]$ eine Parameterdarstellung
der Strecke $\overline{P_1 P_2}$. Hiermit wird

$$I_{vs} = \int\limits_{P_1(C_1)}^{P_2} \vec{v}(\vec{r}) \cdot \frac{d\vec{r}}{dt} \cdot dt = \int\limits_0^1 \begin{pmatrix} -4t \\ 6t \end{pmatrix} \cdot \begin{pmatrix} 2 \\ 4 \end{pmatrix} dt = \int\limits_0^1 (-8t + 24t)\, dt =$$

$$= \int\limits_0^1 16t\, dt = 8t^2 \Big|_0^1 = 8.$$

Die Parabel verläuft durch P_1 für $s = 0$ und durch P_2 für $s = 1$,

womit in gleicher Weise über $\vec{r} = \begin{pmatrix} 2s^2 \\ 4s \end{pmatrix}$

$$\bar{I}_{vs} = \int\limits_{P_1(C_2)}^{P_2} \vec{v}(\vec{r}) \cdot \frac{d\vec{r}}{dt} \cdot dt = \int\limits_0^1 \begin{pmatrix} -4s \\ 2s^2 + 4s \end{pmatrix} \cdot \begin{pmatrix} 4s \\ 4 \end{pmatrix} ds =$$

$$= \int\limits_0^1 (-16s^2 + 8s^2 + 16s)\, ds =$$

$$= \int\limits_0^1 (-8s^2 + 16s)\, ds = \left[-\frac{8}{3}s^3 + 8s^2 \right]_0^1 = \frac{16}{3} \quad \text{folgt.}$$

Für die gegebene vektorielle Ortsfunktion

$$\vec{V} = \begin{pmatrix} v_1(x; y) \\ v_2(x; y) \end{pmatrix} \quad \text{sind somit die}$$

skalaren Kurvenintegrale wegabhängig.

Unabhängigkeit vom Integrationsweg besteht immer dann, wenn Verbindungskurven von P_1 und P_2 ein und demselben e i n f a c h z u s a m m e n h ä n g e n d e n G e b i e t angehören, in welchem die Integrabili- tätsbedingung

$$\frac{\partial v_2(x; y)}{\partial x} = \frac{\partial v_1(x; y)}{\partial y} \quad \text{erfüllt ist.}$$

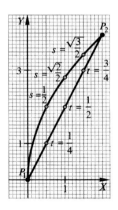

230. Gegeben ist das durch $\vec{V}_\lambda = \vec{v}_\lambda (x; y; z) = \vec{v}(\vec{r}) = \begin{pmatrix} 2x + 4y - z \\ 4x + 2y - 6z \\ -x + \lambda y \end{pmatrix}$

mit $\lambda \in \mathbb{R}$ beschriebene **v e k t o r i e l l e F e l d** sowie die **Kurve C** mit der

Parameterdarstellung $\vec{r} = \begin{pmatrix} t \\ t^2 \\ 2 \\ \dfrac{2}{t^2} \end{pmatrix}$ für $t \in [1; 2]$. P_1 bzw. P_2 seien

die Punkte von C mit den Parameterwerten t = 1 bzw. t = 2. Man ermittle

das **s k a l a r e K u r v e n i n t e g r a l** $I_{vs}(\lambda) = \displaystyle\int\limits_{P_1(C)}^{P_2} \vec{v}_\lambda(\vec{r})\, d\vec{r}$. Für welchen

Wert von λ hängt $I_{vs}(\lambda)$ nicht vom Verlauf der die PunkteP_1, P_2 verbindenden Kurve ab? Man bestimme eine zugehörige **P o t e n t i a l f u n k t i o n**.

Mit $P_1(1; 1; 2)$, $P_2(2; 4; 0, 5)$ erhält man

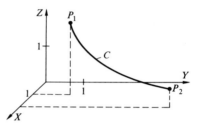

$$I_{vs}(\lambda) = \int\limits_{P_1(C)}^{P_2} \vec{v}_\lambda(\vec{r})\, d\vec{r} =$$

$$= \int\limits_{1}^{2} \vec{v}_\lambda(\vec{r}) \cdot \frac{d\vec{r}}{dt} \cdot dt =$$

$$= \int\limits_{1}^{2} \begin{pmatrix} 2t + 4t^2 - \dfrac{2}{t^2} \\ 4t + 2t^2 - \dfrac{12}{t^2} \\ -t + \lambda t^2 \end{pmatrix} \cdot \begin{pmatrix} 1 \\ 2t \\ \dfrac{-4}{t^3} \end{pmatrix} dt =$$

$$= \int\limits_{1}^{2} \left(2t + 4t^2 - \frac{2}{t^2} + 8t^2 + 4t^3 - \frac{24}{t} + \frac{4}{t^2} - \frac{4\lambda}{t} \right) dt =$$

$$= \int\limits_{1}^{2} \left(4t^3 + 12t^2 + 2t - \frac{24 + 4\lambda}{t} + \frac{2}{t^2} \right) dt =$$

$$= \left[t^4 + 4t^3 + t^2 - (24 + 4\lambda) \cdot \ln|t| - \frac{2}{t} \right]_{1}^{2} =$$

$$= 47 - (24 + 4\lambda) \cdot \ln 2.$$

Die Unabhängigkeit des Integralwertes vom Verlauf der Verbindungskurve erfordert für $\vec{V}_\lambda = V_{\lambda\,x} \cdot \vec{i} + V_{\lambda\,y} \cdot \vec{j} + V_{\lambda\,z} \cdot \vec{k}$

$$\text{rot } \vec{V}_\lambda = \begin{vmatrix} \vec{i} & \vec{j} & \vec{k} \\ \dfrac{\partial}{\partial x} & \dfrac{\partial}{\partial y} & \dfrac{\partial}{\partial z} \\ V_{\lambda\,x} & V_{\lambda\,y} & V_{\lambda\,z} \end{vmatrix} = \begin{pmatrix} \dfrac{\partial V_{\lambda\,z}}{\partial y} - \dfrac{\partial V_{\lambda\,y}}{\partial z} \\[2mm] \dfrac{\partial V_{\lambda\,x}}{\partial z} - \dfrac{\partial V_{\lambda\,z}}{\partial x} \\[2mm] \dfrac{\partial V_{\lambda\,y}}{\partial x} - \dfrac{\partial V_{\lambda\,x}}{\partial y} \end{pmatrix} = \vec{0} \text{ als}$$

Integrabilitätsbedingung, hier also $\begin{pmatrix} \lambda + 6 \\ 0 \\ 0 \end{pmatrix} = \vec{0}$ und damit $\lambda = -6$, was

$I_{vs}(-6) = 47$ erbringt.

In diesem Falle existiert ein durch eine P o t e n t i a l f u n k t i o n $U = u(x;y;z)$ beschriebenes S k a l a r f e l d, so daß $\vec{v}_{-6}(x;y;z) = \text{grad } U$ mit

$\text{grad } U = \dfrac{\partial U}{\partial x} \cdot \vec{i} + \dfrac{\partial U}{\partial y} \cdot \vec{j} + \dfrac{\partial U}{\partial z} \cdot \vec{k}$. Demnach ist

$$\frac{\partial U}{\partial x} = 2x + 4y - z$$

$$\frac{\partial U}{\partial y} = 4x + 2y - 6z$$

$$\frac{\partial U}{\partial z} = -x - 6y .$$

Die erste dieser Gleichungen liefert $U = x^2 + 4xy - xz + g_1(y;z)$, wobei $g_1(y;z)$ Term einer beliebigen Funktion mit stetigen partiellen Ableitungen nach y und z ist. Mit Hilfe der zweiten Gleichung kommt man auf

$$4x + \frac{\partial g_1(y;z)}{\partial y} = 4x + 2y - 6z \text{ , also } \frac{\partial g_1(y;z)}{\partial y} = 2y - 6z \text{ und}$$

$g_1(y;z) = y^2 - 6yz + g_2(z)$, also $U = x^2 + 4xy - xz + y^2 - 6yz + g_2(z)$

mit $g_2(z)$ als Term einer beliebigen stetig differenzierbaren Funktion von z.

Durch Einsetzen in die dritte Gleichung wird $-x - 6y + \dfrac{dg_2(z)}{dz} = -x - 6y,$

also $\dfrac{dg_2(z)}{dz} = 0$ und damit $g_2(z) = C$ für $C \in \mathbb{R}$. Man erhält so in

$U = u(x;y;z) = x^2 + 4xy - xz + y^2 - 6yz + C$ unendlich viele Potential-funktionen, die sich aber nur um Konstante voneinander unterscheiden.

Auf diese Weise ergibt sich wiederum $I_{vs}(-6) = u(2;4;0,5) - u(1;1;2) = (39 + C) - (-8 + C) = 47$, und zwar als Differenz der Werte einer Po-tentialfunktion in P_2 und P_1.

---

231. Auf einen beweglichen Punkt P mit Ortsvektor $\vec{r} = \begin{pmatrix} x \\ y \end{pmatrix}$ eines karte-

sischen Koordinatensystems wirkt mit $F > 0$ die Kraft $\vec{F} = \begin{pmatrix} F_x \\ F_y \end{pmatrix} = F \cdot \vec{r}^0$.

Welche **Arbeit** W ist in diesem **vektoriellen Feld** erforderlich, um P auf einem im 1. Quadranten gelegenen Wege aus der Lage $Q_0(a;0)$ in die Lage $Q_1(0;b)$ mit $a > 0$, $b > 0$ zu bringen?

Es ist $F_x = F \cdot \dfrac{x}{\sqrt{x^2 + y^2}}$, $F_y = F \cdot \dfrac{y}{\sqrt{x^2 + y^2}}$, also $|\vec{F}| = F$.

Da die **Integrabilitätsbedingung** $\dfrac{\partial\left(\dfrac{x}{\sqrt{x^2 + y^2}}\right)}{\partial y} = \dfrac{\partial\left(\dfrac{y}{\sqrt{x^2 + y^2}}\right)}{\partial x}$

mit Ausnahme des Nullpunktes überall erfüllt ist, kann der Integrations-

weg für $W = -\displaystyle\int_{Q_0(C)}^{Q_1} \vec{F}(\vec{r})\, d\vec{r}$ z. B. längs der Geraden durch Q_0 und Q_1 ge-

wählt werden. In diesem Fall wird mit $\vec{r} = \begin{pmatrix} a \\ 0 \end{pmatrix} + \begin{pmatrix} -a \\ b \end{pmatrix} \cdot t$ für $0 \leqslant t \leqslant 1$

$$W = -\int_0^1 \frac{|\vec{F}|}{\sqrt{a^2 \cdot (1 - t)^2 + b^2 \cdot t^2}} \cdot \begin{pmatrix} a(1 - t) \\ bt \end{pmatrix} \cdot \begin{pmatrix} -a \\ b \end{pmatrix} dt =$$

$$= |\vec{F}| \cdot \int_0^1 \frac{a^2 \cdot (1 - t) - b^2 \cdot t}{\sqrt{a^2 \cdot (1 - t)^2 + b^2 \cdot t^2}} \, dt.$$

Die Substitution $a^2 \cdot (1 - t)^2 + b^2 \cdot t^2 = z$
und damit
$2 \cdot [-a^2 \cdot (1 - t) + b^2 \cdot t]\, dt = dz$
führt auf

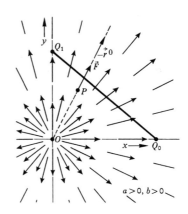

$$W = -|\vec{F}| \cdot \int_{a^2}^{b^2} \frac{dz}{2 \cdot \sqrt{z}} =$$

$$= -|\vec{F}| \cdot \sqrt{z} \Big|_{a^2}^{b^2} = (a - b) \cdot |\vec{F}| \ .$$

---

232. Gegeben ist ein Kurvenstück C durch $\vec{r} = \begin{pmatrix} a \cdot \cos t \\ a \cdot \sin t \\ b \cdot \sin t \end{pmatrix}$ mit den End-

punkten P_0 für $t = 0$ und P_1 für $t = \pi$. Es soll das **Kurvenintegral**

$$I_S = \int_{P_0(C)}^{P_1} u(\vec{r})\, ds \text{ mit a, b, } c \in \mathbb{R}^+ \text{ in dem durch die skalare Ortsfunktion}$$

$u(x;y;z) = c \cdot z$ beschriebenen **Skalarfeld** bestimmt werden.

Aus $\dot{\vec{r}} = \begin{pmatrix} -a \cdot \sin t \\ a \cdot \cos t \\ b \cdot \cos t \end{pmatrix}$ und dem Bogendifferential $ds = |\dot{\vec{r}}|\, dt =$

$$= \sqrt{\dot{r}_x^2 + \dot{r}_y^2 + \dot{r}_z^2}\, dt, \text{ ergibt sich } I_S = c \cdot \int_0^{\pi} b \cdot \sin t \cdot \sqrt{a^2 + b^2 \cdot \cos^2 t}\, dt.$$

Die Substitution $b \cdot \cos t = z$ führt mit $-b \cdot \sin t\, dt = dz$ über

$$I_S = -c \cdot \int_b^{-b} \sqrt{a^2 + z^2}\, dz =$$

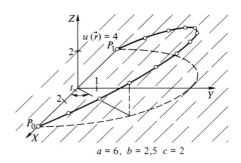

$u(\vec{r}) = 4$

$a = 6, \ b = 2{,}5 \ c = 2$

$$= 2c \cdot \int_0^b \sqrt{a^2 + z^2}\, dz$$

unter Verwendung der
Formel 1.60 auf

$$I_s = c \cdot \left[z \cdot \sqrt{a^2 + z^2} + a^2 \cdot \ln(z + \sqrt{a^2 + z^2}\,) \right]_0^b =$$

$$= c \cdot \left[b \cdot \sqrt{a^2 + b^2} + a^2 \cdot \ln \left(\frac{b + \sqrt{a^2 + b^2}}{a} \right) \right].$$

Für die Werte a = 6, b = 2,5 und c = 2 der Abbildung wird $I_s \approx 61,693$.

t	0°	15°	30°	45°	60°	75°	90°	...
x	6	5,80	5,20	4,24	3	1,55	0	...
y	0	1,55	3	4,24	5,20	5,80	6	...
z	0	0,65	1,25	1,77	2,17	2,41	2,50	...

233. Die Ebene eines sehr dünnen homogenen Kreisrings (Mittelpunkt 0, Radius R = 5 cm, Masse m = 10 g) schließt gemäß der Abbildung mit der xy-Ebene den Winkel λ = 45° ein.

Man ermittle den **D r e h i m p u l s** $\vec{L}$ des Kreisrings in der angegebenen Lage, wenn dieser mit der Winkelgeschwindigkeit $\vec{\omega} = \omega \cdot \vec{k}$ und $\omega = 4\pi\,s^{-1}$ um die z-Achse rotiert. Welches Trägheitsmoment J_z besitzt der Kreisring bezüglich dieser Achse?

Der Kreisring C kann mit Hilfe der in die Kreisradien fallenden Vektoren

$$\vec{u} = R \cdot \begin{pmatrix} 0 \\ 1 \\ 0 \end{pmatrix} \quad \text{und} \quad \vec{w} = R \cdot \begin{pmatrix} \cos\lambda \\ 0 \\ -\sin\lambda \end{pmatrix}$$

durch die Parameterdarstellung

$$\vec{R} = \vec{r}(\tau) =$$

$$= \vec{u} \cdot \cos\tau + \vec{w} \cdot \sin\tau =$$

$$= R \cdot \begin{pmatrix} \cos\lambda \cdot \sin\tau \\ \cos\tau \\ -\sin\lambda \cdot \sin\tau \end{pmatrix}$$

erfaßt werden.

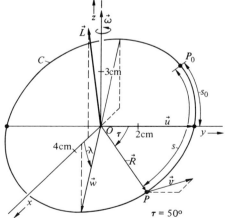

τ = 50°

Dann ist $\vec{v}(\tau) = \vec{\omega} \times \vec{r}(\tau)$ die Geschwindigkeit eines Punktes P von C mit dem Parameterwert τ. Bezeichnet s die Bogenlänge zwischen diesem und einem beliebigen, durch s_0 festgelegten Punkt P_0 von C, so ist

$$\tau = T(s) = \frac{s - s_o}{R}$$ und der D r e h i m p u l s $\vec{L}$ kann durch das v e k t o -

r i e l l e   K u r v e n i n t e g r a l $\vec{L} = \frac{m}{2R\pi} \cdot \oint_{(C)} \vec{r}\,[T(s)] \times \vec{v}\,[T(s)]\,ds$ darge-

stellt werden.

Über $\vec{r}(\tau) \times \vec{v}(\tau) = \vec{r}(\tau) \times [\,\vec{\omega} \times \vec{r}(\tau)] = [\vec{r}(\tau)]^2 \cdot \vec{\omega} - [\vec{r}(\tau) \cdot \vec{\omega}] \cdot \vec{r}(\tau) =$

$$= R^2 \cdot \vec{\omega} + R\omega \cdot \sin\lambda \cdot \sin\tau \cdot \vec{r}(\tau) = R^2 \omega \cdot \begin{pmatrix} \sin\lambda \cdot \cos\lambda \cdot \sin^2\tau \\ \sin\lambda \cdot \sin\tau \cdot \cos\tau \\ 1 - \sin^2\lambda \cdot \sin^2\tau \end{pmatrix} \quad \text{und}$$

$$\frac{d\vec{r}(\tau)}{d\tau} = R \cdot \begin{pmatrix} \cos\lambda \cdot \cos\tau \\ -\sin\tau \\ -\sin\lambda \cdot \cos\tau \end{pmatrix}, \text{ also } \left| \frac{d\vec{r}(\tau)}{d\tau} \right| = R \text{ erhält man}$$

$$\vec{L} = \frac{m}{2R\pi} \cdot \int_0^{2\pi} [\,\vec{r}(\tau) \times \vec{v}(\tau)] \cdot \left| \frac{d\vec{r}(\tau)}{d\tau} \right| \cdot d\tau =$$

$$= \frac{mR^2\omega}{2\pi} \cdot \int_0^{2\pi} \begin{pmatrix} \sin\lambda \cdot \cos\lambda \cdot \sin^2\tau \\ \sin\lambda \cdot \sin\tau \cdot \cos\tau \\ 1 - \sin^2\lambda \cdot \sin^2\tau \end{pmatrix} d\tau =$$

$$= \frac{mR^2\omega}{2\pi} \cdot \begin{pmatrix} \sin\lambda \cdot \cos\lambda \cdot \left[-\frac{1}{4}\sin(2\tau) + \frac{\tau}{2} \right] \\ \sin\lambda \cdot \frac{1}{2} \cdot \sin^2\tau \\ \tau - \sin^2\lambda \cdot \left[-\frac{1}{4}\sin(2\tau) + \frac{\tau}{2} \right] \end{pmatrix} \Bigg|_0^{2\pi} = \frac{mR^2\omega}{2} \cdot \begin{pmatrix} \sin\lambda \cdot \cos\lambda \\ 0 \\ 2 - \sin^2\lambda \end{pmatrix}$$

(Formeln 2.11, 2.32).

Für $\lambda = 45^o$ ergibt sich zusammen mit den übrigen speziellen Werten

$$\vec{L} = 250\pi \cdot \begin{pmatrix} 1 \\ 0 \\ 3 \end{pmatrix} \frac{g\,cm^2}{s} = 25\pi \cdot 10^{-6} \cdot \begin{pmatrix} 1 \\ 0 \\ 3 \end{pmatrix} Nms, \text{ also}$$

$|\vec{L}| \approx 2,4836 \cdot 10^{-4}$ Nms.

In der Zeichnung finden die Maßstäbe $M_\omega = 0,5 \dfrac{cm}{s^{-1}}$, $M_v = 5 \dfrac{cm}{m \cdot s^{-1}}$

und $M_L = 2,5 \cdot 10^4 \dfrac{cm}{Nms}$ Verwendung.

Das **Trägheitsmoment** J_z kann mit $|\vec{r}\,[T(s)] \times \vec{k}|$ als Abstand eines Punktes von C von der z-Achse gemäß

$$J_z = \frac{m}{2R\pi} \cdot \oint_{(C)} [\,\vec{r}\,[T(s)] \times \vec{k}\,]^2 \, ds \quad \text{durch ein } \mathbf{Kurvenintegral\ in\ einem}$$

Skalarfeld angegeben werden. Ähnlich wie vorher erhält man

$$J_z = \frac{m}{2R\pi} \cdot \int_0^{2\pi} [\,\vec{r}\,(\tau) \times \vec{k}\,]^2 \cdot \left| \frac{d\vec{r}\,(\tau)}{d\tau} \right| \, d\tau =$$

$$= \frac{m}{2R\pi} \cdot \int_0^{2\pi} R^2 \cdot [\cos^2 \lambda \cdot \sin^2 \tau + \cos^2 \tau\,] \cdot R \, d\tau =$$

$$= \frac{mR^2}{2\pi} \cdot \left\{ \cos^2 \lambda \cdot \left[-\frac{1}{4} \cdot \sin(2\tau) + \frac{\tau}{2} \right] + \left[\frac{1}{4} \cdot \sin(2\tau) + \frac{\tau}{2} \right] \right\} \Big|_0^{2\pi} =$$

$$= \frac{mR^2}{2\pi} \cdot \pi \cdot (\cos^2 \lambda + 1) = \frac{mR^2 \cdot (\cos^2 \lambda + 1)}{2} \quad \text{(Formeln 2.11, 2.19)}.$$

Für die angeführten Werte errechnet sich $J_z = 1,875 \cdot 10^{-5} \, kg\,m^2$.

7. Flächen- und Raumintegrale

234. Die Koordinatenebenen, die Ebene $E \equiv x + y - a = 0$ sowie die Paraboloidfläche P als Graph von $z = f(x;y) = \dfrac{1}{a}(a^2 - x^2 - y^2)$ mit $a > 0$ begrenzen gemäß der Abbildung einen ganz im 1. Oktanten gelegenen Körper K. Welches Volumen V besitzt K?

Die Grundfläche B_1 des Körpers K kann durch die Koordinatenpaarmenge $\mathbb{B}_1 = \{(x;y) \mid 0 \leqslant x \leqslant a \wedge 0 \leqslant y \leqslant a - x\}$ erfaßt werden. Damit ergibt

sich das Volumen V nach Umwandlung des auftretenden **Flächenintegrals** in ein **Doppelintegral** zu

$$V = \int_{B_1} f(x;y)\, dA =$$

$$= \frac{1}{a} \cdot \int_{x=0}^{x=a} \left[\int_{y=0}^{y=a-x} (a^2 - x^2 - y^2)\, dy \right] dx =$$

$$= \frac{1}{a} \cdot \int_{x=0}^{x=a} \left[a^2 \cdot y - x^2 \cdot y - \frac{y^3}{3} \right]_{y=0}^{y=a-x} dx =$$

$$= \frac{2}{3a} \cdot \int_{x=0}^{x=a} (2x^3 - 3ax^2 + a^3)\, dx =$$

$$= \frac{2}{3a} \cdot \left[\frac{x^4}{2} - ax^3 + a^3 x \right]_{x=0}^{x=a} = \frac{a^3}{3}.$$

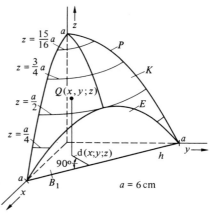

$z = \frac{15}{16} a$

$z = \frac{3}{4} a$

$z = \frac{a}{2}$

$z = \frac{a}{4}$

$Q(x,y;z)$

$d(x;y;z)$

$90°$

$a = 6\, \text{cm}$

(Siehe auch Nr. 241)

---

235. Aus einem geraden Kreiszylinder mit Radius R und Höhe h wird
gemäß der Abbildung der durch die **Schraubenfläche** mit der Parameterdarstellung $x = [r + (R - r) \cdot s] \cdot \cos t$, $y = [r + (R - r) \cdot s] \cdot \sin t$,
$z = \frac{h}{2\pi} \cdot t$ für $0 \leqslant s \leqslant 1 \wedge 0 \leqslant t \leqslant 2\pi$ festgelegte Teil weggenommen.
Welchen Rauminhalt V hat der Restkörper mit dem Kerndurchmesser $2\,r$?

Wird der verwendete Teil der Schraubenfläche als Graph einer Funktion
z = f(x;y) angesehen und bezeichnet
B die Kreisringfläche, welche sich
als senkrechte Projektion der Schraubenfläche in die xy-Ebene ergibt, so
ist

$$V = r^2 \cdot \pi \cdot h + \int_B f(x;y)\, dA.$$

Der Menge

$$\mathbb{B}_1 = \{(s;t) \mid s \in [0;1] \wedge t \in [0;2\pi]\}$$

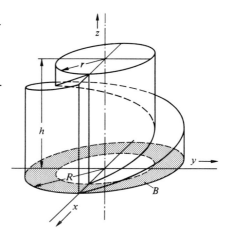

der Parameterpaare (s;t) entspricht bei Interpretation von s, t als rechtwinkligen Koordinaten ein Rechteck B_1.

Die Koordinatentransformation $x = [r + (R - r) \cdot s] \cdot \cos t$,
$y = [R + (R - r) \cdot s] \cdot \sin t$ liefert unter Verwendung der **Funktional-
determinate**

$$\frac{\partial(x;y)}{\partial(s;t)} = \begin{vmatrix} \dfrac{\partial x}{\partial s} & \dfrac{\partial x}{\partial t} \\[2mm] \dfrac{\partial y}{\partial s} & \dfrac{\partial y}{\partial t} \end{vmatrix} = \begin{vmatrix} (R - r) \cdot \cos t & [r + (R - r) \cdot s] \cdot (-\sin t) \\[2mm] (R - r) \cdot \sin t & [r + (R - r) \cdot s] \cdot \cos t \end{vmatrix} =$$

$$= (R - r) \cdot [r + (R - r) \cdot s] \quad \text{die Darstellung}$$

$$V = r^2 \cdot \pi \cdot h + \int_B f(x;y)\, dA = r^2 \cdot \pi \cdot h + \int_{B_1} \frac{h}{2\pi} \cdot t \cdot \left| \frac{\partial(x;y)}{\partial(s;t)} \right| d\overline{A}$$

und nach Umwandlung des **Flächenintegrals** in ein **Doppelintegral**

$$V = r^2 \cdot \pi \cdot h + \frac{h}{2\pi} \cdot (R - r) \cdot \int_{s=0}^{s=1} \left(\int_{t=0}^{t=2\pi} [r + (R - r) \cdot s] \cdot t \cdot dt \right) ds =$$

$$= r^2 \cdot \pi \cdot h + \frac{h}{2\pi} \cdot (R - r) \cdot 2\pi^2 \cdot \int_{s=0}^{s=1} [r + (R - r) \cdot s]\, ds =$$

$$= r^2 \cdot \pi \cdot h + h \cdot \pi \cdot (R - r) \cdot \left[r + \frac{R - r}{2} \right] =$$

$$= r^2 \cdot \pi \cdot h + \frac{h \cdot \pi \cdot (R^2 - r^2)}{2} = \frac{\pi \cdot h}{2} \cdot (R^2 + r^2) \ . \quad \text{(Siehe auch Nr. 53)}$$

---

236. Man zeige, daß $\displaystyle\int_0^{+\infty} e^{-x^2}\, dx = \frac{\sqrt{\pi}}{2}$ ist und verwende zu diesem Zweck

die für $\mathbb{B} = \{(x;y) \mid 0 \leqslant x \leqslant R \wedge 0 \leqslant y \leqslant R\}$ und $R \in \mathbb{R}^+$ richtige Um-

formung $\displaystyle\int_B e^{-(x^2+y^2)}\, dA = \int_0^R e^{-x^2}\, dx \cdot \int_0^R e^{-y^2}\, dy = \left(\int_0^R e^{-x^2}\, dx \right)^2 ,$

wobei B die in einem kartesischen **XY-Koordinatensystem** durch $\mathbb{B}$ erfaßte
Punktmenge ist.

Die Zerlegung $B = B_i \cup B_a$, in welcher B_i die Punkte des Kreisquadranten der Abbildung kennzeichnet und $B_a = B \setminus B_i$ ist, bringt

$$I = \int_B e^{-(x^2+y^2)} \, dA = I_i + I_a$$

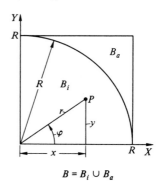

mit $I_i = \int_{B_i} e^{-(x^2+y^2)} \, dA$ und

$$I_a = \int_{B_a} e^{-(x^2+y^2)} \, dA. \quad \text{In } B_a \text{ ist}$$

$$0 < e^{-(x^2+y^2)} < e^{-R^2}, \quad \text{weil}$$

$$B = B_i \cup B_a$$

$e^{-(x^2+y^2)}$ sein Maximum e^{-R^2} für die Punkte des B_a begrenzenden Kreisbogenbiertels annimmt. Ist $A^*_{B_a}$ die Flächeninhaltsmaßzahl von B_a, so ist

demnach $0 < I_a < e^{-R^2} \cdot A^*_{B_a} < e^{-R^2} \cdot R^2$. Wegen $\lim\limits_{R \to \infty} e^{-R^2} \cdot R^2 = 0$

ist daher $\lim\limits_{R \to +\infty} I_a = 0$.

Zur Berechnung von I_i transformiert man mittels $x = r \cdot \cos\varphi$, $y = r \cdot \sin\varphi$ auf Polarkoordinaten. Diese Transformation bildet - abgesehen vom Nullpunkt - die Punkte P von B_i umkehrbar eindeutig auf die Punktmenge

$\bar{B}_i$ ab, welche durch $\bar{B}_i = \left\{ (r;\varphi) \mid 0 \leqslant r \leqslant R \wedge 0 \leqslant \varphi \leqslant \dfrac{\pi}{2} \right\}$ beschrieben

werden kann. Mit Hilfe der Funktionaldeterminante $\dfrac{\partial(x;y)}{\partial(r;\varphi)} = r$

und $x^2 + y^2 = r^2$ ist daher

$$I_i = \int_{\varphi=0}^{\varphi=\frac{\pi}{2}} \left(\int_{r=0}^{r=R} r \cdot e^{-r^2} \, dr \right) d\varphi = \int_{\varphi=0}^{\varphi=\frac{\pi}{2}} \left[-\frac{1}{2} \cdot e^{-r^2} \right]_{r=0}^{r=R} d\varphi =$$

$$= \frac{1}{2} \cdot \int_{\varphi=0}^{\varphi=\frac{\pi}{2}} (1 - e^{-R^2}) \, d\varphi = \frac{\pi}{4} \cdot (1 - e^{-R^2}) \quad \text{und deshalb} \quad \lim\limits_{R \to +\infty} I_i = \frac{\pi}{4}.$$

Aus $I = \int_B e^{-(x^2+y^2)} \, dA = \left(\int_0^R e^{-x^2} \, dx \right)^2 = I_i + I_a$ folgt für $R \to +\infty$

über $\left(\int_0^{+\infty} e^{-x^2} \, dx \right)^2 = \frac{\pi}{4}$ der gesuchte Wert $\int_0^{+\infty} e^{-x^2} \, dx = \frac{\sqrt{\pi}}{2}$.

Für die in Wahrscheinlichkeitsrechnung und Statistik wichtige GAUSS-

sche Verteilungsfunktion $\Phi(x) = \dfrac{1}{\sqrt{2\pi}} \displaystyle\int\limits_{-\infty}^{x} e^{-\frac{t^2}{2}}\, dt$, die sich nach

der Substitution $z = \dfrac{t}{\sqrt{2}}$, also $dz = \dfrac{dt}{\sqrt{2}}$, auch durch

$\Phi(x) = \dfrac{1}{\sqrt{\pi}} \cdot \displaystyle\int\limits_{-\infty}^{\frac{x}{\sqrt{2}}} e^{-z^2}\, dz$ darstellen läßt, gilt demnach

$\lim\limits_{x \to +\infty} \Phi(x) = \dfrac{1}{\sqrt{\pi}} \cdot \displaystyle\int\limits_{-\infty}^{+\infty} e^{-z^2}\, dz = \dfrac{2}{\sqrt{\pi}} \displaystyle\int\limits_{0}^{+\infty} e^{-z^2}\, dz = 1.$ (Siehe auch Nr. 218)

---

237. Ein gerader Kreiszylinder Z mit der Höhe H und den Grundkreisradien R wird von einer Ebene geschnitten, die einen Grundkreisdurchmesser $\overline{AB}$ enthält und den Umfang der anderen Grundfläche nur in einem Punkt C trifft. Wo liegt der Schwerpunkt S des abgeschnittenen keilförmigen Stückes? (Vgl. Nr. 202)

Die halbkreisförmige Grundfläche B_1 des entstehenden Z y l i n d e r h u f s kann nach Einführung eines rechtwinkligen xyz-Koordinatensystems gemäß der Abbildung als Menge $\mathbb{B}_1$ von Zahlenpaaren (x;y) beschrieben werden.

Weil die schneidende Ebene der Graph von $z = -\dfrac{H}{R} \cdot x$ ist, folgt mit

Hilfe eines F l ä c h e n i n t e g r a l s $V = \displaystyle\int\limits_{\mathbb{B}_1} \left(-\dfrac{H}{R} \cdot x \right) dA$ als Volumen des

Zylinderhufs.

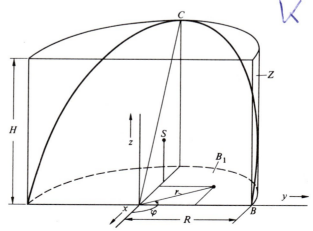

Geht man durch $x = r \cdot \cos\varphi$, $y = r \cdot \sin\varphi$ zu Polarkoordinaten in der xy-Ebene über, so wird B_1 durch die Paarmenge

$$\overline{B}_1 = \left\{ (r;\varphi) \mid r \in [0;R] \wedge \varphi \in \left[\frac{\pi}{2} ; \frac{3}{2}\pi\right] \right\}$$ erfaßt, welche bei Deutung von

r, φ als rechtwinkligen Koordinaten ein Rechteck $\overline{B}_1$ bestimmt.

Die Auswertung des Flächenintegrals für V vereinfacht sich dadurch mit

$$\frac{\partial(x;y)}{\partial(r;\varphi)} = r \quad \text{zu}$$

$$
\begin{aligned}
V &= \int_{B_1} \left(-\frac{H}{R} \cdot x\right) dA = \int_{\overline{B}_1} \left(-\frac{H}{R} \cdot r \cdot \cos\varphi\right) \cdot \left|\frac{\partial(x;y)}{\partial(r;\varphi)}\right| d\overline{A} = \\
&= -\frac{H}{R} \cdot \int_{\overline{B}_1} r^2 \cdot \cos\varphi \; d\overline{A} = -\frac{H}{R} \int_{r=0}^{r=R} \left[\int_{\varphi=\frac{\pi}{2}}^{\varphi=\frac{3}{2}\pi} r^2 \cdot \cos\varphi\right] d\varphi \, dr = \\
&= \frac{2H}{R} \cdot \int_{r=0}^{r=R} r^2 dr = \frac{2}{3} R^2 \cdot H.
\end{aligned}
$$

Mit $S(x_S; y_S; z_S)$ als Schwerpunkt des Zylinderhufs ist aus Symmetriegründen $y_S = 0$. x_S genügt nach dem M o m e n t e n s a t z unter Verwen

dung eines R a u m i n t e g r a l s der Gleichung $x_S \cdot V = \int_B x \, dV$. Geht man

durch $x = r \cdot \cos\varphi$, $y = r \cdot \sin\varphi$, $z = z$ zu Z y l i n d e r k o o r d i n a t e n

über, so wird B durch die Tripelmenge $\overline{B} = \Big\{ (r;\varphi;z) \mid r \in [0; R] \wedge$

$\wedge \varphi \in \left[\frac{\pi}{2}; \frac{3}{2}\pi\right] \wedge 0 \leqslant z \leqslant -\frac{H}{R} \cdot r \cdot \cos\varphi \Big\}$ beschrieben, welcher bei Deutung

von r, φ, z als rechtwinkligen Koordinaten ein Raumteil $\overline{B}$ entspricht.

Mit $\dfrac{\partial(x; y; z)}{\partial(r; \varphi; z)} = r$ wird sodann $\displaystyle\int_B x \, dV = \int_{\overline{B}} r \cdot \cos\varphi \cdot \left|\dfrac{\partial(x; y; z)}{\partial(r; \varphi; z)}\right| d\overline{V} =$

$$
= \int_{r=0}^{r=R} \left[\int_{\varphi=\frac{\pi}{2}}^{\varphi=\frac{3}{2}\pi} \left(\int_{z=0}^{z=-\frac{H}{R}r\cdot\cos\varphi} r^2 \cdot \cos\varphi \; dz\right) d\varphi\right] dr =
$$

$$
= -\frac{H}{R} \cdot \int_{r=0}^{r=R} \left[\int_{\varphi=\frac{\pi}{2}}^{\varphi=\frac{3}{2}\pi} r^3 \cdot \cos^2\varphi \; d\varphi\right] dr =
$$

$$= -\frac{H}{R} \cdot \frac{\pi}{2} \cdot \int_{r=0}^{r=R} r^3 \, dr = -\frac{HR^3\pi}{8} \quad \text{(Formel 2.19)}.$$

Das liefert $x_S = \frac{1}{V} \cdot \int_B x \, dV = -\frac{3}{16} \cdot \pi \cdot R \approx -0,589 \cdot R.$

Wiederum über den Momentensatz in der Form $z_S \cdot V = \int_B z \, dV$ folgt in

ähnlicher Weise $\displaystyle\int_B z \, dV = \int_{r=0}^{r=R} \left[\int_{\varphi=\frac{\pi}{2}}^{\varphi=\frac{3}{2}\pi} \left(\int_{z=0}^{z=-\frac{H}{R}r\cdot\cos\varphi} z \cdot r \, dz \right) d\varphi \right] dr =$

$$= \frac{H^2}{2R^2} \cdot \int_{r=0}^{r=R} \left[\int_{\varphi=\frac{\pi}{2}}^{\varphi=\frac{3}{2}\pi} r^3 \cdot \cos^2\varphi \, d\varphi \right] dr =$$

$$= \frac{H^2}{2R^2} \cdot \frac{\pi}{2} \cdot \int_{r=0}^{r=R} r^3 \, dr = \frac{R^2 \cdot H^2 \cdot \pi}{16} \quad ,$$

also $z_S = \frac{1}{V} \cdot \int_B z \, dV = \frac{3}{32} \pi \cdot H \approx 0,295 \cdot H$ (Formel 2.19).

---

238. Die Abbildung zeigt die obere Hälfte einer Halbkugel vom Radius R, welche senkrecht zur Grundrißebene zylindrisch mit dem Radius $\frac{R}{2}$ durchbohrt ist. Gesucht ist der Rauminhalt V der verbleibenden zwei Kugelteile.

Bei Wahl des xyz-Koordinatensystems wie in der Figur kann das Flächenstück B der xy-Ebene (Grundrißebene), welches innerhalb der Halbkugel und außerhalb der Bohrung liegt, durch die Paarmenge

$$\mathbb{B} = \left\{ (x;y) \mid x \in [0; R] \wedge x^2 + y^2 \leqslant R^2 \wedge \left(x - \frac{R}{2} \right)^2 + y^2 \geqslant \frac{R^2}{4} \right\} \text{ beschrie-}$$

ben werden. Mit $x^2 + y^2 + z^2 = R^2$ als Gleichung der Kugelfläche ist daher $V = \int_B \sqrt{R^2 - x^2 - y^2} \, dA.$ Führt man über $x = r \cdot \cos\varphi \, ; \, y = r \cdot \sin\varphi$

P o l a r k o o r d i n a t e n in der xy-Ebene ein, so wird B offensichtlich durch die Paarmenge $\overline{\mathbb{B}} = \left\{ (r;\varphi) \mid r \in [R \cdot \cos\varphi \, ; \, R] \wedge \varphi \in \left[-\frac{\pi}{2} ; \frac{\pi}{2} \right] \right\}$ erfaßt.

Über $\frac{\partial(x;y)}{\partial(r;\varphi)} = r$ sowie die Formeln 1.62 und 2.12 bekommt man so

$$V = \int\limits_{-\frac{\pi}{2}}^{\frac{\pi}{2}} \left[\int\limits_{R \cdot \cos\varphi}^{R} \sqrt{R^2 - r^2} \cdot r \, dr \right] d\varphi =$$

$$= \int\limits_{-\frac{\pi}{2}}^{\frac{\pi}{2}} \left[-\frac{1}{3} \cdot \sqrt{R^2 - r^2}^3 \right]_{R \cdot \cos\varphi}^{R} d\varphi =$$

$$= 2 \cdot \int\limits_{0}^{\frac{\pi}{2}} \frac{1}{3} \cdot R^3 \cdot \sin^3\varphi \, d\varphi =$$

$$= \frac{2}{3} R^3 \cdot \frac{2}{3} = \frac{4}{9} R^3.$$

---

239. Man bestimme das **p o l a r e F l ä c h e n t r ä g h e i t s m o m e n t** I_p einer rechteckigen ebenen Platte B mit der Breite b und der Höhe h.

Bei Wahl eines kartesischen Koordinatensystems gemäß der Abbildung, kann das gesuchte polare Trägheitsmoment I_p als Summe der beiden **a x i a l e n T r ä g h e i t s m o m e n t e** I_x und I_y durch

$$I_p = I_x + I_y = \int\limits_{B} y^2 \, dA + \int\limits_{B} x^2 \, dA =$$

$$= \int\limits_{-\frac{b}{2}}^{\frac{b}{2}} \left(\int\limits_{-\frac{h}{2}}^{\frac{h}{2}} y^2 \, dy \right) dx + \int\limits_{-\frac{h}{2}}^{\frac{h}{2}} \left(\int\limits_{-\frac{b}{2}}^{\frac{b}{2}} x^2 \, dx \right) dy$$

angegeben werden.

Hieraus folgt

$$I_p = \int\limits_{-\frac{b}{2}}^{\frac{b}{2}} \frac{y^3}{3} \Big|_{-\frac{h}{2}}^{\frac{h}{2}} dx + \int\limits_{-\frac{h}{2}}^{\frac{h}{2}} \frac{x^3}{3} \Big|_{-\frac{b}{2}}^{\frac{b}{2}} dy = \frac{h^3}{12} \cdot \int\limits_{-\frac{b}{2}}^{\frac{b}{2}} dx + \frac{b^3}{12} \cdot \int\limits_{-\frac{h}{2}}^{\frac{h}{2}} dy =$$

$$= \frac{b \cdot h^3}{12} + \frac{b^3 \cdot h}{12} = \frac{b \cdot h}{12} \cdot (b^2 + h^2).$$

Die Berechnung kann auch ohne Verwendung von Doppelintegralen durch

$$J_x = \int_{-\frac{h}{2}}^{\frac{h}{2}} b \cdot y^2 \, dy \quad \text{und} \quad I_y = \int_{-\frac{b}{2}}^{\frac{b}{2}} h \cdot x^2 \, dx$$

erfolgen. Vgl. auch z. B. Nr. 63.

---

240. Wird ein durch den Punkt Q(0; 0; h) parallel zur y-Achse verlaufender dünner Leiter von einem Strom I gemäß der Abbildung durchflossen, so beträgt im Punkt P(x; y; 0) die magnetische Feldstärke

$$\vec{H}(x) = \frac{I}{2\pi \cdot (h^2 + x^2)} \cdot \begin{pmatrix} h \\ 0 \\ x \end{pmatrix} \, .$$

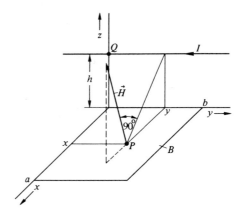

Es ist der magnetische Fluß

$$\Phi = \mu_0 \cdot \int_B (\vec{H}(x) \cdot \vec{k}) \, dA$$

im Vakuum mit μ_0

als magnetischer Feldkonstante für das eingezeichnete Rechteck B mit den Seitenlängen a und b zu berechnen.

$$\Phi = \mu_0 \cdot \int_B (\vec{H}(x) \cdot \vec{k}) \, dA = \frac{\mu_0 \cdot I}{2\pi} \cdot \int_{y=0}^{y=b} \left[\int_{x=0}^{x=a} \frac{x}{h^2 + x^2} \, dx \right] dy =$$

$$= \frac{\mu_0 \cdot I}{2\pi} \int_{y=0}^{y=b} \left[\frac{1}{2} \cdot \ln(h^2 + x^2) \right]_{x=0}^{x=a} dy = \frac{\mu_0 \cdot I}{4\pi} \cdot \int_{y=0}^{y=b} \ln\left(\frac{h^2 + a^2}{h^2} \right) dy =$$

$$= \frac{\mu_0 \cdot I \cdot b}{4\pi} \cdot \ln\left(\frac{h^2 + a^2}{h^2} \right) \quad \text{(Formel 1.16)}.$$

241. Der in Nr. 234 beschriebene Körper K sei homogen mit der Dichte ρ . Welchen Betrag $|\vec{M}|$ hat das Drehmoment $\vec{M}$, wenn sich der Körper unter dem Einfluß der in Richtung der z-Achse wirkenden Schwerkraft um die Schnittgerade h von Ebene E und xy-Ebene dreht? Siehe Abbildung auf S. 204.

Die Wirkungslinie der im Punkte Q(x; y; z) angreifenden Schwerkraft hat von der Drehachse h den gerichteten Abstand $d(x; y; z) = \dfrac{x + y - a}{\sqrt{2}}$.

Bezeichnet g den skalaren Wert der Erdbeschleunigung und

$$\mathbb{B} = \{(x; y; z) \mid 0 \leqslant x \leqslant a \wedge 0 \leqslant y \leqslant a - x \wedge 0 \leqslant z \leqslant f(x; y)\} \text{ mit}$$

$f(x;y) = \dfrac{1}{a}(a^2 - x^2 - y^2)$ die den Körper K beschreibende Menge von

Koordinatentripeln, dann ist $|\vec{M}| = \rho \cdot g \cdot \displaystyle\int_B |d(x; y; z)| \; dV =$

$$= \frac{\rho \cdot g}{\sqrt{2}} \cdot \int_B (a - x - y) \, dV. \text{ Das auftretende } \mathrm{R\,a\,u\,m\,i\,n\,t\,e\,g\,r\,a\,l} \text{ kann nach}$$

Umwandlung in ein $\mathrm{D\,r\,e\,i\,f\,a\,c\,h\,i\,n\,t\,e\,g\,r\,a\,l}$ folgendermaßen errechnet werden:

$$|\vec{M}| = \frac{\rho \cdot g}{\sqrt{2}} \cdot \int_B (a - x - y) \, dV =$$

$$= \frac{\rho \cdot g}{\sqrt{2}} \cdot \int_{x=0}^{x=a} \left[\int_{y=0}^{y=a-x} \left(\int_{z=0}^{z=f(x;y)} (a - x - y) \, dz \right) dy \right] dx =$$

$$= \frac{\rho \cdot g}{\sqrt{2}} \cdot \int_{x=0}^{x=a} \left\{ \int_{y=0}^{y=a-x} \left[(a - x - y) \cdot z \right]_{z=0}^{z=f(x;y)} \, dy \right\} dx =$$

$$= \frac{\rho \cdot g}{a \cdot \sqrt{2}} \cdot \int_{x=0}^{x=a} \left\{ \int_{y=0}^{y=a-x} \left[y^3 + (x - a) \cdot y^2 + (x^2 - a^2) \cdot y + \right. \right.$$

$$+ \left. \left. (x^3 - a \cdot x^2 - a^2 \cdot x + a^3) \right] dy \right\} dx =$$

$$= \frac{\rho \cdot g}{a \cdot \sqrt{2}} \cdot \int_{x=0}^{x=a} \left[\frac{y^4}{4} + \frac{x - a}{3} \cdot y^3 + \frac{x^2 - a^2}{2} \cdot y^2 + \right.$$

$$+ (x^3 - a \cdot x^2 - a^2 \cdot x + a^3) \cdot y \Big]_{y=0}^{y=a-x} dx =$$

$$= \frac{\rho \cdot g}{12 \cdot \sqrt{2} \cdot a} \int_{x=0}^{x=a} (-7x^4 + 16ax^3 - 6a^2x^2 - 8a^3x + 5a^4)dx =$$

$$= \frac{\rho \cdot g}{12 \cdot \sqrt{2} \cdot a} \left[-\frac{7}{5} x^5 + 4ax^4 - 2a^2x^3 - 4a^3x^2 + 5a^4x \right]_{x=0}^{x=a} =$$

$$= \frac{\sqrt{2}}{15} \cdot \rho \cdot g \cdot a^4.$$

Mit $m = \rho \cdot V = \dfrac{a^3 \cdot \rho}{3}$ als Masse des Körpers (vgl. Nr. 234) ergibt dies

$$|\vec{M}| = \frac{\sqrt{2}}{5} \cdot m \cdot g \cdot a.$$

---

242. Die Achse eines homogenen geraden Kreiskegels mit Radius R, Höhe h und Masse m fällt gemäß der Abbildung in die z-Achse eines kartesischen Koordinatensystems. Man berechne die Trägheitsmomente J_x, J_y, J_z bezüglich der Koordinatenachsen. (Vgl. Nr. 66)

Beschreibt $\mathbb{B}$ die Menge der Punkte B des Kegels, so kann B nach der Transformation $x = r \cdot \cos \varphi \cdot \cos \psi$, $y = r \cdot \sin \varphi \cdot \cos \psi$, $z = r \cdot \sin \psi$ mittels Kugelkoordinaten, vom Nullpunkt abgesehen, umkehrbar eindeutig auf die Punktmenge $\bar{B}$ abgebildet werden, die sich durch

$$\bar{B} = \left\{ (r; \varphi ; \psi) \mid 0 \leqslant \varphi \leqslant 2\pi \; \wedge \right.$$

$$\wedge \; \arctan \left(\frac{h}{R} \right) \leqslant \psi \leqslant \frac{\pi}{2} \; \wedge$$

$$\left. \wedge \; 0 \leqslant r \leqslant \frac{h}{\sin \psi} \right\}$$

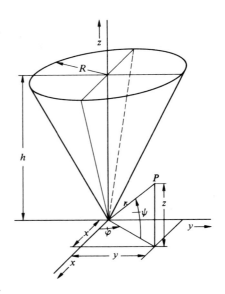

festlegen läßt. Als **Funktionaldeterminante** ergibt sich

$$\frac{\partial (x; y; z)}{\partial (r; \varphi; \psi)} = r^2 \cdot \cos\psi \quad . \text{ Mit } \rho = \frac{m}{\frac{1}{3} R^2 \cdot \pi \cdot h} = \frac{3m}{R^2 \cdot \pi \cdot h} \quad \text{als Dichte des}$$

Kegels wird so

$$J_x = \rho \cdot \int_B (y^2 + z^2)\, dV = \rho \cdot \int_{\varphi=0}^{\varphi=2\pi} \left[\int_{\psi=\arctan\left(\frac{h}{R}\right)}^{\psi=\frac{\pi}{2}} \left(\int_{r=0}^{r=\frac{h}{\sin\psi}} r^2 \cdot (\sin^2\varphi \cdot \cos^2\psi + \right.\right.$$

$$\left.\left. + \sin^2\psi \,) \cdot r^2 \cdot \cos\psi \, dr \right) d\psi \right] d\varphi =$$

$$= \rho \cdot \frac{h^5}{5} \cdot \int_{\varphi=0}^{\varphi=2\pi} \left[\int_{\psi=\arctan\left(\frac{h}{R}\right)}^{\psi=\frac{\pi}{2}} (\cot^3\psi \cdot \sin^2\varphi + \cot\psi) \cdot \frac{1}{\sin^2\psi} \, d\psi \right] d\varphi \quad .$$

Die Substitution $\cot\psi = w$, also $dw = -\frac{1}{\sin^2\psi} \cdot d\psi$ liefert

$$\int_{\psi=\arctan\left(\frac{h}{R}\right)}^{\psi=\frac{\pi}{2}} (\cot^3\psi \cdot \sin^2\varphi + \cot\psi) \cdot \frac{1}{\sin^2\psi} \, d\psi =$$

$$= -\int_{\frac{R}{h}}^{0} (w^3 \cdot \sin^2\varphi + w)\, dw = \left[\frac{w^4}{4} \cdot \sin^2\varphi + \frac{w^2}{2} \right]_0^{\frac{R}{h}} =$$

$$= \frac{R^2}{4h^2} \cdot \left[\frac{R^2}{h^2} \cdot \sin^2\varphi + 2 \right] \quad \text{und daher}$$

$$J_x = \rho \cdot \frac{h^5}{5} \cdot \frac{R^2}{4h^2} \cdot \int_{\varphi=0}^{\varphi=2\pi} \left(\frac{R^2}{h^2} \cdot \sin^2\varphi + 2 \right) d\varphi =$$

$$= \frac{3h^2 \cdot m}{20 \cdot \pi} \cdot \left[\frac{R^2}{h^2} \cdot \left(-\frac{1}{4} \cdot \sin(2\varphi) + \frac{\varphi}{2} \right) + 2\varphi \right]_0^{2\pi} = \frac{3h^2 \cdot m}{20 \cdot \pi} \cdot \left(\frac{R^2}{h^2} + 4 \right) \cdot \pi =$$

$$= \frac{3}{20} m \cdot (R^2 + 4h^2) \quad \text{(Formel 2.11)}.$$

Aus Symmetriegründen ist $J_y = J_x$.

$$J_z = \rho \cdot \int_B (x^2 + y^2)\, dV =$$

$$= \rho \cdot \int_{\varphi=0}^{\varphi=2\pi} \left[\int_{\psi=\arctan\left(\frac{h}{R}\right)}^{\psi=\frac{\pi}{2}} \left(\int_{r=0}^{r=\frac{h}{\sin\psi}} (r^2 \cos^2\psi) \cdot r^2 \cdot \cos\psi\, dr \right) d\psi \right] d\varphi =$$

$$= \rho \cdot \int_{\varphi=0}^{\varphi=2\pi} \left[\int_{\psi=\arctan\left(\frac{h}{R}\right)}^{\psi=\frac{\pi}{2}} \left(\int_{r=0}^{r=\frac{h}{\sin\psi}} (r^4 \cdot \cos^3\psi\, dr) \right) d\psi \right] d\varphi =$$

$$= \rho \cdot \int_{\varphi=0}^{\varphi=2\pi} \left[\int_{\psi=\arctan\left(\frac{h}{R}\right)}^{\psi=\frac{\pi}{2}} \cos^3\psi \cdot \frac{h^5}{5\,\sin^5\psi}\, d\psi \right] d\varphi .$$

Ähnlich wie oben führt $\cot\psi = w$, also $dw = -\dfrac{1}{\sin^2\psi}\, d\psi$ auf

$$\frac{h^5}{5} \cdot \int_{\psi=\arctan\left(\frac{h}{R}\right)}^{\psi=\frac{\pi}{2}} \cot^3\psi \cdot \frac{1}{\sin^2\psi}\, d\psi = -\frac{h^5}{5} \cdot \int_{\frac{R}{h}}^{0} w^3\, dw = \frac{h \cdot R^4}{20} \quad \text{und damit}$$

$$J_z = \rho \cdot \frac{h \cdot R^4}{20} \cdot \int_0^{2\pi} d\varphi = \frac{3m}{R^2 \cdot \pi \cdot h} \cdot \frac{h \cdot R^4}{20} \cdot 2\pi = \frac{3}{10} \cdot m \cdot R^2 .$$

---

243. Man berechne den Inhalt M der M a n t e l f l ä c h e F des in Nr. 130 näher erläuterten p a r a b o l i s c h e n R o h r k r ü m m e r s unter Verwendung eines s k a l a r e n O b e r f l ä c h e n i n t e g r a l s.

Mit $\vec{r} = p \cdot \begin{pmatrix} t \\ \frac{1}{2} \cdot t^2 \end{pmatrix}$ für $p > 0$ als Parameterdarstellung der Mittellinie

$\overgroup{OP}$ des Rohrkrümmers kann ein in der xy-Ebene liegender Normalenvektor $\vec{n}_1$ im Punkt Q_0 über $\dot{\vec{r}} = p \cdot \begin{pmatrix} 1 \\ t \end{pmatrix}$ durch $\vec{n}_1 = p \cdot \begin{pmatrix} t \\ -1 \end{pmatrix}$ angegeben werden. Führt man gemäß der umseitigen Abbildung s als weiteren Parameter ein, so folgt in Verbindung mit dem Einheitsvektor

$\vec{n}_1^{\,0} = \dfrac{1}{\sqrt{1 + t^2}} \begin{pmatrix} t \\ -1 \end{pmatrix}$ die Darstellung der Mantelfläche des Rohrkrümmers

zu

$$\vec{r} = \begin{pmatrix} p \cdot t + R \cdot \cos s \cdot \dfrac{t}{\sqrt{1 + t^2}} \\[3mm] \dfrac{1}{2} p \cdot t^2 - R \cdot \cos s \cdot \dfrac{1}{\sqrt{1 + t^2}} \\[3mm] R \cdot \sin s \end{pmatrix}$$

mit $R \leqslant p$ als Radius des Rohrquerschnittes und $(s, t) \in \mathbb{B}$ mit $\mathbb{B} = \{(s; t) \mid s \in [0; 2\pi] \wedge t \in [0; a]\}$.

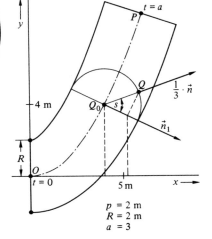

$p = 2\,\text{m}$
$R = 2\,\text{m}$
$a = 3$

Zur Ermittlung des Flächeninhaltes $M = \displaystyle\int_F dF$ wird dieses Oberflächen-

integral zweckmäßig in das **F l ä c h e n i n t e g r a l** $M = \displaystyle\int_B |\vec{n}\,(s; t)|\, dA$ ver-

wandelt, wobei $\vec{n}\,(s; t) = \dfrac{\partial \vec{r}}{\partial s} \times \dfrac{\partial \vec{r}}{\partial t}$ einen **N o r m a l e n v e k t o r** in einem

Punkt **Q** der Mantelfläche darstellt und B das durch $\mathbb{B}$ beschriebene Rechteck in einem kartesischen s, t-Koordinatensystem ist.

Man findet über

$$\vec{n}(s, t) = R \cdot \begin{vmatrix} \vec{i} & \vec{j} & \vec{k} \\[2mm] -\sin s \cdot \dfrac{t}{\sqrt{1 + t^2}} & \sin s \cdot \dfrac{1}{\sqrt{1 + t^2}} & \cos s \\[4mm] p + R \cdot \cos s \cdot \dfrac{1}{\sqrt{1 + t^2}^3} & p \cdot t + R \cdot \cos s \cdot \dfrac{t}{\sqrt{1 + t^2}^3} & 0 \end{vmatrix} =$$

$$= R \cdot \left(p + R \cdot \cos s \cdot \dfrac{1}{\sqrt{1 + t^2}^3} \right) \cdot [-\cos s \cdot t \cdot \vec{i} + \cos s \cdot \vec{j} - \sin s \cdot \sqrt{1 + t^2} \cdot \vec{k}]$$

$$|\vec{n}(s, t)| = R \cdot \left(p + R \cdot \cos s \cdot \dfrac{1}{\sqrt{1 + t^2}^3} \right) \cdot \sqrt{1 + t^2}\,.$$

Damit folgt $M = 2 \cdot \int\limits_{t=0}^{t=a} \left[\int\limits_{s=0}^{s=\pi} R \cdot \left(p + R \cdot \cos s \cdot \dfrac{1}{\sqrt{1+t^2}^3} \right) \cdot \sqrt{1+t^2} \; ds \right] dt =$

$= 2R \cdot \int\limits_{t=0}^{t=a} \left[\left(p \cdot s + R \cdot \sin s \cdot \dfrac{1}{\sqrt{1+t^2}^3} \right) \cdot \sqrt{1+t^2} \; \right]_0^\pi dt =$

$= 2R \cdot p \cdot \pi \int\limits_{t=0}^{t=a} \sqrt{1+t^2} \; dt \qquad$ und hieraus nach Formel 1.60

$M = 2R \cdot p \cdot \dfrac{\pi}{2} [\, t \cdot \sqrt{1+t^2} + \ln(t + \sqrt{1+t^2}\,)]_0^a =$

$= R \cdot p \cdot \pi \cdot [a \cdot \sqrt{1+a^2} + \ln(a + \sqrt{1+a^2}\,)].$

Für die in der Abbildung gewählten Abmessungen ergibt sich
$M \approx 142,066 \; m^2$.

Da nach Aufgabe Nr. 130 die Länge der Mittellinie

$\overset{\frown}{OP} = \dfrac{p}{2} \cdot [a \cdot \sqrt{1+a^2} + \ln(a + \sqrt{1+a^2}\,)]$ beträgt, ergibt sich noch

$M = 2R \cdot \pi \cdot \overset{\frown}{OP}.$

Es ist somit der Inhalt der Mantelfläche des Körpers gleich dem Produkt aus dem Umfang der Querschnittsfläche und der Länge der Mittellinie. Diese Tatsache gilt unter den in Nr. 130 gemachten einschränkenden Voraussetzungen allgemein.

---

244. Ein schiefer Kreiskegel besitzt den Grundkreisradius r und die Höhe h = 2r. Der Fußpunkt S' des von der Kegelspitze S auf die Grundkreisebene gefällten Lotes liegt auf dem Grundkreis.

Man berechne den Inhalt M der M a n t e l f l ä c h e F des Kegels.

Jeder Punkt P(x;y;z) der Mantelfläche F kann gemäß der Figur durch die

Parameterdarstellung $\vec{r} = \begin{pmatrix} \dfrac{r}{h} \cdot (h-t) \cdot \sin s \\[2mm] \dfrac{r}{h} \cdot [t + (h-t) \cdot \cos s] \\[2mm] t \end{pmatrix}$ mit

$(s, t) \in \mathbb{B}$ und $\mathbb{B} = \{ (s; t) \mid s \in [-\pi ; \pi] \wedge t \in [0; h] \}$ beschrieben werden.

Der Inhalt M der Mantelfläche F läßt sich unter Verwendung des O b e r -

f l ä c h e n i n t e g r a l s $M = \int_F dF$ darstellen, das zur rechnerischen Aus-

wertung jedoch zweckmäßig auf das F l ä c h e n i n t e g r a l $M = \int_B |\vec{n}(s;t)| \, dA$

mit $\vec{n}(s; t)$ als Normalenvektor von F in P zurückgeführt wird.

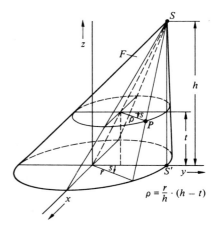

Mit $\quad \dfrac{\partial \vec{r}}{\partial s} = \dfrac{r}{h} \cdot (h - t) \cdot \begin{pmatrix} \cos s \\ -\sin s \\ 0 \end{pmatrix}$

und $\quad \dfrac{\partial \vec{r}}{\partial t} = \dfrac{1}{h} \cdot \begin{pmatrix} -r \cdot \sin s \\ r \cdot (1 - \cos s) \\ h \end{pmatrix}$

$\rho = \dfrac{r}{h} \cdot (h - t)$

ergibt sich $\vec{n}(s; t) = \dfrac{\partial \vec{r}}{\partial s} \times \dfrac{\partial \vec{r}}{\partial t} = -\dfrac{r}{h^2} \cdot (h - t) \cdot \begin{pmatrix} h \cdot \sin s \\ h \cdot \cos s \\ r \cdot (1 - \cos s) \end{pmatrix}$ und

daraus

$|\vec{n}(s; t)| = \dfrac{r}{h^2} \cdot (h - t) \cdot \sqrt{h^2 + r^2 \cdot (1 - \cos s)^2} =$

$= \dfrac{r^2}{h^2} \cdot (h - t) \cdot \sqrt{\left(\dfrac{h}{r}\right)^2 + 4 \cdot \sin^4 \left(\dfrac{s}{2}\right)}$.

Damit folgt $M = \int_B |\vec{n}(s; t)| \, dA =$

$= \dfrac{r^2}{h^2} \cdot \int\limits_{s=-\pi}^{s=\pi} \left[\int\limits_{t=0}^{t=h} (h - t) \cdot \sqrt{\left(\dfrac{h}{r}\right)^2 + 4 \cdot \sin^4 \left(\dfrac{s}{2}\right)} \, dt \right] ds =$

$= r^2 \cdot \int\limits_{s=0}^{s=\pi} \sqrt{\left(\dfrac{h}{r}\right)^2 + 4 \cdot \sin^4 \left(\dfrac{s}{2}\right)} \, ds \quad$ und es wird wegen h = 2r der Inhalt der Mantelfläche

$$M = r^2 \cdot \int_0^\pi 2 \cdot \sqrt{1 + \sin^4\left(\frac{s}{2}\right)}\, ds.$$

Setzt man $f(s) = 2 \cdot \sqrt{1 + \sin^4\left(\frac{s}{2}\right)}$, so liefert die SIMPSONs c h e R e -

g e l für dieses nicht mehr elementar auswertbare Integral bei Teilung des

Integrationsintervalls $[0; \pi]$ in 8 Teile der Länge $\bar{h} = \frac{\pi}{8}$ und Verwendung

der auf 7 Dezimalstellen gerundeten Werte

ν	0	1	2	3	4
s_ν	0	$\frac{\pi}{8}$	$\frac{\pi}{4}$	$\frac{3}{8}\pi$	$\frac{\pi}{2}$
$y_\nu = f(s_\nu)$	2,0000000	2,0014481	2,0213328	2,0931029	2,2360680

5	6	7	8
$\frac{5}{8}\pi$	$\frac{3}{4}\pi$	$\frac{7}{8}\pi$	π
2,4314221	2,6294892	2,7751239	2,8284271

$$M \approx S_8 = r^2 \cdot \frac{\bar{h}}{3} \cdot [y_0 + 4 \cdot (y_1 + y_3 + y_5 + y_7) + 2 \cdot (y_2 + y_4 + y_6) + y_8] \approx$$

$\approx 7,3050662 \cdot r^2$. Rechnung mit doppelter Länge der Teilintervalle er-

bringt $M \approx S_4 = r^2 \cdot \frac{2\bar{h}}{3} \cdot [y_0 + 4 \cdot (y_2 + y_6) + 2y_4 + y_8] \approx 7,3052111 \cdot r^2$.

Als voraussichtlich besten Wert erhält man so (siehe Nr. 246)

$$M \approx S_8 + \frac{S_8 - S_4}{15} \approx (7,3050662 - 0,0000097) \cdot r^2 \approx 7,30506\, r^2.$$

---

245. Im Nullpunkt 0 eines kartesischen xyz-Koordinatensystems befinde
sich ein elektrischer Dipol vom Moment $\vec{M} = M \cdot \vec{k}$ mit $M > 0$, der in
einem Punkt P des umgebenden Vakuums mit dem Ortsvektor

$\vec{r} = \begin{pmatrix} x \\ y \\ z \end{pmatrix}$ die elektrische Flußdichte $\vec{D}(\vec{r}) = \varepsilon_0 \cdot \vec{E}(\vec{r})$ erregt, wobei

$$\vec{E}(\vec{r}) = \frac{M}{4\pi \cdot \varepsilon_0 \cdot |\vec{r}|^5} \begin{pmatrix} 3x \cdot z \\ 3y \cdot z \\ 2z^2 - x^2 - y^2 \end{pmatrix} \text{(vgl. Bd. II, Nr. 310)} \text{ die elektrische}$$

Feldstärke und $\varepsilon_0 = 8,8543 \cdot 10^{-12}\, \frac{As}{Vm}$ ist. Man berechne den durch ein vektorielles Oberflächenintegral festgelegten elektrischen

Verschiebungsfluß $\Psi = \int_F \vec{D}(\vec{r}) \, d\vec{F}$ in bezug auf die eingetragene Halbkugelfläche F mit Mittelpunkt 0 und Radius R.

Wie aus der Abbildung ersichtlich, kann ein beliebiger Punkt P(x;y;z) von F durch die Parameterdarstellung

$$\vec{r}(s,t) = R \cdot \begin{pmatrix} \cos s \cdot \cos t \\ \sin s \cdot \cos t \\ \sin t \end{pmatrix}$$

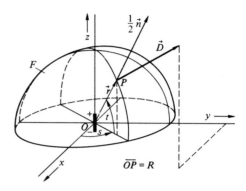

für

$(s;t) \in B$ und $B = \left\{ (x;y) \,\middle|\, 0 \leqslant s \leqslant 2\pi \wedge 0 \leqslant t \leqslant \frac{\pi}{2} \right\}$ erfaßt werden. Für

diesen Punkt P ist daher $\vec{D}[\vec{r}(s,t)] = \dfrac{M}{4\pi \cdot R^3} \cdot \begin{pmatrix} 3\cos s \cdot \sin t \cdot \cos t \\ 3\sin s \cdot \sin t \cdot \cos t \\ 3\sin^2 t - 1 \end{pmatrix}$.

Über $\quad \dfrac{\partial \vec{r}(s,t)}{\partial s} = R \cdot \begin{pmatrix} -\sin s \cdot \cos t \\ \cos s \cdot \cos t \\ 0 \end{pmatrix} , \quad \dfrac{\partial \vec{r}(s,t)}{\partial t} = R \cdot \begin{pmatrix} -\cos s \cdot \sin t \\ -\sin s \cdot \sin t \\ \cos t \end{pmatrix}$

ergibt sich $\vec{n}(s,t) = \dfrac{\partial \vec{r}(s,t)}{\partial s} \times \dfrac{\partial \vec{r}(s,t)}{\partial t} =$

$$= R^2 \cdot \begin{vmatrix} \vec{i} & \vec{j} & \vec{k} \\ -\sin s \cdot \cos t & \cos s \cdot \cos t & 0 \\ -\cos s \cdot \sin t & -\sin s \cdot \cos t & \cos t \end{vmatrix} =$$

$$= R^2 \cdot \begin{pmatrix} \cos s \cdot \cos^2 t \\ \sin s \cdot \cos^2 t \\ \sin t \cdot \cos t \end{pmatrix} = R^2 \cdot \cos t \cdot \begin{pmatrix} \cos s \cdot \cos t \\ \sin s \cdot \cos t \\ \sin t \end{pmatrix} =$$

$$= R \cdot \cos t \cdot \vec{r}(s,t) \quad \text{als ein ins Äußere der Kugel zei-}$$

gender Normalenvektor von F. Bezeichnet B das durch ℬ erfaßte Rechteck in einem kartesischen s, t-Koordinatensystem, so kann ψ durch ein
Flächenintegral dargestellt werden und man erhält

$$\psi = \int_F \vec{D}(\vec{r})\, d\vec{F} = \int_B \vec{D}[\,\vec{r}(s,t)]\cdot\vec{n}(s,t)\, dA =$$

$$= \frac{M}{4\pi\cdot R}\cdot\int_B (3\cdot\cos^2 s\cdot\sin t\cdot\cos^2 t + 3\cdot\sin^2 s\cdot\sin t\cdot\cos^2 t +$$

$$+ 3\cdot\sin^3 t - \sin t)\cdot\cos t\, dA = \frac{M}{4\pi\cdot R}\cdot\int_B 2\cdot\sin t\cdot\cos t\, dA =$$

$$= \frac{M}{4\pi\cdot R}\cdot\int_0^{2\pi}\left(\int_0^{\frac{\pi}{2}}\sin(2t)\, dt\right) ds = \frac{M}{4\pi\cdot R}\cdot\int_0^{2\pi}\left[\frac{-\cos(2t)}{2}\right]_0^{\frac{\pi}{2}} ds =$$

$$= \frac{M}{4\pi\cdot R}\int_0^{2\pi} ds = \frac{M}{2\,R}.$$

8. Numerische und graphische Integration

246. Der Graph von $y = f(x) = \dfrac{1}{\sqrt{1 + x^3}}$, die Koordinatenachsen und die
Gerade $g \equiv x - 2 = 0$ begrenzen ein Flächenstück, dessen Inhaltsmaßzahl
A^* mit Hilfe der SIMPSONschen Regel näherungsweise zu berechnen
ist.

Wendepunkte $W_1(0;\,1)$ und

$W_2(0,928;\,0,745)$; $A^* = \displaystyle\int_0^2 f(x)\, dx$.

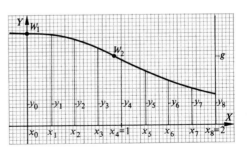

Bei Teilung des Integrationsintervalls [0; 2] in 8 Teile der Länge h = 0, 25
erhält man bei Rundung auf 7 Dezimalstellen

ν	0	1	2	3	4	5
x_ν	0	0,25	0,50	0,75	1	1,25
y_ν	1	0,9922779	0,9428090	0,8386279	0,7071068	0,5819144

6	7	8
1,50	1,75	2
0,4780914	0,3965453	0,3333333

Die Formel $A^* = \int\limits_0^2 f(x)\,dx = S_8 + R_S$ mit

$$S_8 = \frac{h}{3} \cdot [y_0 + 4 \cdot (y_1 + y_3 + y_5 + y_7) + 2 \cdot (y_2 + y_4 + y_6) + y_8] \quad \text{und}$$

$R_S = \dfrac{-2h^4}{180} \cdot f^{(4)}(\xi)$ für gewisses $\xi \in\ ]0;\ 2[$ liefert unter Verwendung der Zahlenwerte der Tabelle und eines Taschenrechners $S_8 \approx 1,4022341$.

Um R_S abzuschätzen, wäre die mühsame Errechnung von $f^{(4)}(x)$ erforderlich. Bequemer ist es, unter Benutzung der schon errechneten Funktionswerte die Rechnung nochmal mit doppelter Länge der Teilintervalle durchzuführen, was $S_4 = \dfrac{2h}{3} \cdot [y_0 + 4 \cdot (y_2 + y_6) + 2 \cdot y_4 + y_8] \approx$

$\approx 1,4051914$ und $R_S \approx \dfrac{S_8 - S_4}{15} \approx -0,0002$ als Anhaltswert bringt. Berücksichtigt man diesen, so ergibt sich $A^* \approx S_8 + R_S \approx 1,4020$.

Beide Formeln für R_S sind hier verwendbar, da $f^{(4)}(x)$ in $[0;2]$ stetig ist.

247. Es ist die Maßzahl A^* der von dem Graphen der Funktion $y = f(x) = $
$= x \cdot \sqrt{125 - x^3}$ und der X-Achse beranderten Fläche vom Inhalt A mit Hilfe der T r a p e z r e g e l und der SIMPSONs c h e n R e g e l zu berechnen.*)

ν	0	1	2	3	4	5	6
x_ν	0	$\dfrac{5}{16}$	$\dfrac{10}{16}$	$\dfrac{15}{16}$	$\dfrac{20}{16}$	$\dfrac{25}{16}$	$\dfrac{30}{16}$
y_ν	0	3,49343	6,98089	10,44697	13,86581	17,20066	20,40291

*) Siehe Fußnote bei Aufgabe Nr. 30.

7	8	9	10	11	12
$\dfrac{35}{16}$	$\dfrac{40}{16}$	$\dfrac{45}{16}$	$\dfrac{50}{16}$	$\dfrac{55}{16}$	$\dfrac{60}{16}$
23,41059	26,14563	28,50947	30,37565	31,57660	31,87845

13	14	15	16
$\dfrac{65}{16}$	$\dfrac{70}{16}$	$\dfrac{75}{16}$	5
30,92651	28,10227	21,98791	0

Maximum M(3,684; 31,905).

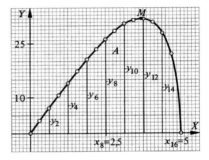

Bei der gewählten Einteilung des Integrationsintervalls in n = 16 Teile von jeweils der Länge $h = \dfrac{5}{16} = 0,3125$ liefert die **Trapezregel**

$$A^* = \int_{a=0}^{b=5} f(x)\,dx = \frac{h}{2}\cdot\left(y_0 + 2\cdot\sum_{\nu=1}^{n-1} y_\nu + y_n\right) + R_T =$$

$$= \frac{5}{32}\cdot\left[y_0 + 2\cdot\sum_{\nu=1}^{15} y_\nu + y_{16}\right] + R_T \approx 101,65742 + R_T .$$

Mit $a < b$ gilt $\quad R_T = \dfrac{(a-b)\cdot h^2}{12}\cdot f''(\xi)\quad$ für gewisses $\xi \in\,]a;b[$

falls y = f(x) in [a;b] zweimal stetig differenzierbar ist. Im vorliegenden Falle gestattet diese Formel jedoch keine Abschätzung für R_T, da schon f'(x) für x = b = 5 nicht mehr existiert.

Verwendet man zur Flächenberechnung die SIMPSONsche Regel, was wegen der gewählten geraden Anzahl der Teilintervalle möglich ist, so folgt nach

$$A^* = \frac{h}{3} \cdot \left(y_0 + 4 \cdot \sum_{\nu=1}^{n} y_{2\nu-1} + 2 \cdot \sum_{\nu=1}^{n-1} y_{2\nu} + y_{2n} \right) + R_S = S_{2n} + R_S$$

mit $2n = 16$ und $h = \dfrac{5}{16}$ für die in der Tabelle zusammengestellten Ordinaten

$$A^* = \frac{5}{48} \cdot \left[y_0 + 4 \cdot \sum_{\nu=1}^{8} y_{2\nu-1} + 2 \cdot \sum_{\nu=1}^{7} y_{2\nu} + y_{16} \right] + R_S \approx 102,67831 + R_S,$$

wobei auch hier die Formel

$$R_S = \frac{(a-b) \cdot h^4}{180} \cdot f^{(4)}(\xi) \quad \text{für gewisses } \xi \text{ zwischen } a \text{ und } b \text{ keine}$$

Abschätzung von R_S ermöglicht, weil $y = f(x)$ in $[a;b]$ nicht viermal stetig differenzbierbar ist.

Dasselbe gilt von der Näherungsformel $R_S \approx \dfrac{S_{2n} - S_n}{15}$ mit S_n als Ergebnis der SIMPSON-Näherung bei halber Intervallanzahl $n = 8$. Diese unterliegt nämlich den gleichen Voraussetzungen und unterstellt überdies, daß sich $f^{(4)}(x)$ an den bei $2n$ und n Teilintervallen angesprochenen Stellen ξ nur wenig unterscheidet.

Die Anschauung läßt vermuten, daß die SIMPSONsche Regel für das o. a. Integral ungenaue Werte liefert. Der Graph von $y = f(x)$ besitzt eine zur Y-Achse parallele Tangente in $x = 5$ und läßt sich deshalb in der Nähe dieser Stelle nur schlecht durch Parabeln mit der Gleichung $y = ax^2$ ($a \in R$) annähern.

Man kann den Schwierigkeiten dadurch begegnen, daß man vor Anwendung der SIMPSONschen Regel die Faktorisierung $125 - x^3 =$
$= (5 - x) \cdot (x^3 + 5x + 25)$ mit nachfolgender Substitution $5 - x = z^2$ für $z \geqslant 0$, also $dx = -2z\,dz$ vornimmt. Es ergibt sich dann

$$A^* = \int_0^5 x \cdot \sqrt{125 - x^3}\, dx = \int_0^5 x \cdot \sqrt{5-x} \cdot \sqrt{x^2 + 5x + 25}\, dx =$$

$$= \int_{\sqrt{5}}^{0} (5 - z^2) \cdot z \cdot \sqrt{(5-z^2)^2 + 5 \cdot (5-z^2) + 25} \cdot (-2z)\, dz =$$

$$= \int_0^{\sqrt{5}} 2 \cdot z^2 \cdot (5 - z^2) \cdot \sqrt{z^4 - 15z^2 + 75}\, dz.$$

Die jetzt auftretende Integrandenfunktion

$$\bar{y} = \bar{f}(z) = 2z^2 \cdot (5 - z^2) \cdot \sqrt{z^4 - 15z^2 + 75} \quad \text{ist wegen } z^4 - 15z^2 + 75 > 0$$

für $z \in \mathbb{R}$ beliebig oft differenzierbar und daher eine Abschätzung des Fehlers R_S mit der oben nicht verwendeten Näherungsformel möglich.

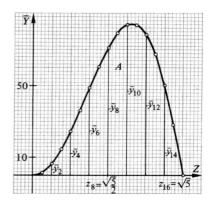

ν	0	1	2	3	4	5	6
z_ν	0	$\frac{1}{16}\sqrt{5}$	$\frac{2}{16}\sqrt{5}$	$\frac{3}{16}\sqrt{5}$	$\frac{4}{16}\sqrt{5}$	$\frac{5}{16}\sqrt{5}$	$\frac{6}{16}\sqrt{5}$
$\bar{y}_\nu$	0	1,68156	6,60814	14,43050	24,58323	36,30967	48,69636

	7	8	9	10	11	12
	$\frac{7}{16}\sqrt{5}$	$\frac{8}{16}\sqrt{5}$	$\frac{9}{16}\sqrt{5}$	$\frac{10}{16}\sqrt{5}$	$\frac{11}{16}\sqrt{5}$	$\frac{12}{16}\sqrt{5}$
	60,71659	71,28237	79,30356	83,75205	83,72789	78,52151

	13	14	15	16
	$\frac{13}{16}\sqrt{5}$	$\frac{14}{16}\sqrt{5}$	$\frac{15}{16}\sqrt{5}$	$\sqrt{5}$
	67,66248	50,93842	28,35614	0

Unter Verwendung von $2n = 16$ Teilintervallen von $[0;\ \sqrt{5}\ ]$ mit $h = \dfrac{\sqrt{5}}{16}$ und $\bar{y}_0, \bar{y}_1, \bar{y}_2, \ldots, \bar{y}_{15}, \bar{y}_{16}$ als Teilpunktsordinaten erhält man mit der SIMPSONschen Regel

$$A^* = \frac{h}{3} \cdot (\overline{y}_0 + 4 \cdot \sum_{\nu=1}^{8} \overline{y}_{2\nu}{}_{-1} + 2 \cdot \sum_{\nu=1}^{7} \overline{y}_{2\nu} + \overline{y}_{16}) = \overline{S}_{16} + \overline{R}_S \approx$$

$$\approx 103,30251 + \overline{R}_S.$$

Ein Anhaltswert für $\overline{R}_S$ ergibt sich über die Rechnung mit der halben Inter-vallanzahl n = 8, also $\overline{\overline{h}} = \dfrac{\sqrt{5}}{8}$ gemäß

$$A^* = \frac{h}{3} \cdot [\overline{\overline{y}}_0 + 4 \cdot (\overline{\overline{y}}_2 + \overline{\overline{y}}_6 + \overline{\overline{y}}_{10} + \overline{\overline{y}}_{14}) + 2 \cdot (\overline{\overline{y}}_4 + \overline{\overline{y}}_8 + \overline{\overline{y}}_{12}) + \overline{\overline{y}}_{16}] + \overline{\overline{R}}_S =$$

$$= \overline{\overline{S}}_8 + \overline{\overline{R}}_S \approx 103,30206 \quad \text{zu} \quad \overline{R}_S \approx \frac{\overline{S}_{16} - \overline{\overline{S}}_8}{15} \approx 0,00003.$$

Dies liefert $A^* \approx \overline{S}_{16} + \overline{R}_S \approx 103,30254.$

---

248. Mit Hilfe der Integraldarstellung $\ln x = \displaystyle\int_{1}^{x} \frac{dz}{z}$ soll ln x für $x > 1$ un-

ter Verwendung der SIMPSONs c h e n R e g e l mit 4 Teilintervallen durch eine gebrochenrationale Funktion F(x) angenähert und der Fehler abge-schätzt werden.

Über $h = \dfrac{x-1}{4}$ und $z_0 = 1$, $z_1 =$

$= 1 + h = \dfrac{x+3}{4}$, $z_2 = 1 + 2h = \dfrac{x+1}{2}$,

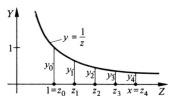

$z_3 = 1 + 3h = \dfrac{3x+1}{4}$, $z_4 = x$, also $y_0 = 1$, $y_1 = \dfrac{4}{x+3}$, $y_2 = \dfrac{2}{x+1}$,

$y_3 = \dfrac{4}{3x+1}$, $y_4 = \dfrac{1}{x}$ sowie $f(z) = \dfrac{1}{z}$ liefert die SIMPSONs c h e R e g e l

$$\ln x = \int_{1}^{x} f(z)\, dz = F(x) + R_S \quad \text{mit} \quad F(x) = \frac{h}{3} \cdot (y_0 + 4y_1 + 2y_2 + 4y_3 + y_4)$$

und

$$R_S = \frac{1-x}{180} \cdot h^4 \cdot f^{(4)}(\xi) \quad \text{für gewisses } \xi \in {]}1; \, x{[}.$$

Es ergibt sich

$$F(x) = \frac{x-1}{12} \cdot \left(1 + \frac{16}{x+3} + \frac{4}{x+1} + \frac{16}{3x+1} + \frac{1}{x}\right) =$$

$$= \frac{1}{12} \cdot \left(x - 1 + \frac{16x-16}{x+3} + \frac{4x-4}{x+1} + \frac{16x-16}{3x+1} + \frac{x-1}{x}\right) =$$

$$= \frac{1}{12} \cdot \left(x - 1 + 16 - \frac{64}{x+3} + 4 - \frac{8}{x+1} + \frac{16}{3} - \frac{64}{3\cdot(3x+1)} + 1 - \frac{1}{x}\right) =$$

$$= \frac{1}{12} \cdot \left(x + \frac{76}{3} - \frac{64}{x+3} - \frac{8}{x+1} - \frac{64}{3\cdot(3x+1)} - \frac{1}{x}\right) =$$

$$= \frac{1}{12} \cdot \left(x + \frac{76}{3}\right) - \frac{1}{12} \cdot \left[\frac{64}{x+3} + \frac{8}{x+1} + \frac{64}{3\cdot(3x+1)} + \frac{1}{x}\right] =$$

$$= \frac{1}{12} \cdot \left(x + \frac{76}{3}\right) - \frac{721x^3 + 1303x^2 + 495x + 9}{36x\cdot(x+1)\cdot(x+3)\cdot(3x+1)}.$$

Wegen $f^{(4)}(z) = \dfrac{24}{z^5}$ wird $R_S = \dfrac{1-x}{180} \cdot \left(\dfrac{x-1}{4}\right)^4 \cdot \dfrac{24}{\xi^5} = -\dfrac{(x-1)^5}{1920} \cdot \dfrac{1}{\xi^5}$

für $\xi \in]1;x[$. Damit ist $-\dfrac{(x-1)^5}{1920} < R_S < -\dfrac{(x-1)^5}{1920} \cdot \dfrac{1}{x^5}$ und daher

$$F(x) - \frac{(x-1)^5}{1920} < \ln x < F(x) - \frac{(x-1)^5}{1920} \cdot \frac{1}{x^5}.$$

Beispielsweise erhält man für $x = 1,5$ die Abschätzung $0,4054551\ldots <$ $< \ln 1,5 < 0,4054692\ldots$, während exakt $\ln 1,5 = 0,4054651\ldots$ ist.

---

249. Die Kennlinie einer T e l l e r f e d e r wird durch die folgenden Meß-wertpaare erfaßt:

$\dfrac{f}{mm}$	0	0,5	1	1,5	2	2,5	3	3,5	4
$\dfrac{F}{kN}$	0	2,30	3,85	4,85	5,35	5,43	5,23	4,80	4,30

Mit Hilfe der SIMPSONs c h e n R e g e l ermittle man näherungsweise die F e d e r u n g s a r b e i t W beim Zusammendrücken von $f_0 = 0$ mm auf $f_1 = 4$ mm.

Bezeichnet $F = \varphi(f)$ die obiger Tabelle zugrundeliegende Funktion,

so gilt $W = \int_{f_0}^{f_1} \varphi(f)\, df$. Hierbei hat

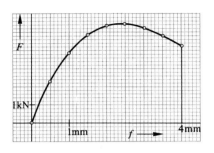

man sich zwischen den angegebenen f-Werten $\varphi(f)$ durch geeignete physikalisch sinnvolle Interpolation festgelegt zu denken. Es errechnet sich

$$W = \int_{f_0}^{f_1} \varphi(f)\, df \approx \frac{0,5}{3} \cdot (0 + 4 \cdot 2,30 + 2 \cdot 3,85 + 4 \cdot 4,85 + 2 \cdot 5,35 +$$

$$+ 4 \cdot 5,43 + 2 \cdot 5,23 + 4 \cdot 4,80 + 4,30)\ kNmm \approx 17,11\ kNmm =$$

$$= 17,11\ Nm.$$

---

250. Man ermittle näherungsweise $I = \int_{2}^{6} \dfrac{dx}{\ln x}$ mit Hilfe des ROMBERG-schen Verfahrens.

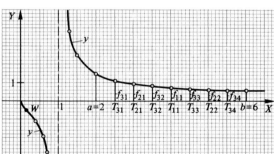

$y = \dfrac{1}{\ln x}$;

x	0+	0,4	0,6	0,7	1	1,3	1,5	2	2,5	3	3,5
y	0	-1,09	-1,96	-2,80	∞	3,81	2,47	1,44	1,09	0,91	0,80

	4	4,5	5	5,5	6	...
	0,72	0,66	0,62	0,59	0,56	...

Wendepunkt $W\left(e^{-2};\ -\dfrac{1}{2}\right)$.

Um nach dem ROMBERGs c h e n V e r f a h r e n $I = \int_{a}^{b} f(x)\, dx$ näherungsweise zu ermitteln, müssen die Elemente $A_{i,k}$ mit $k \leqslant i \leqslant n$ einer "Halb-matrix" der Form

A_{11}

A_{21} A_{22}

A_{31} A_{32} A_{33}

A_{41} A_{42} A_{43} A_{44}

. . . .

$A_{n-1,1}$ $A_{n-1,2}$ $A_{n-1,3}$ $A_{n-1,4}$ . . . . . $A_{n-1,n-1}$

$A_{n,1}$ $A_{n,2}$ $A_{n,3}$ $A_{n,4}$ . . . . . $A_{n,n-1}$ $A_{n,n}$

soweit berechnet werden, bis sich die Elemente in der rechten unteren Ecke der Halbmatrix genügend wenig voneinander unterscheiden. $A_{n,n}$ ist dann der gesuchte Näherungswert für I.

Hierzu werden zunächst das Integrationsintervall $[a; b]$ fortlaufend durch die zeilenweise zu lesenden Teilpunkte

T_{11}

T_{21} T_{22}

T_{31} T_{32} T_{33} T_{34}

. . . .

$T_{n-1,1}$ $T_{n-1,2}$ $T_{n-1,3}$ $T_{n-1,4}$ $T_{n-1,5}$ . . . . . $T_{n-1,2^{n-2}}$

halbiert und die zugehörigen Funktionswerte

$$f_{11} = f\left(\frac{a+b}{2}\right),$$

$$f_{21} = f\left(a + \frac{b-a}{4}\right), \quad f_{22} = f\left(a + 3 \cdot \frac{b-a}{4}\right),$$

$$f_{31} = f\left(a + \frac{b-a}{8}\right), \quad f_{32} = f\left(a + 3 \cdot \frac{b-a}{8}\right), \quad f_{33} = f\left(a + 5 \cdot \frac{b-a}{8}\right),$$

$$f_{34} = f\left(a + 7 \cdot \frac{b-a}{8}\right) \text{ usw.},$$

also $f_{i,k} = f\left[a + (2k-1) \cdot \dfrac{b-a}{2^i}\right]$ mit $1 \leqslant k \leqslant 2^{i-1}$ und

$1 \leqslant i \leqslant n - 1$ bestimmt.

Unter Verwendung der a r i t h m e t i s c h e n M i t t e l w e r t e

$$M_i = \frac{1}{2^{i-1}} \cdot \sum_{\nu=1}^{2} f_{i,\nu} \qquad \text{für } 1 \leqslant i \leqslant n-1 \text{, also}$$

$$M_1 = f_{11}$$

$$M_2 = \frac{1}{2}(f_{21} + f_{22})$$

$$M_3 = \frac{1}{4}(f_{31} + f_{32} + f_{33} + f_{34})$$

usw. berechnen sich die Elemente der 1. Spalte der Halbmatrix zu

$$A_{11} = \frac{b-a}{2} \cdot [f(a) + f(b)]$$

$$A_{21} = \frac{1}{2} \cdot [A_{11} + (b-a) \cdot M_1]$$

$$A_{31} = \frac{1}{2} \cdot [A_{21} + (b-a) \cdot M_2]$$

. . . .

$$A_{i,1} = \frac{1}{2} \cdot [A_{i-1,1} + (b-a) \cdot M_{i-1}]$$

$$A_{n,1} = \frac{1}{2} \cdot [A_{n-1,1} + (b-a) \cdot M_{n-1}].$$

Die Elemente $A_{i,k}$ jeder folgenden Spalte für $k \geqslant 2$ werden aus der Zusammenstellung von jeweils 2 Elementen der vorhergehenden Spalte gemäß dem Schema

$$A_{i-1,k-1}$$

$$A_{i,k-1} \longrightarrow A_{i,k}$$

nach der Formel $A_{i,k} = A_{i,k-1} + \dfrac{1}{4^{k-1}-1} \cdot (A_{i,k-1} - A_{i-1,k-1})$

gefunden.

Im vorliegenden Beispiel mit $a = 2$, $b = 6$, $f(x) = \dfrac{1}{\ln x}$ ergibt sich für

$n = 6$ unter Verwendung eines Taschenrechners, welcher die Speicherung aller Zwischenwerte gestattet (bei Rundung der angezeigten Werte auf 6 Stellen nach dem Komma) zunächst

$M_1 = f(4) \approx 0,721348$

$M_2 = \frac{1}{2} \cdot [f(3) + f(5)] \approx 0,765787$

$M_3 = \frac{1}{4} \cdot [f(2,5) + f(3,5) + f(4,5) + f(5,5)] \approx 0,785262$

$M_4 = \frac{1}{8} \cdot [f(2,25) + f(2,75) + \ldots + f(5,25) + f(5,75)] \approx 0,791792$

$M_5 = \frac{1}{16} \cdot [f(2,125) + f(2,375) + \ldots + f(5,625) + f(5,875)] \approx 0,793628.$

Damit wird für $k = 1$

$A_{11} = 2 \cdot [f(2) + f(6)] \approx 4,001611$

$A_{21} = \frac{1}{2} \cdot [A_{11} + 4 \cdot M_1] \approx 3,443501$

$A_{31} = \frac{1}{2} \cdot [A_{21} + 4 \cdot M_2] \approx 3,253325$

$A_{41} = \frac{1}{2} \cdot [A_{31} + 4 \cdot M_3] \approx 3,197187$

$A_{51} = \frac{1}{2} \cdot [A_{41} + 4 \cdot M_4] \approx 3,182177$

$A_{61} = \frac{1}{2} \cdot [A_{51} + 4 \cdot M_5] \approx 3,178344$;

für $k = 2$

$A_{22} = A_{21} + \frac{1}{3} \cdot (A_{21} - A_{11}) \approx 3,257464$

$A_{32} = A_{31} + \frac{1}{3} \cdot (A_{31} - A_{21}) \approx 3,189932$

$A_{42} = A_{41} + \frac{1}{3} \cdot (A_{41} - A_{31}) \approx 3,178474$

$A_{52} = A_{51} + \frac{1}{3} \cdot (A_{51} - A_{41}) \approx 3,177173$

$A_{62} = A_{61} + \frac{1}{3} \cdot (A_{61} - A_{51}) \approx 3,177066$;

für $k = 3$

$A_{33} = A_{32} + \frac{1}{15} \cdot (A_{32} - A_{22}) \approx 3,185430$

$A_{43} = A_{42} + \frac{1}{15} \cdot (A_{42} - A_{32}) \approx 3,177710$

$A_{53} = A_{52} + \frac{1}{15} \cdot (A_{52} - A_{42}) \approx 3,177087$

$A_{63} = A_{62} + \frac{1}{15} \cdot (A_{62} - A_{52}) \approx 3,177059$;

für k = 4

$$A_{44} = A_{43} + \frac{1}{63} \cdot (A_{43} - A_{33}) \approx 3,177587$$

$$A_{54} = A_{53} + \frac{1}{63} \cdot (A_{53} - A_{43}) \approx 3,177077$$

$$A_{64} = A_{63} + \frac{1}{63} \cdot (A_{63} - A_{53}) \approx 3,177059 \;;$$

für k = 5

$$A_{55} = A_{54} + \frac{1}{255} \cdot (A_{54} - A_{44}) \approx 3,177075$$

$$A_{65} = A_{64} + \frac{1}{255} \cdot (A_{64} - A_{54}) \approx 3,177059 \;;$$

für k = 6

$$A_{66} = A_{65} + \frac{1}{1023} \cdot (A_{65} - A_{55}) \approx 3,177059 .$$

Als Halbmatrix erhält man damit

4,001611					
3,443501	3,257464				
3,253325	3,189932	3,185430			
3,197187	3,178474	3,177710	3,177587		
3,182177	3,177173	3,177087	3,177077	3,177075	
3,178344	3,177066	3,177059	3,177059	3,177059	3,177059

und hieraus $I \approx A_{66} \approx 3,17706$.

Mit Hilfe des für $x \in \mathbb{R}^+ \setminus \{1\}$ durch $\mathrm{Li}(x) = \int\limits_0^x \frac{dt}{\ln t}$ definierten **Integral-logarithmus** ergibt sich die Darstellung $I = \mathrm{Li}(6) - \mathrm{Li}(2)$.

---

251. In der abgebildeten 2π periodischen Kurve sind die Ordinaten y_μ bezüglich der Abszissen $x_\mu = \mu \cdot 30^O$ mit $\mu = 0, 1, \ldots, 12$ durch folgende Wertetabelle festgelegt:

x	0	30°	60°	90°	120°	150°	180°	210°	240°	270°
y	-10	8	19	27	29	25	10	-8	-19	-27

x	300°	330°	360°
y	-29	-25	-10

Man bestimme durch **numerische Integration** die Koeffizienten a_ν und b_ν der Näherung

$$TR(x) \approx \frac{a_o}{2} + \sum_{\nu=1}^{5} [a_\nu \cos(\nu \cdot x) + b_\nu \sin(\nu \cdot x)] + \frac{a_6}{2} \cos(6x).$$

für die zugehörige FOURIERsche Reihe. (Siehe S. 171 ff.)

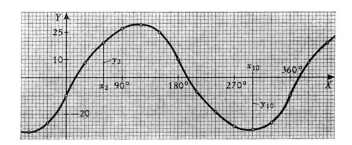

Bei Wahl von 12 äquidistanten Teilpunkten können die Koeffizienten in der Reihenentwicklung angenähert durch

$$a_o = \frac{1}{6} \cdot \sum_{\mu=1}^{12} y_\mu, \qquad a_\nu = \frac{1}{6} \cdot \sum_{\mu=1}^{12} y_\mu \cdot \cos\left(\frac{\nu \cdot \pi}{6} \cdot \mu\right) \text{ mit } \nu = 1, 2, \ldots, 6 \quad \text{und}$$

$$b_\nu = \frac{1}{6} \cdot \sum_{\mu=1}^{12} y_\mu \cdot \sin\left(\frac{\nu \cdot \pi}{6} \cdot \mu\right) \text{ mit } \nu = 1, 2, \ldots, 5 \quad \text{angegeben werden.}$$

Führt man die numerische Auswertung nicht mit Hilfe eines programmierbaren Taschenrechners durch, erweist sich die Einführung eines Rechenschemas als zweckmäßig. Es ergibt sich z.B. aus

		y_1	y_2	y_3	y_4	y_5	y_6	A
	y_{12}	y_{11}	y_{10}	y_9	y_8	y_7		B
A + B	s_0	s_1	s_2	s_3	s_4	s_5	s_6	
A − B		d_1	d_2	d_3	d_4	d_5		

und

	s_0	s_1	s_2	s_3	C		d_1	d_2	d_3	E
	s_6	s_5	s_4		D		d_5	d_4		F
C + D	u_0	u_1	u_2	u_3		E + F	p_1	p_2	p_3	
C − D	v_0	v_1	v_2			E − F	q_1	q_2		

für die vorliegenden Zahlenwerte

$u_0 = u_1 = u_2 = u_3 = 0$; $v_0 = -20$, $v_1 = -34$, $v_2 = -20$;

$p_1 = 66$, $p_2 = 96$, $p_3 = 54$; $q_1 = q_2 = 0$.

Damit folgt

$6a_0 = u_0 + u_1 + u_2 + u_3 = 0$,

$6a_1 \approx v_0 + 0,866v_1 + 0,5v_2 \approx$ $\qquad$ $6b_1 \approx 0,5p_1 + 0,866p_2 + p_3 \approx$

$\qquad \approx -59,44$, $\qquad\qquad\qquad\qquad\quad \approx 170,14$,

$6a_2 = u_0 + 0,5u_1 - 0,5u_2 - u_3 = 0$, $\quad 6b_2 \approx 0,866q_1 + 0,866q_2 = 0$,

$6a_3 = v_0 - v_2 = 0$, $\qquad\qquad\qquad\qquad 6b_3 = p_1 - p_3 = 12$,

$6a_4 = u_0 - 0,5u_1 - 0,5u_2 + u_3 = 0$, $\quad 6b_4 \approx 0,866q_1 - 0,866q_2 = 0$,

$6a_5 \approx v_0 - 0,866v_1 + 0,5v_2 \approx -0,56$, $\quad 6b_5 \approx 0,5p_1 - 0,866p_2 + p_3 \approx 3,86$,

$6a_6 = u_0 - u_1 + u_2 - u_3 = 0$.

Die FOURIERsche Reihe lautet demnach näherungsweise

$$TR(x) \approx -9,91 \cdot \cos x - 0,09 \cdot \cos(5x) + 28,36 \cdot \sin x + 2 \cdot \sin(3x) +$$

$$+ 0,64 \cdot \sin(5x) = \sqrt{28,36^2 + 9,91^2} \cdot \sin(x + \varphi_1) + 2 \cdot \sin(3x) +$$

$$+ \sqrt{0,64^2 + 0,09^2} \cdot \sin(5x + \varphi_5)$$

mit $\varphi_1 = \arctan\left(\dfrac{-9,91}{28,36}\right)$ und $\varphi_5 = \arctan\left(\dfrac{-0,09}{0,64}\right)$

oder

$$TR(x) \approx 30,04 \cdot \sin(x - 19,3^\circ) + 2 \cdot \sin(3x) + 0,65 \cdot \sin(5x - 8,0^\circ).$$

---

252. Die Bahnkurve eines Punktes genügt in bezug auf ein kartesisches xy-Koordinatensystem der Parameterdarstellung $x = g(t) = a \cdot t^2 + b$, $y = h(t) = c \cdot t^3 + d \cdot t^2 + e \cdot t$ in Abhängigkeit von der Zeit t. Man bestimme den vom Zeitpunkt t = 0 an bis zu einem beliebigen Zeitpunkt $t > 0$ zurückgelegten Weg s = f(t) durch g r a p h i s c h e I n t e g r a t i o n für die speziellen Werte

$$a = \frac{1}{2}\,\frac{cm}{s^2}, \quad b = 1\ cm, \quad c = \frac{1}{3}\,\frac{cm}{s^3}, \quad d = -3\,\frac{cm}{s^2}, \quad e = 6\,\frac{cm}{s}$$

$\dfrac{t}{s}$	0	1	2	3	4	5	6	7	8	...
$\dfrac{x}{cm}$	1	1,5	3	5,5	9	13,5	19	25,5	33	...
$\dfrac{y}{cm}$	0	3,33	2,67	0	-2,67	-3,33	0	9,33	26,67	...

Relatives Maximum
$M_1(1,80 \text{ cm}; 3,46 \text{ cm})$,
relatives Minimum
$M_2(12,20 \text{ cm}; -3,46 \text{ cm})$.

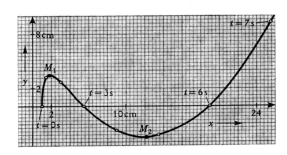

Mit

$$\frac{ds}{dt} = f'(t) = \sqrt{\left[\frac{dg(t)}{dt}\right]^2 + \left[\frac{dh(t)}{dt}\right]^2} = \sqrt{(2a \cdot t)^2 + (3c \cdot t^2 + 2d \cdot t + e)^2}$$

als Ableitung der gesuchten Weg-Zeit-Funktion $s = f(t)$ nach der Zeit t ergibt sich

$$s = f(t) = \int_0^t f'(\tau)d\tau \; .$$

Für die gegebenen speziellen Werte erhält man

$$\frac{ds}{dt} = f'(t) = \sqrt{\left(\frac{t}{s}\right)^2 + \left(\frac{t^2}{s^2} - \frac{6t}{s} + 6\right)^2} \; \frac{cm}{s} \qquad \text{und daraus}$$

$$s = f(t) = \int_0^t \sqrt{\left(\frac{\tau}{s}\right)^2 + \left(\frac{\tau^2}{s^2} - \frac{6\tau}{s} + 6\right)^2} \, d\tau \, \frac{cm}{s} =$$

$$= \int_0^t \sqrt{\left(\frac{\tau}{s}\right)^4 - 12\left(\frac{\tau}{s}\right)^3 + 49\left(\frac{\tau}{s}\right)^2 - 72\frac{\tau}{s} + 36} \, d\tau \, \frac{cm}{s} \; .$$

Der besseren Übersichtlichkeit halber wurde in der folgenden Abbildung das für den Graphen von $s = f(t)$ verwendete Koordinatensystem in Richtung der s-Achse parallel verschoben. Wegen $f(0) = 0$ muß der Graph durch den Nullpunkt dieses Systems verlaufen.

$\frac{t}{s}$	0	1	2	3	4	5	6	7	8	...
$\frac{ds}{dt} \cdot \frac{s}{cm}$	6	1,41	2,83	4,24	4,47	5,10	8,49	14,76	23,41	...

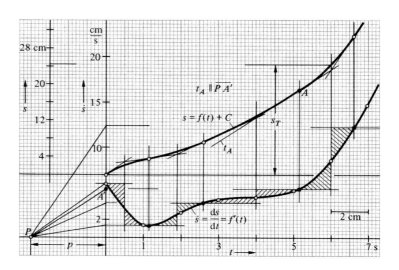

Mit den Maßstäben

$$M_t = 20 \frac{mm}{s}, \quad M_{\dot{s}} = 5 \frac{mm}{cm\ s^{-1}} \quad \text{für Zeit und Geschwindigkeit}$$

sowie dem Polabstand p = 40 mm bezüglich des Pols P ist der Maßstab
für die zurückgelegte Wegstrecke s durch

$$M_s = \frac{M_t \cdot M_{\dot{s}}}{p} = \frac{20 \cdot 5}{40} \frac{mm}{cm} = 2,5 \frac{mm}{cm} \quad \text{festgelegt.}$$

Aus der Abbildung ist die von t = 0 bis t = 6 s zurückgelegte Wegstrecke

$$s_T = f(T) \approx \frac{61\ mm}{2,5 \frac{mm}{cm}} = 24,4\ cm \text{ zu entnehmen.}$$

ANHANG

1. Mathematische Zeichen

Die folgende Zusammenstellung enthält lediglich die wichtigsten verwendeten mathematischen Symbole in Anlehnung an DIN 1302, 1303 und 5486. Die Bedeutung von spezielleren Zeichen und Abkürzungen ist jeweils an der betreffenden Stelle erläutert.

Zeichen	Bedeutung
$+$	plus
$-$	minus
$\cdot$	multipliziert mit
$:$ oder $-$	dividiert durch
$=$	gleich
$\neq$	ungleich
$\equiv$	identisch
$\widehat{=}$	entspricht
$\sim$	proportional
$\approx$	angenähert gleich
$\widehat{\approx}$	entspricht angenähert
$<$	kleiner als
$\ll$	viel kleiner als
$>$	größer als
$\gg$	viel größer als
$\leqslant$	kleiner oder gleich
$\geqslant$	größer oder gleich
$\overline{AB}$	Strecke mit den Endpunkten A und B

Zeichen	Bedeutung
$\overset{\frown}{AB}$	Bogenstück mit den Endpunkten A und B
α^{o}	Winkel α in Altgrad gemessen
$\overset{\frown}{\alpha} = \text{arc } \alpha$	Winkel α im Bogenmaß gemessen
$\sqrt{}$	Quadratwurzel
$\sqrt[n]{}$	n-te Wurzel
$\|a\|$	Betrag von a
$\log_b x$	Logarithmus von $x \in \mathbb{R}^+$ zur Basis b
$\lg x = \log_{10} x$	gewöhnlicher oder BRIGGSscher Logarithmus von $x \in \mathbb{R}^+$ zur Basis 10
$\ln x = \log_e x$	natürlicher Logarithmus von $x \in \mathbb{R}^+$ zur Basis e
$\sum\limits_{\nu=1}^{n}$	Summe von $\nu = 1$ bis $\nu = n$
$\|a_{ik}\|$	Determinante der Elemente a_{ik}
$A = (a_{ik})$	Matrix der Elemente a_{ik}
det A	Determinante der Matrix A
a	einspaltige Matrix
A^T, a^T	transponierte Matrix von A, a
A^{-1}	inverse Matrix von A
$\vec{A}$, $\vec{BC}$	Vektoren $\vec{A}$, $\vec{BC}$
$\vec{A}^o$	Einheitsvektor von $\vec{A}$
$\|\vec{A}\|$	Betrag von $\vec{A}$
A	skalarer Wert von $\vec{A}$
$\vec{A}_x$, $\vec{A}_y$, $\vec{A}_z$	vektorielle Komponenten von $\vec{A}$ in Richtung von X, Y, Z-Achse eines kartesischen Koordinatensystems
A_x, A_y, A_z	skalare Komponenten von $\vec{A}$
$\vec{A} \cdot \vec{B} = \vec{A}\vec{B}$	Skalarprodukt, inneres Produkt von $\vec{A}$ und $\vec{B}$
$\vec{A} \times \vec{B}$	Vektorprodukt, äußeres Produkt von $\vec{A}$ und $\vec{B}$

Zeichen	Bedeutung
$\vec{A}(\vec{B} \times \vec{C})$	Spatprodukt von $\vec{A}$, $\vec{B}$, $\vec{C}$
$\vec{i}$, $\vec{j}$, $\vec{k}$	Einheitsvektoren im positiven Richtungssinne von X, Y, Z-Achsen eines kartesischen Koordinatensystems
R_n	n-dimensionaler Raum
sin, cos tan, cot	trigonometrische Funktionen
arc sin, arc cos arc tan, arc cot	Arcus-Funktionen
sinh, cosh tanh, coth	hyperbolische Funktionen
ar sinh, ar cosh ar tanh, ar coth	Area-Funktionen
sgn x	$\begin{cases} 1, \text{ wenn } x > 0 \\ 0, \text{ wenn } x = 0 \\ -1, \text{ wenn } x < 0 \end{cases}$
n!	$1 \cdot 2 \cdot 3 \cdot \ldots \cdot (n-1) \cdot n$ für $n \in \mathbb{N}$
$\binom{n}{m}$	$\dfrac{n!}{m! \cdot (n-m)!}$ für m, $n \in \mathbb{N} \wedge n \geqslant m$
$\binom{\alpha}{m}$	$\dfrac{\alpha \cdot (\alpha - 1) \cdot \ldots \cdot (\alpha - m + 1)}{1 \cdot 2 \cdot 3 \cdot \ldots \cdot (m-1) \cdot m}$ für $\alpha \in \mathbb{R}$, $m \in \mathbb{N}$
$\binom{\alpha}{0}$	1
Re z	Realteil von $z \in \mathbb{C}$
Im z	Imaginärteil von $z \in \mathbb{C}$
$(x_1; x_2)$, $(x_1; x_2; \ldots; x_n)$	geordnetes Paar, n-Tupel
[a;b]	abgeschlossenes Intervall a, b
]a;b[	offenes Intervall a, b
]a;b]	halboffenes Intervall a, b
$\mathbb{U}$	Umgebung einer Stelle

Zeichen	Bedeutung
$y = f(x)$	y als Funktion der reellen Veränderlichen x
$y = f(x_1; x_2; \ldots; x_n)$	y als Funktion der n reellen Veränderlichen $x_1, x_2, \ldots, x_n$
$f \circ g$	Verkettung der Funktionen f und g
lim	Limes, Grenzwert
$\rightarrow$	gegen
∞	unendlich
$y' = \dfrac{d f(x)}{d x} = f'(x) = \dfrac{d y}{d x}$	1. Ableitung von $y = f(x)$ nach x
$y^{(n)} = \dfrac{d^n f(x)}{d x^n} = f^{(n)}(x) = \dfrac{d^n y}{d x^n}$	n-te Ableitung von $y = f(x)$ nach x
$\dot{y} = \dfrac{d f(t)}{d t} = \dot{f}(t) = \dfrac{d y}{d t}$	1. Ableitung von $y = f(t)$ nach t
$\dfrac{\partial y_1}{\partial x_1} = f'_{x_1}(x_1; x_2; \ldots; x_n) = \\ = \dfrac{\partial f(x_1; x_2; \ldots; x_n)}{\partial x_1}$	1. partielle Ableitung von $y = f(x_1; x_2; \ldots; x_n)$ nach x_1
$\dfrac{\partial^2 y}{\partial x_1 \partial x_3} = f''_{x_1 x_3}(x_1; x_2; \ldots; x_n) = \\ = \dfrac{\partial f(x_1; x_2; \ldots; x_n)}{\partial x_1 \partial x_3}$	2. partielle Ableitung von $y = f(x_1; x_2; \ldots; x_n)$ nach x_1 und x_3
$d y = d f(x)$	Differential von $y = f(x)$
$d y = d f(x_1; x_2; \ldots; x_n)$	vollständiges Differential von $y = f(x_1; x_2; \ldots; x_n)$

Zeichen	Bedeutung
$\vec{r}$	Ortsvektor
$\dfrac{d\vec{r}}{dt} = \dot{\vec{r}}$	1. Ableitung des Ortsvektors als Funktion von t
$\dfrac{\partial \vec{r}}{\partial x}$	1. partielle Ableitung des Ortsvektors bezüglich Abhängigkeit von x
$\displaystyle\int f(x)\,dx = \int f$	Unbestimmtes Integral
$\displaystyle\int_a^b f(x)\,dx = \int_a^b f$	Bestimmtes Integral über $[a;\,b]$
$\displaystyle\int_B f(x;y)\,dA$	Flächenintegral über das ebene Flächenstück B
$\displaystyle\int f(x;y;z)\,dV$	Raumintegral über das Raumstück B
$\displaystyle\int_{x=a}^{x=b} \left[\int_{y=c}^{y=d} f(x;y)\,dy \right] dx$	Doppelintegral von f(x;y) über $[a;b]$ und $[c;d]$
$U = u(\vec{r})$	U als skalare Ortsfunktion von $\vec{r}$
$\vec{V} = \vec{v}(\vec{r})$	$\vec{V}$ als vektorielle Ortsfunktion von $\vec{r}$
$\displaystyle\int_{P_0(C)}^{P_1} u(\vec{r})\,ds$	skalares Kurvenintegral von P_0 bis P_1 längs der Kurve C in einem Skalarfeld
$\displaystyle\int_{P_0(C)}^{P_1} \vec{v}(\vec{r})\,ds$	vektorielles Kurvenintegral von P_0 bis P_1 längs der Kurve C in einem Vektorfeld
$\displaystyle\int_{P_0(C)}^{P_1} \vec{v}(\vec{r})\,d\vec{r}$	skalares Kurvenintegral von P_0 bis P_1 längs der Kurve C in einem Vektorfeld
$\displaystyle\int_F u(\vec{r})\,dF$	Oberflächenintegral über das Flächenstück F in einem Skalarfeld
$\displaystyle\int_F \vec{v}(\vec{r})\,d\vec{F}$	Oberflächenintegral über das Flächenstück F in einem Vektorfeld

Zeichen	Bedeutung
$\oint\limits_{(C)}$, $\oint\limits_{F}$	Kurvenintegral über geschlossene Kurve C, bzw. Oberflächenintegral über geschlossene Fläche F
grad U	Gradient eines Skalarfeldes U
div $\vec{V}$	Divergenz eines Vektorfeldes $\vec{V}$
rot $\vec{V}$	Rotation eines Vektorfeldes $\vec{V}$
∇	Nabla-Operator
Δ	LAPLACE-Operator
$L\,[f(t)\,]$	LAPLACE-Transformation von f(t)
$L^{-1}[F(s)]$	inverse LAPLACE-Transformation von F(s)
$U(t - t_0)$	Einheitssprungfunktion
$\delta(t - t_0)$	Impulsfunktion
A, B	Mengen A, B
$a \in \mathbb{R}$	a ist Element von $\mathbb{R}$
$\mathbb{N}$	Menge aller natürlichen Zahlen
$\mathbb{Z}$	Menge aller ganzen Zahlen
$\mathbb{Q}$	Menge aller rationalen Zahlen
$\mathbb{R}$	Menge aller reellen Zahlen
$\mathbb{C}$	Menge aller komplexen Zahlen
$\mathbb{Z}^+$, $\mathbb{Z}^-$	Menge aller positiven, negativen ganzen Zahlen
$\mathbb{Z}_0^+ = \mathbb{N}_0$	Menge aller nicht negativen ganzen Zahlen
$\mathbb{Z}_0^-$	Menge aller nicht positiven ganzen Zahlen
R^+, R^-	Menge aller positiven, negativen reellen Zahlen
R_0^+, R_0^-	Menge aller nicht negativen, nicht positiven reellen Zahlen
$\mathbb{G}$	Grundmenge
$\mathbb{D}_y$	Definitionsmenge der Funktion y = f(x) bzw. $y = f(x_1; x_2; \ldots; x_n)$

Zeichen	Bedeutung
$\mathbb{W}_y$	Wertemenge der Funktion $y = f(x)$ bzw. $y = f(x_1; x_2; \ldots; x_n)$
$\mathbb{L}$	Lösungsmenge
$\{x \mid \ldots\}$	Menge aller x, für die ... gilt
$\{\ \} = \phi$	Leere Menge
$\mathbb{A} \cap \mathbb{B}$	Durchschnitt von $\mathbb{A}$ und $\mathbb{B}$
$\mathbb{A} \cup \mathbb{B}$	Vereinigungsmenge von $\mathbb{A}$ und $\mathbb{B}$
$\mathbb{A} \setminus \mathbb{B}$	Differenzmenge von $\mathbb{A}$ und $\mathbb{B}$
$\mathbb{A} \subseteq \mathbb{B}$	$\mathbb{A}$ ist Teilmenge von $\mathbb{B}$
$\mathbb{A} \subset \mathbb{B}$	$\mathbb{A}$ ist echte Teilmenge von $\mathbb{B}$
$\mathbb{A} \times \mathbb{B}$	Produktmenge von $\mathbb{A}$ und $\mathbb{B}$
$\mathbb{A} \times \mathbb{A}$	Produktmenge von $\mathbb{A}$ und $\mathbb{A}$
$\mathbb{A}^n$	Produktmenge von n Mengen $\mathbb{A}$
$A \wedge B$	Die Aussagen A und B gelten zugleich
$A \vee B$	Von den Aussagen A, B gilt mindestens eine
$A \Rightarrow B$	Aus Aussage A folgt Aussage B
$A \Leftrightarrow B$	Die Aussagen A und B sind gleichwertig

2.   Integrationsformeln *⁾

1. Unbestimmte Integrale algebraischer Funktionen

1.1 $\int x^n \, \mathrm{d}x = \dfrac{x^{n+1}}{n+1}$ für $n \neq -1$;

1.2 $\int \dfrac{\mathrm{d}x}{x} = \ln |x|$;

1.3 $\int (ax+b)^n \, \mathrm{d}x = \dfrac{1}{(n+1)\,a} \cdot (ax+b)^{n+1}$ für $n \neq -1, a \neq 0$;

1.4 $\int \dfrac{\mathrm{d}x}{ax+b} = \dfrac{1}{a} \cdot \ln |ax+b|$ für $a \neq 0$;

1.5 $\int \dfrac{x \, \mathrm{d}x}{ax+b} = \dfrac{x}{a} - \dfrac{b}{a^2} \ln |ax+b|$ für $a \neq 0$;

1.6 $\int \dfrac{x \, \mathrm{d}x}{(ax+b)^2} = \dfrac{b}{a^2} \cdot \dfrac{1}{ax+b} + \dfrac{1}{a^2} \ln |ax+b|$ für $a \neq 0$;

1.7 $\int x(ax+b)^n \, \mathrm{d}x = \dfrac{1}{(n+2)\,a^2}(ax+b)^{n+2} - \dfrac{b}{(n+1)\,a^2}(ax+b)^{n+1}$

für $n \neq -1,\ n \neq -2,\ a \neq 0$;

1.8 $\int \dfrac{1}{x} \cdot (ax+b)^n \, \mathrm{d}x = \dfrac{1}{n}(ax+b)^n + b \int \dfrac{1}{x} \cdot (ax+b)^{n-1} \, \mathrm{d}x$

mit $n > 0$;

1.9 $\int \dfrac{\mathrm{d}x}{x(ax+b)} = -\dfrac{1}{b} \cdot \ln \left| \dfrac{ax+b}{x} \right|$ für $b \neq 0$;

---

*⁾ Die Integrationskonstanten sind der Kürze halber weggelassen. Sämtliche Formeln sind nur für die zulässigen Definitionsmengen zu verstehen. Alle Konstanten sind, soweit nichts anderes vermerkt, beliebige reelle Zahlen.

1.10 $\int \dfrac{dx}{x(ax+b)^n} = \dfrac{1}{(n-1)b} \cdot \dfrac{1}{(ax+b)^{n-1}} + \dfrac{1}{b} \int \dfrac{dx}{x(ax+b)^{n-1}}$

mit $n>0$ für $n \neq 1$ und $b \neq 0$;

1.11 $\int \dfrac{ax+b}{cx+d}\,dx = \dfrac{a}{c}\,x + \dfrac{bc-ad}{c^2} \cdot \ln|cx+d|$ für $c \neq 0$;

1.12 $\int \dfrac{dx}{(ax+b)(cx+d)} = \begin{cases} \dfrac{1}{bc-ad} \cdot \ln\left|\dfrac{cx+d}{ax+b}\right| \\ \text{für } bc-ad \neq 0, \\[2mm] -\dfrac{1}{c} \cdot \dfrac{1}{ax+b} \\ \text{für } bc-ad=0 \quad \text{und} \quad ac \neq 0; \end{cases}$

1.13 $\int \dfrac{x\,dx}{(ax+b)(cx+d)} = \begin{cases} \dfrac{1}{bc-ad}\left(\dfrac{b}{a}\ln|ax+b| \quad \dfrac{d}{c}\ln|cx+d|\right) \\ \text{für } bc-ad \neq 0, \\[2mm] \dfrac{1}{ac} \cdot \ln|ax+b| + \dfrac{b}{ac} \cdot \dfrac{1}{ax+b} \\ \text{für } bc-ad=0 \quad \text{und} \quad ac \neq 0; \end{cases}$

1.14 $\int \dfrac{dx}{a^2+x^2} = \dfrac{1}{a} \cdot \arctan\left(\dfrac{x}{a}\right)$ für $a \neq 0$;

1.15 $\int \dfrac{dx}{a^2-x^2} = \dfrac{1}{2a} \cdot \ln\left|\dfrac{a+x}{a-x}\right|$ für $a \neq 0$;

1.16 $\int \dfrac{x\,dx}{a^2 \pm x^2} = \pm\dfrac{1}{2} \cdot \ln|a^2 \pm x^2|$;

1.17 $\int \dfrac{dx}{x(a^2 \pm x^2)} = \dfrac{1}{a^2} \cdot \ln\dfrac{|x|}{\sqrt{|a^2 \pm x^2|}}$ für $a \neq 0$;

1.18 $\displaystyle\int \frac{dx}{a\,x^2+bx+c} = \begin{cases} \dfrac{2}{\sqrt{4\,ac-b^2}} \cdot \arctan \dfrac{2\,ax+b}{\sqrt{4\,ac-b^2}} \\ \text{für} \quad 4\,ac-b^2>0\,, \\[2mm] -\dfrac{2}{2\,ax+b} \quad \text{für} \quad 4\,ac-b^2=0\,,\ a \neq 0\,, \\[2mm] \dfrac{1}{\sqrt{b^2-4\,ac}} \cdot \ln\left|\dfrac{2\,ax+b-\sqrt{b^2-4\,ac}}{2\,ax+b+\sqrt{b^2-4\,ac}}\right| \\ \text{für} \quad b^2-4\,ac>0\,,\ a \neq 0\,; \end{cases}$

1.19 $\displaystyle\int \frac{(px+q)\,dx}{a\,x^2+bx+c} = \frac{p}{2\,a} \cdot \ln|a\,x^2+bx+c| + \left(q - \frac{bp}{2\,a}\right) \cdot \int \frac{dx}{a\,x^2+bx+c}$
für $a \neq 0$;

1.20 $\displaystyle\int \frac{dx}{x(a\,x^2+bx+c)} = \begin{cases} \dfrac{1}{2\,c} \cdot \ln \dfrac{x^2}{|a\,x^2+bx+c|} - \dfrac{b}{2\,c}\displaystyle\int \dfrac{dx}{a\,x^2+bx+c} \\ \text{für} \quad c \neq 0\,, \\[2mm] -\dfrac{1}{bx} + \dfrac{a}{b^2} \cdot \ln\left|\dfrac{ax+b}{x}\right| \\ \text{für} \quad c=0\,,\ ab \neq 0\,; \end{cases}$

1.21 $\displaystyle\int \frac{dx}{(a\,x^2+bx+c)^n} = \frac{1}{(n-1)(4\,ac-b^2)} \cdot \frac{2\,ax+b}{(a\,x^2+bx+c)^{n-1}} +$

$\displaystyle + \frac{2\,(2\,n-3)\,a}{(n-1)(4\,ac-b^2)} \int \frac{dx}{(a\,x^2+bx+c)^{n-1}}$
mit $n>0$ für $n \neq 1$ und $4\,ac-b^2 \neq 0$;
($n=1$ siehe Nr. 1.18)

1.22 $\displaystyle\int \frac{(px+q)\,dx}{(a\,x^2+bx+c)^n} = \frac{-p}{2\,(n-1)\,a} \cdot \frac{1}{(ax^2+bx+c)^{n-1}} +$

$\displaystyle + (q - \frac{bp}{2a}) \int \frac{dx}{(ax^2+bx+c)^n}$

mit $n>0$ für $n \neq 1$ und $a \neq 0$
($n=1$ siehe Nr. 1.19)

1.23 $\displaystyle\int \frac{dx}{x(ax^2+bx+c)^n} = \begin{cases} \dfrac{1}{2(n-1)c} \cdot \dfrac{1}{(ax^2+bx+c)^{n-1}} - \\[2ex] -\dfrac{b}{2c}\displaystyle\int \dfrac{dx}{(ax^2+bx+c)^n} + \\[2ex] +\dfrac{1}{c}\displaystyle\int \dfrac{dx}{x(ax^2+bx+c)^{n-1}} \\[2ex] \text{mit}\quad n>0\quad \text{für}\quad n\neq 1\quad \text{und}\quad c\neq 0, \\[2ex] -\dfrac{1}{nb}\cdot \dfrac{1}{x(ax^2+bx)^{n-1}} - \\[2ex] -\dfrac{(2n-1)a}{nb}\cdot \displaystyle\int \dfrac{dx}{(ax^2+bx)^n} \\[2ex] \text{mit}\quad n>0\quad \text{für}\quad b\neq 0\quad \text{und}\quad c=0\,; \end{cases}$

($n = 1$ siehe Nr. 1.20)

1.24 $\displaystyle\int \frac{dx}{a^3 \pm x^3} = \pm\frac{1}{6a^2}\cdot \ln\frac{(a\pm x)^2}{|a^2 \mp ax + x^2|} + \frac{1}{a^2\sqrt{3}}\cdot \arctan\left(\frac{2x \mp a}{a\sqrt{3}}\right)$

für $a \neq 0$;

1.25 $\displaystyle\int \frac{x\,dx}{a^3 \pm x^3} = \frac{1}{6a}\cdot \ln\frac{|a^2 \mp ax + x^2|}{(a\pm x)^2} \pm \frac{1}{a\sqrt{3}}\arctan\left(\frac{2x \mp a}{a\sqrt{3}}\right)$

für $a \neq 0$;

1.26 $\displaystyle\int \frac{x^2\,dx}{a^3 \pm x^3} = \pm\frac{1}{3}\cdot \ln|a^3 \pm x^3|$;

1.27 $\displaystyle\int \frac{dx}{x(a^3 \pm x^3)} = \frac{1}{3a^3}\cdot \ln\left|\frac{x^3}{a^3 \pm x^3}\right|$ für $a \neq 0$;

1.28 $\displaystyle\int \frac{dx}{a^4 + x^4} = \frac{1}{4a^3\sqrt{2}}\cdot \ln\left(\frac{x^2 + a\sqrt{2}\,x + a^2}{x^2 - a\sqrt{2}\,x + a^2}\right) +$

$+\dfrac{1}{2a^3\sqrt{2}}\cdot \left[\arctan\left(\dfrac{\sqrt{2}}{a}\,x + 1\right) + \arctan\left(\dfrac{\sqrt{2}}{a}\,x - 1\right)\right]$ für $a \neq 0$;

1.29 $\displaystyle\int \frac{x\,dx}{a^4 + x^4} = \frac{1}{2a^2}\cdot \arctan\left(\frac{x}{a}\right)^2$ für $a \neq 0$;

1.30 $\displaystyle\int \frac{x^2\,dx}{a^4 + x^4} = \frac{1}{4\,a\,\sqrt{2}} \cdot \ln\left(\frac{x^2 - a\sqrt{2}\,x + a^2}{x^2 + a\sqrt{2}\,x + a^2}\right) +$

$\displaystyle\qquad + \frac{1}{2\,a\,\sqrt{2}} \cdot \left[\arctan\left(\frac{\sqrt{2}}{a}\,x + 1\right) + \arctan\left(\frac{\sqrt{2}}{a}\,x - 1\right)\right]$ für $a \neq 0$;

1.31 $\displaystyle\int \frac{x^3\,dx}{a^4 \pm x^4} = \pm \frac{1}{4} \cdot \ln |a^4 \pm x^4|$;

1.32 $\displaystyle\int \frac{dx}{a^4 - x^4} = \frac{1}{4\,a^3} \cdot \ln\left|\frac{a + x}{a - x}\right| + \frac{1}{2\,a^3} \cdot \arctan\left(\frac{x}{a}\right)$ für $a \neq 0$;

1.33 $\displaystyle\int \frac{x\,dx}{a^4 - x^4} = \frac{1}{4\,a^2} \cdot \ln\left|\frac{a^2 + x^2}{a^2 - x^2}\right|$ für $a \neq 0$;

1.34 $\displaystyle\int \frac{x^2\,dx}{a^4 - x^4} = \frac{1}{4\,a} \cdot \ln\left|\frac{a + x}{a - x}\right| - \frac{1}{2\,a} \cdot \arctan\left(\frac{x}{a}\right)$ für $a \neq 0$;

1.35 $\displaystyle\int \frac{dx}{\sqrt{ax + b}} = \frac{2}{a}\sqrt{ax + b}$ für $a \neq 0$;

1.36 $\displaystyle\int \frac{x\,dx}{\sqrt{ax + b}} = \frac{2}{3\,a^2}(ax - 2\,b)\sqrt{ax + b}$ für $a \neq 0$;

1.37 $\displaystyle\int \frac{x^n\,dx}{\sqrt{ax + b}} = \frac{2}{(2\,n + 1)\,a}\,x^n\,\sqrt{ax + b} -$

$\displaystyle\qquad - \frac{2\,nb}{(2\,n + 1)\,a}\int \frac{x^{n-1}}{\sqrt{ax + b}}\,dx$ mit $n > 0$ für $a \neq 0$;

1.38 $\displaystyle\int \frac{dx}{x\,\sqrt{ax + b}} = \begin{cases} \dfrac{1}{\sqrt{b}} \cdot \ln\left|\dfrac{\sqrt{ax + b} - \sqrt{b}}{\sqrt{ax + b} + \sqrt{b}}\right| & \text{für } a \neq 0, \quad b > 0, \\[3ex] \dfrac{2}{\sqrt{-b}} \cdot \arctan\sqrt{\dfrac{ax + b}{-b}} & \text{für } a \neq 0, \quad b < 0; \end{cases}$

1.39 $\displaystyle\int \frac{dx}{x^n\,\sqrt{ax + b}} = -\frac{1}{(n - 1)\,b} \cdot \frac{\sqrt{ax + b}}{x^{n-1}} -$

$\displaystyle\qquad - \frac{(2\,n - 3)\,a}{2\,(n - 1)\,b}\int \frac{dx}{x^{n-1}\,\sqrt{ax + b}}$ mit $n > 0$ und $n \neq 1$ für $b \neq 0$;

1.40 $\int \sqrt{ax+b}\, \mathrm{d}x = \dfrac{2}{3\,a}\,\sqrt{ax+b}^{\,3}$ für $a \neq 0$;

1.41 $\int x\,\sqrt{ax+b}\, \mathrm{d}x = \dfrac{2}{15\,a^2}\,(3\,ax - 2\,b)\,\sqrt{ax+b}^{\,3}$ für $a \neq 0$;

1.42. $\int x^n\,\sqrt{ax+b}\, \mathrm{d}x = \dfrac{2}{(2\,n+3)\,a}\,x^n\,\sqrt{ax+b}^{\,3} -$

$- \dfrac{2\,nb}{(2\,n+3)\,a}\int x^{n-1}\,\sqrt{ax+b}\, \mathrm{d}x$ mit $n>0$ für $a \neq 0$;

1.43 $\int \dfrac{\sqrt{ax+b}}{x}\, \mathrm{d}x = 2\,\sqrt{ax+b} + b\int \dfrac{\mathrm{d}x}{x\,\sqrt{ax+b}}$;

(siehe Nr. 1.38)

1.44 $\int \dfrac{\sqrt{ax+b}}{x^n}\, \mathrm{d}x = -\dfrac{1}{n-1}\cdot\dfrac{\sqrt{ax+b}}{x^{n-1}} +$

$+ \dfrac{a}{2\,(n-1)}\int \dfrac{\mathrm{d}x}{x^{n-1}\,\sqrt{ax+b}}$ mit $n>0$ für $n \neq 1$; (siehe Nr. 1.39)

1.45 $\int \dfrac{\mathrm{d}x}{\sqrt{ax+b}\cdot\sqrt{cx+d}} = \begin{cases} \dfrac{2}{a}\,\sqrt{\dfrac{a}{c}}\cdot\ln\left(\sqrt{ax+b} + \sqrt{\dfrac{a}{c}}\cdot\sqrt{cx+d}\right) \\[2mm] \text{für}\quad ac>0\,, \\[2mm] \dfrac{2}{a}\,\sqrt{-\dfrac{a}{c}}\cdot\arctan\sqrt{-\dfrac{c\,(ax+b)}{a\,(cx+d)}} \\[2mm] \text{für}\quad ac<0\,; \end{cases}$

1.46 $\int \dfrac{x\,\mathrm{d}x}{\sqrt{ax+b}\cdot\sqrt{cx+d}} = \dfrac{1}{ac}\,\sqrt{ax+b}\cdot\sqrt{cx+d} -$

$- \dfrac{ad+bc}{2\,ac}\int \dfrac{\mathrm{d}x}{\sqrt{ax+b}\cdot\sqrt{cx+d}}$ für $ac \neq 0$;

1.47 $\int \sqrt{ax+b}\cdot\sqrt{cx+d}\, \mathrm{d}x = \dfrac{1}{2}\left(x + \dfrac{bc+ad}{2\,ac}\right)\sqrt{ax+b}\cdot\sqrt{cx+d} -$

$- \dfrac{(bc-ad)^2}{8\,ac}\int \dfrac{\mathrm{d}x}{\sqrt{ax+b}\cdot\sqrt{cx+d}}$ für $ac \neq 0$;

1.48. $\displaystyle\int \sqrt{\frac{ax+b}{cx+d}}\,\mathrm{d}x = \frac{1}{c}\sqrt{ax+b}\cdot\sqrt{cx+d}\ +$

$\displaystyle\qquad +\frac{bc-ad}{2c}\int\frac{\mathrm{d}x}{\sqrt{ax+b}\cdot\sqrt{cx+d}}\quad \text{für}\quad c \neq 0\,;$

1.49 $\displaystyle\int\frac{\mathrm{d}x}{\sqrt{a^2+x^2}} = \ln\left(x+\sqrt{a^2+x^2}\right)\quad \text{für}\quad a \neq 0\,;$

1.50 $\displaystyle\int\frac{\mathrm{d}x}{\sqrt{a^2-x^2}} = \arcsin\left(\frac{x}{|a|}\right)\quad \text{für}\quad a \neq 0\,;$

1.51 $\displaystyle\int\frac{x\,\mathrm{d}x}{\sqrt{a^2\pm x^2}} = \pm\sqrt{a^2\pm x^2}\quad \text{für}\quad a \neq 0\,;$

1.52 $\displaystyle\int\frac{x^n\,\mathrm{d}x}{\sqrt{a^2\pm x^2}} = \pm\frac{1}{n}\cdot x^{n-1}\sqrt{a^2\pm x^2}\mp\frac{(n-1)\,a^2}{n}\int\frac{x^{n-2}}{\sqrt{a^2\pm x^2}}\,\mathrm{d}x$
mit $n>0$ für $a \neq 0$;

1.53 $\displaystyle\int\frac{\mathrm{d}x}{x\sqrt{a^2\pm x^2}} = -\frac{1}{a}\cdot\ln\left|\frac{a+\sqrt{a^2\pm x^2}}{x}\right|\quad \text{für}\quad a \neq 0\,;$

1.54 $\displaystyle\int\frac{\mathrm{d}x}{x^n\sqrt{a^2\pm x^2}} = -\frac{1}{(n-1)\,a^2}\cdot\frac{\sqrt{a^2\pm x^2}}{x^{n-1}}\mp$

$\displaystyle\qquad \mp\frac{n-2}{(n-1)\,a^2}\int\frac{\mathrm{d}x}{x^{n-2}\sqrt{a^2\pm x^2}}\quad \text{mit}\quad n>0\quad \text{für}\quad n \neq 1\quad \text{und}\quad a \neq 0\,;$

1.55 $\displaystyle\int\frac{\mathrm{d}x}{\sqrt{x^2-a^2}} = \ln\left|x+\sqrt{x^2-a^2}\right|\quad \text{für}\quad a \neq 0\,;$

1.56 $\displaystyle\int\frac{x\,\mathrm{d}x}{\sqrt{x^2-a^2}} = \sqrt{x^2-a^2}\quad \text{für}\quad a \neq 0\,;$

1.57 $\displaystyle\int\frac{x^n\,\mathrm{d}x}{\sqrt{x^2-a^2}} = \frac{1}{n}\cdot x^{n-1}\sqrt{x^2-a^2}+\frac{(n-1)\,a^2}{n}\int\frac{x^{n-2}}{\sqrt{x^2-a^2}}\,\mathrm{d}x$
mit $n>0$ für $a \neq 0$;

1.58 $\displaystyle\int\frac{\mathrm{d}x}{x\sqrt{x^2-a^2}} = -\frac{1}{|a|}\cdot\arcsin\left|\frac{a}{x}\right|\quad \text{für}\quad a \neq 0\,;$

1.59 $\displaystyle\int \frac{dx}{x^n \sqrt{x^2 - a^2}} = \frac{1}{(n-1)\,a^2} \cdot \frac{\sqrt{x^2 - a^2}}{x^{n-1}} +$

$\displaystyle + \frac{n-2}{(n-1)\,a^2} \int \frac{dx}{x^{n-2}\sqrt{x^2 - a^2}}$ mit $n > 0$ für $n \neq 1$ und $a \neq 0$;

1.60 $\displaystyle\int \sqrt{a^2 + x^2}\; dx = \frac{x}{2} \cdot \sqrt{a^2 + x^2} + \frac{a^2}{2} \cdot \ln\left(x + \sqrt{a^2 + x^2}\right)$;

1.61 $\displaystyle\int \sqrt{a^2 - x^2}\; dx = \frac{x}{2} \cdot \sqrt{a^2 - x^2} + \frac{a^2}{2} \cdot \arcsin\left(\frac{x}{|a|}\right)$ für $a \neq 0$;

1.62 $\displaystyle\int x \sqrt{a^2 \pm x^2}\; dx = \pm \frac{1}{3} \sqrt{a^2 \pm x^2}^{\,3}$ für $a \neq 0$;

1.63 $\displaystyle\int x^n \sqrt{a^2 \pm x^2}\; dx = \frac{1}{n+2} \cdot x^{n+1} \sqrt{a^2 \pm x^2} + \frac{a^2}{n+2} \int \frac{x^n\, dx}{\sqrt{a^2 \pm x^2}}$

mit $n > 0$ für $a \neq 0$; (siehe Nr. 1.52)

1.64 $\displaystyle\int \frac{\sqrt{a^2 \pm x^2}}{x}\, dx = \sqrt{a^2 \pm x^2} - a \ln\left|\frac{a + \sqrt{a^2 \pm x^2}}{x}\right|$ für $a \neq 0$;

1.65 $\displaystyle\int \sqrt{x^2 - a^2}\; dx = \frac{x}{2} \cdot \sqrt{x^2 - a^2} - \frac{a^2}{2} \cdot \ln\left|x + \sqrt{x^2 - a^2}\right|$;

1.66 $\displaystyle\int x \sqrt{x^2 - a^2}\; dx = \frac{1}{3} \sqrt{x^2 - a^2}^{\,3}$;

1.67 $\displaystyle\int x^n \sqrt{x^2 - a^2}\; dx = \frac{1}{n+2} \cdot x^{n+1} \sqrt{x^2 - a^2} - \frac{a^2}{n+2} \int \frac{x^n\, dx}{\sqrt{x^2 - a^2}}$

mit $n > 0$ für $a \neq 0$; (siehe Nr. 1.57)

1.68 $\displaystyle\int \frac{\sqrt{x^2 - a^2}}{x}\, dx = \sqrt{x^2 - a^2} + |a| \cdot \arcsin\left|\frac{a}{x}\right|$ für $a \neq 0$;

1.69 $\displaystyle\int \frac{dx}{\sqrt{a\,x^2+bx+c}} = \begin{cases} \dfrac{1}{\sqrt{a}} \cdot \ln|2\,ax+b+2\sqrt{a}\,\sqrt{a\,x^2+bx+c}| \\[4pt] \text{für} \quad a>0\,, \\[6pt] -\dfrac{1}{\sqrt{-a}} \cdot \arcsin \dfrac{2\,ax+b}{\sqrt{b^2-4\,ac}} \\[4pt] \text{für} \quad a<0 \quad \text{und} \quad b^2-4\,ac>0\,; \end{cases}$

1.70 $\displaystyle\int \frac{x\,dx}{\sqrt{a\,x^2+bx+c}} = \frac{1}{a}\sqrt{a\,x^2+bx+c}\,-$

$\displaystyle\qquad -\frac{b}{2\,a}\int \frac{dx}{\sqrt{a\,x^2+bx+c}} \quad \text{für } a \neq 0\,;$

1.71 $\displaystyle\int \frac{x^2\,dx}{\sqrt{a\,x^2+bx+c}} = \frac{1}{4\,a^2}\,(2\,ax-3\,b)\sqrt{a\,x^2+bx+c}\,+$

$\displaystyle\qquad +\frac{3\,b^2-4\,ac}{8\,a^2}\int \frac{dx}{\sqrt{a\,x^2+bx+c}} \quad \text{für} \quad a \neq 0\,;$

1.72 $\displaystyle\int \frac{dx}{x\,\sqrt{a\,x^2+bx+c}} = \begin{cases} -\dfrac{1}{\sqrt{c}} \cdot \ln \left|\dfrac{bx+2\,c+2\sqrt{c}\,\sqrt{a\,x^2+bx+c}}{x}\right| \\[4pt] \text{für} \quad c>0\,, \\[6pt] -\dfrac{2}{bx} \cdot \sqrt{x(ax+b)} \quad \text{für} \quad c=0 \quad \text{und} \quad b \neq 0\,, \\[6pt] \dfrac{1}{\sqrt{-c}} \cdot \arcsin \left(\dfrac{bx+2\,c}{|x|\,\sqrt{b^2-4\,ac}}\right) \\[4pt] \text{für} \quad c<0 \quad \text{und} \quad b^2-4\,ac>0\,; \end{cases}$

1.73 $\displaystyle\int \frac{dx}{x^2\,\sqrt{a\,x^2+bx+c}} = -\frac{1}{cx}\sqrt{a\,x^2+bx+c}\,-$

$\displaystyle\qquad -\frac{b}{2\,c}\int \frac{dx}{x\,\sqrt{a\,x^2+bx+c}} \quad \text{für} \quad c \neq 0\,;$

1.74 $\int \dfrac{dx}{(\sqrt{ax^2 + bx + c})^{2n+1}} = -\dfrac{2}{(2n-1)(b^2-4ac)} \times$

$\times \dfrac{2ax+b}{(\sqrt{ax^2+bx+c})^{2n-1}} -$

$- \dfrac{8(n-1)a}{(2n-1)(b^2-4ac)} \int \dfrac{dx}{(\sqrt{ax^2+bx+c})^{2n-1}}$

mit $n > 0$ für $n \neq \frac{1}{2}$ und $b^2 - 4ac \neq 0$;

($n = 0$ siehe Nr. 1.69, $n = \frac{1}{2}$ siehe Nr. 1.18)

1.75 $\int \sqrt{ax^2+bx+c}\, dx = \dfrac{1}{2}\left(x + \dfrac{b}{2a}\right)\sqrt{ax^2+bx+c} +$

$+ \dfrac{4ac-b^2}{8a} \int \dfrac{dx}{\sqrt{ax^2+bx+c}}$ für $a \neq 0$;   (siehe Nr. 1.69)

1.76 $\int x\sqrt{ax^2+bx+c}\, dx = \dfrac{1}{3a}\sqrt{ax^2+bx+c}^{\,3} -$

$- \dfrac{b}{8a^2}(2ax+b)\sqrt{ax^2+bx+c} + \dfrac{b(b^2-4ac)}{16a^2}\int \dfrac{dx}{\sqrt{ax^2+bx+c}}$

für $a \neq 0$;   (siehe Nr. 1.69)

1.77 $\int x^2\sqrt{ax^2+bx+c}\, dx = \dfrac{1}{24a^2}(6ax-5b)\sqrt{ax^2+bx+c}^{\,3} +$

$+ \dfrac{5b^2-4ac}{16a^2}\int \sqrt{ax^2+bx+c}\, dx$ für $a \neq 0$;   (siehe Nr. 1.75)

1.78 $\int \dfrac{dx}{(x-k)^\alpha \sqrt{ax^2+bx+c}} = \mp \int \dfrac{z^{\alpha-1}\, dz}{\sqrt{Az^2+Bz+a}}$

mit $z = \dfrac{1}{x-k}$ und $A = ak^2 + bk + c$, $B = 2ak + b$,

wobei das obere Vorzeichen für $x > k$, das untere für $x < k$ gilt.

1.79 $\displaystyle\int \frac{a_0 + a_1\, x + a_2\, x^2 + \ldots + a_n\, x^n}{\sqrt{a\, x^2 + b\, x + c}}\; \mathrm{d}x =$

$$= (A_0 + A_1\, x + A_2\, x^2 + \ldots + A_{n-1}\, x^{n-1}) \cdot \sqrt{a\, x^2 + b\, x + c}\; +$$

$$+ A_n \int \frac{\mathrm{d}x}{\sqrt{a\, x^2 + b\, x + c}} \quad \text{für} \quad a \neq 0 \quad \text{und} \quad a_n \neq 0 \,;$$

die unbekannten Konstanten $A_0, A_1, \ldots, A_n$ können nach Differentiation durch Koeffizientenvergleich ermittelt werden.

2. Unbestimmte Integrale transzendenter Funktionen

2.1 $\displaystyle\int e^{ax}\, \mathrm{d}x = \frac{e^{ax}}{a} \quad \text{für} \quad a \neq 0 \,;$

2.2 $\displaystyle\int x \cdot e^{ax}\, \mathrm{d}x = \frac{1}{a^2}\, (ax - 1)\, e^{ax} \quad \text{für} \quad a \neq 0 \,;$

2.3 $\displaystyle\int x^2 \cdot e^{ax}\, \mathrm{d}x = \frac{1}{a^3}\, (a^2 x^2 - 2ax + 2)\, e^{ax} \quad \text{für} \quad a \neq 0 \,;$

2.4 $\displaystyle\int x^n \cdot e^{ax}\, \mathrm{d}x = e^{ax} \cdot \frac{x^n}{a} - \frac{n}{a} \cdot \int x^{n-1} \cdot e^{ax}\, \mathrm{d}x =$

$$= \left[\frac{x^n}{a} - \frac{n\, x^{n-1}}{a^2} + \frac{n(n-1)\, x^{n-2}}{a^3} - + \ldots + \frac{(-1)^n\, n!}{a^{n+1}} \right] \cdot e^{ax}$$

mit $n \in \mathbb{N}_0$ und $a \neq 0 \,;$

2.5 $\displaystyle\int b^{ax}\, \mathrm{d}x = \frac{b^{ax}}{a \cdot \ln b} \quad \text{für} \quad a \neq 0, \; b > 0 \,;$

2.6 $\displaystyle\int \ln(ax)\, \mathrm{d}x = x \cdot \ln(ax) - x \quad \text{für} \quad a \neq 0 \,;$

2.7 $\displaystyle\int x^n \cdot \ln(ax)\, \mathrm{d}x = \frac{x^{n+1}}{n+1} \cdot \left[\ln(ax) - \frac{1}{n+1} \right]$
für $n \neq -1$ und $a \neq 0 \,;$

2.8 $\displaystyle\int \frac{[\ln(ax)]^n}{x}\, \mathrm{d}x = \frac{[\ln(ax)]^{n+1}}{n+1} \quad \text{für} \quad n \neq -1 \quad \text{und} \quad a \neq 0 \,;$

2.9 $\displaystyle\int \log_b(ax)\, \mathrm{d}x = \frac{1}{\ln b}\, [x \cdot \ln(ax) - x] \quad \text{für} \quad a \neq 0, \; b > 1 \,;$

2.10 $\displaystyle\int \sin(ax)\, \mathrm{d}x = -\frac{1}{a}\, \cos(ax) \quad \text{für} \quad a \neq 0 \,;$

2.11 $\displaystyle\int \sin^2(ax)\,dx = -\frac{1}{4a}\cdot \sin(2\,ax) + \frac{x}{2}$ für $a \neq 0$;

2.12 $\displaystyle\int \sin^3(ax)\,dx = \frac{1}{3a}\cdot \cos(ax)\,[\cos^2(ax) - 3]$ für $a \neq 0$:

2.13 $\displaystyle\int \sin^n(ax)\,dx = -\frac{1}{na}\cdot \sin^{n-1}(ax)\cdot \cos(ax) +$

$\displaystyle + \frac{n-1}{n}\int \sin^{n-2}(ax)\,dx$ mit $n > 0$ und $a \neq 0$;

2.14 $\displaystyle\int \frac{dx}{\sin(ax)} = \frac{1}{a}\cdot \ln\left|\tan\left(\frac{ax}{2}\right)\right|$ für $a \neq 0$;

2.15 $\displaystyle\int \frac{dx}{\sin^2(ax)} = -\frac{1}{a}\cot(ax)$ für $a \neq 0$;

2.16 $\displaystyle\int \frac{dx}{\sin^3(ax)} = -\frac{1}{2a}\cdot \frac{\cos(ax)}{\sin^2(ax)} + \frac{1}{2a}\cdot \ln\left|\tan\left(\frac{ax}{2}\right)\right|$ für $a \neq 0$:

2.17 $\displaystyle\int \frac{dx}{\sin^n(ax)} = -\frac{1}{(n-1)\,a}\cdot \frac{\cos(ax)}{\sin^{n-1}(ax)} + \frac{n-2}{n-1}\int \frac{dx}{\sin^{n-2}(ax)}$

mit $n > 0$ für $n \neq 1$ und $a \neq 0$;

2.18 $\displaystyle\int \cos(ax)\,dx = \frac{1}{a}\sin(ax)$ für $a \neq 0$;

2.19 $\displaystyle\int \cos^2(ax)\,dx = \frac{1}{4a}\sin(2\,ax) + \frac{x}{2}$ für $a \neq 0$;

2.20 $\displaystyle\int \cos^3(ax)\,dx = -\frac{1}{3a}\cdot \sin(ax)\,[\sin^2(ax) - 3]$ für $a \neq 0$;

2.21 $\displaystyle\int \cos^n(ax)\,dx = \frac{1}{na}\cdot \cos^{n-1}(ax)\cdot \sin(ax) +$

$\displaystyle + \frac{n-1}{n}\int \cos^{n-2}(ax)\,dx$ mit $n > 0$ und $a \neq 0$;

2.22 $\displaystyle\int \frac{dx}{\cos(ax)} = \frac{1}{2a}\cdot \ln \frac{1 + \sin(ax)}{1 - \sin(ax)}$ für $a \neq 0$;

2.23 $\int \dfrac{dx}{\cos^2(ax)} = \dfrac{1}{a} \tan(ax)$ für $a \neq 0$;

2.24 $\int \dfrac{dx}{\cos^3(ax)} = \dfrac{1}{2a} \cdot \dfrac{\sin(ax)}{\cos^2(ax)} + \dfrac{1}{4a} \cdot \ln \dfrac{1+\sin(ax)}{1-\sin(ax)}$ für $a \neq 0$;

2.25 $\int \dfrac{dx}{\cos^n(ax)} = \dfrac{1}{(n-1)a} \cdot \dfrac{\sin(ax)}{\cos^{n-1}(ax)} + \dfrac{n-2}{n-1} \int \dfrac{dx}{\cos^{n-2}(ax)}$

mit $n > 0$ für $n \neq 1$ und $a \neq 0$;

2.26 $\int \tan(ax)\, dx = -\dfrac{1}{a} \cdot \ln |\cos(ax)|$ für $a \neq 0$;

2.27 $\int \tan^2(ax)\, dx = \dfrac{1}{a} \tan(ax) - x$ für $a \neq 0$;

2.28 $\int \tan^n(ax)\, dx = \dfrac{1}{(n-1)a} \cdot \tan^{n-1}(ax) - \int \tan^{n-2}(ax)\, dx$

mit $n > 0$ für $n \neq 1$ und $a \neq 0$;

2.29 $\int \cot(ax)\, dx = \dfrac{1}{a} \cdot \ln |\sin(ax)|$ für $a \neq 0$;

2.30 $\int \cot^2(ax)\, dx = -\dfrac{1}{a} \cot(ax) - x$ für $a \neq 0$;

2.31 $\int \cot^n(ax)\, dx = -\dfrac{1}{(n-1)a} \cdot \cot^{n-1}(ax) - \int \cot^{n-2}(ax)\, dx$

mit $n > 0$ für $n \neq 1$ und $a \neq 0$;

2.32 $\int \sin(ax) \cos(ax)\, dx = \dfrac{1}{2a} \cdot \sin^2(ax)$ für $a \neq 0$;

2.33 $\int \sin(ax) \sin(bx)\, dx = \dfrac{\sin(a-b)x}{2(a-b)} - \dfrac{\sin(a+b)x}{2(a+b)} =$

$= \dfrac{1}{b^2-a^2} [a \cos(ax) \sin(bx) - b \sin(ax) \cos(bx)]$ für $|a| \neq |b|$

$(a = b$ siehe Nr. 2.11)

2.34 $\int \cos(ax) \cos(bx)\, dx = \dfrac{\sin(a-b)x}{2(a-b)} + \dfrac{\sin(a+b)x}{2(a+b)} =$

$= \dfrac{1}{b^2 - a^2}\left[-a \sin(ax)\cos(bx) + b\cos(ax)\sin(bx)\right]$ für $|a| \neq |b|$

(a = b siehe Nr. **2.19**)

2.35 $\int \sin(ax)\cos(bx)\, dx = -\dfrac{\cos(a-b)x}{2(a-b)} - \dfrac{\cos(a+b)x}{2(a+b)} =$

$= \dfrac{1}{b^2 - a^2}\left[a\cos(ax)\cos(bx) + b\sin(ax)\sin(bx)\right]$ für $|a| \neq |b|$

(a = b siehe Nr. **2.32**)

2.36 $\int x \cdot \sin(ax)\, dx = \dfrac{1}{a^2}\left[\sin(ax) - ax\cos(ax)\right]$ für $a \neq 0$;

2.37 $\int x^2 \cdot \sin(ax)\, dx = \dfrac{1}{a^3}\left[2ax\sin(ax) + (2 - a^2x^2)\cos(ax)\right]$ für $a \neq 0$;

2.38 $\int x^n \sin(ax)\, dx = -\dfrac{1}{a}x^n\cos(ax) + \dfrac{n}{a}\int x^{n-1}\cos(ax)\, dx$

mit $n > 0$ und $a \neq 0$;

2.39 $\int x \cdot \cos(ax)\, dx = \dfrac{1}{a^2}\left[\cos(ax) + ax\sin(ax)\right]$ für $a \neq 0$;

2.40 $\int x^2 \cdot \cos(ax)\, dx = \dfrac{1}{a^3}\left[2ax\cos(ax) - (2 - a^2x^2)\sin(ax)\right]$ für $a \neq 0$;

2.41 $\int x^n \cos(ax)\, dx = \dfrac{1}{a}x^n\sin(ax) - \dfrac{n}{a}\int x^{n-1}\sin(ax)\, dx$

mit $n > 0$ und $a \neq 0$;

2.42 $\int e^{ax}\sin(bx)\, dx = \dfrac{e^{ax}}{a^2 + b^2}\left[a \cdot \sin(bx) - b \cdot \cos(bx)\right]$

für $a^2 + b^2 \neq 0$;

2.43 $\int e^{ax}\sin^n(bx)\, dx = \dfrac{1}{a^2 + n^2 b^2}\cdot e^{ax}\sin^{n-1}(bx)\left[a\sin(bx) -\right.$

$\left. - nb\cos(bx)\right] + \dfrac{n(n-1)b^2}{a^2 + n^2 b^2}\int e^{ax}\sin^{n-2}(bx)\, dx$

für $n > 0$ und $b \neq 0$;

2.44 $\int e^{ax} \cos(bx)\,dx = \dfrac{e^{ax}}{a^2 + b^2}[a \cdot \cos(bx) + b \cdot \sin(bx)]$

für $a^2 + b^2 \neq 0$;

2.45 $\int e^{ax} \cos^n(bx)\,dx = \dfrac{1}{a^2 + n^2 b^2} \cdot e^{ax} \cos^{n-1}(bx)\,[a \cos(bx) +$

$+ nb \sin(bx)] + \dfrac{n(n-1)b^2}{a^2 + n^2 b^2} \int e^{ax} \cos^{n-2}(bx)\,dx$

für $n > 0$ und $b \neq 0$;

2.46 $\int x\,e^{ax} \sin(bx)\,dx = \dfrac{1}{a^2 + b^2} \cdot x\,e^{ax}[a \sin(bx) - b \cos(bx)] -$

$- \dfrac{1}{(a^2 + b^2)^2} \cdot e^{ax}[(a^2 - b^2)\sin(bx) - 2ab\cos(bx)]$

für $a^2 + b^2 \neq 0$;

2.47 $\int x\,e^{ax} \cos(bx)\,dx = \dfrac{1}{a^2 + b^2} \cdot x\,e^{ax}[a \cos(bx) + b \sin(bx)] -$

$- \dfrac{1}{(a^2 + b^2)^2} e^{ax}[(a^2 - b^2)\cos(bx) + 2ab\sin(bx)]$

für $a^2 + b^2 \neq 0$;

2.48 $\int \text{arc}\,\sin(ax)\,dx = x \cdot \text{arc}\,\sin(ax) + \dfrac{1}{a}\sqrt{1 - (ax)^2}$ für $a \neq 0$;

2.49 $\int \text{arc}\,\cos(ax)\,dx = x \cdot \text{arc}\,\cos(ax) - \dfrac{1}{a}\sqrt{1 - (ax)^2}$ für $a \neq 0$;

2.50 $\int \text{arc}\,\tan(ax)\,dx = x \cdot \text{arc}\,\tan(ax) - \dfrac{1}{2a} \cdot \ln[1 + (ax)^2]$ für $a \neq 0$;

2.51 $\int \text{arc}\,\cot(ax)\,dx = x \cdot \text{arc}\,\cot(ax) + \dfrac{1}{2a} \cdot \ln[1 + (ax)^2]$ für $a \neq 0$;

2.52 $\int \sinh(ax)\,dx = \dfrac{1}{a}\cosh(ax)$ für $a \neq 0$;

2.53 $\int \sinh^2(ax)\,dx = \dfrac{1}{4a} \cdot \sinh(2ax) - \dfrac{x}{2}$ für $a \neq 0$;

2.54 $\displaystyle\int \sinh^n(ax)\,\mathrm{d}x = \frac{1}{na} \cdot \sinh^{n-1}(ax)\,\cosh(ax) -$

$\displaystyle -\frac{n-1}{n} \int \sinh^{n-2}(ax)\,\mathrm{d}x \quad \text{mit} \quad n>0 \quad \text{und} \quad a \neq 0 ;$

2.55 $\displaystyle\int \frac{\mathrm{d}x}{\sinh(ax)} = \frac{1}{a} \cdot \ln\left|\tanh\left(\frac{ax}{2}\right)\right| \quad \text{für} \quad a \neq 0 ;$

2.56 $\displaystyle\int \frac{\mathrm{d}x}{\sinh^2(ax)} = -\frac{1}{a} \cdot \coth(ax) \quad \text{für} \quad a \neq 0 ;$

2.57 $\displaystyle\int \frac{\mathrm{d}x}{\sinh^n(ax)} = -\frac{1}{(n-1)a} \cdot \frac{\cosh(ax)}{\sinh^{n-1}(ax)} -$

$\displaystyle -\frac{n-2}{n-1} \int \frac{\mathrm{d}x}{\sinh^{n-2}(ax)} \quad \text{mit} \quad n>0 \quad \text{für} \quad n \neq 1 \quad \text{und} \quad a = 0 ;$

2.58 $\displaystyle\int \cosh(ax)\,\mathrm{d}x = \frac{1}{a}\sinh(ax) \quad \text{für} \quad a \neq 0 ;$

2.59 $\displaystyle\int \cosh^2(ax)\,\mathrm{d}x = \frac{1}{4a} \cdot \sinh(2ax) + \frac{x}{2} \quad \text{für} \quad a \neq 0 ;$

2.60 $\displaystyle\int \cosh^n(ax)\,\mathrm{d}x = \frac{1}{na} \cdot \cosh^{n-1}(ax)\,\sinh(ax) +$

$\displaystyle +\frac{n-1}{n} \int \cosh^{n-2}(ax)\,\mathrm{d}x \quad \text{mit} \quad n>0 \quad \text{und} \quad a \neq 0 ;$

2.61 $\displaystyle\int \frac{\mathrm{d}x}{\cosh(ax)} = \frac{2}{a} \cdot \arctan(e^{ax}) \quad \text{für} \quad a \neq 0 ;$

2.62 $\displaystyle\int \frac{\mathrm{d}x}{\cosh^2(ax)} = \frac{1}{a} \cdot \tanh(ax) \quad \text{für} \quad a \neq 0 ;$

2.63 $\displaystyle\int \frac{\mathrm{d}x}{\cosh^n(ax)} = \frac{1}{(n-1)a} \cdot \frac{\sinh(ax)}{\cosh^{n-1}(ax)} +$

$\displaystyle +\frac{n-2}{n-1} \int \frac{\mathrm{d}x}{\cosh^{n-2}(ax)} \quad \text{mit} \quad n>0 \quad \text{für} \quad n \neq 1 \quad \text{und} \quad a \neq 0 ;$

2.64 $\displaystyle\int \tanh(ax)\,\mathrm{d}x = \frac{1}{a} \cdot \ln[\cosh(ax)] \quad \text{für} \quad a \neq 0 ;$

2.65 $\int \tanh^2(ax)\,dx = -\dfrac{1}{a} \cdot \tanh(ax) + x$ für $a \neq 0$;

2.66 $\int \tanh^n(ax)\,dx = -\dfrac{1}{(n-1)\,a} \cdot \tanh^{n-1}(ax) + \int \tanh^{n-2}(ax)\,dx$

mit $n > 0$ für $n \neq 1$ und $a \neq 0$;

2.67 $\int \coth(ax)\,dx = \dfrac{1}{a} \cdot \ln|\sinh(ax)|$ für $a \neq 0$;

2.68 $\int \coth^2(ax)\,dx = -\dfrac{1}{a} \cdot \coth(ax) + x$ für $a \neq 0$;

2.69 $\int \coth^n(ax)\,dx = -\dfrac{1}{(n-1)\,a} \cdot \coth^{n-1}(ax) + \int \coth^{n-2}(ax)\,dx$

mit $n > 0$ für $n \neq 1$ und $a \neq 0$;

2.70 $\int \sinh(ax)\cosh(ax)\,dx = \dfrac{1}{2\,a} \cdot \sinh^2(ax)$ für $a \neq 0$;

2.71 $\int \sinh(ax)\sinh(bx)\,dx =$

$= \dfrac{1}{a^2 - b^2}\,[a\cosh(ax)\sinh(bx) - b\sinh(ax)\cosh(bx)]$

für $|a| \neq |b|$;   ($a = b$ siehe Nr. 2.53)

2.72 $\int \cosh(ax)\cosh(bx)\,dx =$

$= \dfrac{1}{a^2 - b^2}\,[a\sinh(ax)\cosh(bx) - b\cosh(ax)\sinh(bx)]$

für $|a| \neq |b|$;   ($a = b$ siehe Nr. 2.59)

2.73 $\int \sinh(ax)\cosh(bx)\,dx =$

$= \dfrac{1}{a^2 - b^2}\,[a\cosh(ax)\cosh(bx) - b\sinh(ax)\sinh(bx)]$

für $|a| \neq |b|$;   ($a = b$ siehe Nr. 2.70)

2.74 $\int \sinh(ax)\sin(bx)\,dx =$

$= \dfrac{1}{a^2 + b^2}\,[a\cosh(ax)\sin(bx) - b\sinh(ax)\cos(bx)]$

für $a^2 + b^2 \neq 0$;

2.75 $\int \sinh(ax) \cos(bx)\, dx =$

$$= \frac{1}{a^2 + b^2} [a \cosh(ax) \cos(bx) + b \sinh(ax) \sin(bx)]$$

für $a^2 + b^2 \neq 0$;

2.76 $\int \cosh(ax) \sin(bx)\, dx =$

$$= \frac{1}{a^2 + b^2} [a \sinh(ax) \sin(bx) - b \cosh(ax) \cos(bx)]$$

für $a^2 + b^2 \neq 0$;

2.77 $\int \cosh(ax) \cos(bx)\, dx =$

$$= \frac{1}{a^2 + b^2} [a \sinh(ax) \cos(bx) + b \cosh(ax) \sin(bx)]$$

für $a^2 + b^2 \neq 0$;

2.78 $\int x^n \sinh(ax)\, dx = \frac{1}{a} \cdot x^n \cosh(ax) - \frac{n}{a} \int x^{n-1} \cosh(ax)\, dx$

mit $n > 0$ und $a \neq 0$;

2.79 $\int x^n \cosh(ax)\, dx = \frac{1}{a} \cdot x^n \sinh(ax) - \frac{n}{a} \int x^{n-1} \sinh(ax)\, dx$

mit $n > 0$ und $a \neq 0$;

2.80 $\int \text{ar} \sinh(ax)\, dx = x \cdot \text{ar} \sinh(ax) - \frac{1}{a} \sqrt{1 + (ax)^2}$ für $a \neq 0$;

2.81 $\int \text{ar} \cosh(ax)\, dx = x \cdot \text{ar} \cosh(ax) - \frac{1}{a} \sqrt{(ax)^2 - 1}$ für $a \neq 0$;

2.82 $\int \text{ar} \tanh(ax)\, dx = x \cdot \text{ar} \tanh(ax) + \frac{1}{2a} \cdot \ln[1 - (ax)^2]$

für $a \neq 0$;

2.83 $\int \text{ar} \coth(ax)\, dx = x \cdot \text{ar} \coth(ax) + \frac{1}{2a} \cdot \ln[(ax)^2 - 1]$

für $a \neq 0$.

3. Spezielle Substitutionen

3.1 $\displaystyle\int F(ax + b)\,\mathrm{d}x = \frac{1}{a}\int F(z)\,\mathrm{d}z$ mit $ax + b = z$, $\;\mathrm{d}x = \dfrac{\mathrm{d}z}{a}$,

für $a \neq 0$;

3.2 $\displaystyle\int F(\tan x)\,\mathrm{d}x = \int \frac{F(z)}{1 + z^2}\,\mathrm{d}z$ mit $\tan x = z$, $\;\mathrm{d}x = \dfrac{\mathrm{d}z}{1 + z^2}$;

3.3 $\displaystyle\int F(\cot x)\,\mathrm{d}x = -\int \frac{F(z)}{1 + z^2}\,\mathrm{d}z$ mit $\cot x = z$, $\;\mathrm{d}x = -\dfrac{\mathrm{d}z}{1 + z^2}$;

3.4 $\displaystyle\int F\!\left(\frac{a}{x}\right)\mathrm{d}x = -a\int \frac{F(z)}{z^2}\,\mathrm{d}z$ mit $\dfrac{a}{x} = z$, $\;\mathrm{d}x = -a\dfrac{\mathrm{d}z}{z^2}$;

für $a \neq 0$;

3.5 $\displaystyle\int F(a^x)\,\mathrm{d}x = \frac{1}{\ln a}\int \frac{F(z)}{z}\,\mathrm{d}z$ mit $a^x = z$, $\;\mathrm{d}x = \dfrac{\mathrm{d}z}{z \cdot \ln a}$;

für $a > 0$;

3.6 $\displaystyle\int F(\mathrm{e}^x)\,\mathrm{d}x = \int \frac{F(z)}{z}\,\mathrm{d}z$ mit $\mathrm{e}^x = z$, $\;\mathrm{d}x = \dfrac{\mathrm{d}z}{z}$;

3.7 $\displaystyle\int F(\ln x)\,\mathrm{d}x = \int F(z)\cdot\mathrm{e}^z\,\mathrm{d}z$ mit $\ln x = z$, $\;\mathrm{d}x = \mathrm{e}^z\,\mathrm{d}z$.

3.8 $\displaystyle\int F(\sin x; \cos x; \tan x; \cot x)\,\mathrm{d}x =$

$\displaystyle = \int F\!\left(\frac{2z}{1 + z^2}; \frac{1 - z^2}{1 + z^2}; \frac{2z}{1 - z^2}; \frac{1 - z^2}{2z}\right)\frac{2\,\mathrm{d}z}{1 + z^2}$

mit $\tan\!\left(\dfrac{x}{2}\right) = z$, $\;x = 2\arctan z + 2k\pi$, $\;\mathrm{d}x = \dfrac{2\,\mathrm{d}z}{1 + z^2}$

und $(2k-1)\pi < x < (2k+1)\pi$
für $k \in \mathbb{Z}$;

3.9 $\displaystyle\int F(\sinh x; \cosh x; \tanh x; \coth x)\,\mathrm{d}x =$

$\displaystyle = \int F\!\left(\frac{2z}{1 - z^2}; \frac{1 + z^2}{1 - z^2}; \frac{2z}{1 + z^2}; \frac{1 + z^2}{2z}\right)\frac{2\,\mathrm{d}z}{1 - z^2}$

mit $\tanh\!\left(\dfrac{x}{2}\right) = z$, $\;x = 2\,\mathrm{ar\,tanh}\,z$, $\;\mathrm{d}x = \dfrac{2\,\mathrm{d}z}{1 - z^2}$;

3.10 $\displaystyle\int F(x; \sqrt[n]{ax+b})\,\mathrm{d}x = \int F\left(\frac{z^n - b}{a}; z\right)\frac{n \cdot z^{n-1}}{a}\,\mathrm{d}z$

für $a \neq 0, n \in \mathbb{N}$ mit $x = \dfrac{z^n - b}{a}$;

3.11 $\displaystyle\int F(x; \sqrt[m]{x}; \sqrt[n]{x})\,\mathrm{d}x = \int F(z^p; z^{\frac{p}{m}}; z^{\frac{p}{n}}) \cdot p \cdot z^{p-1}\,\mathrm{d}z$

für $m, n \in \mathbb{N}$ und $x = z^p$ mit p als kleinstem gemeinsamen Vielfachen von m und n;

3.12 $\displaystyle\int F(x; \sqrt{a^2 - x^2})\,\mathrm{d}x = \int F(a \cdot \sin t; |a| \cdot \cos t)\,a \cdot \cos t\,\mathrm{d}t$

für $a \neq 0$ mit $x = a \cdot \sin t$ und $-\dfrac{\pi}{2} \leqslant t \leqslant \dfrac{\pi}{2}$;

3.13 $\displaystyle\int F(x; \sqrt{a^2 + x^2})\,\mathrm{d}x = \int F\left(a \cdot \tan t; \frac{|a|}{\cos t}\right)\frac{a \cdot \mathrm{d}t}{\cos^2 t}$

für $a \neq 0$ mit $x = a \cdot \tan t$ und $-\dfrac{\pi}{2} < t < \dfrac{\pi}{2}$;

3.14 $\displaystyle\int F(x; \sqrt{x^2 - a^2})\,\mathrm{d}x = \int F\left(\frac{a}{\cos t}; \pm |a| \cdot \tan t\right)\frac{a \cdot \sin t}{\cos^2 t}\,\mathrm{d}t$

für $a \neq 0$ mit $x = \dfrac{a}{\cos t}$ wobei das obere Vorzeichen für

$0 \leqslant t < \dfrac{\pi}{2}$, das untere für $\dfrac{\pi}{2} < t \leqslant \pi$ gilt ;

3.15 $\displaystyle\int F\left(x; \sqrt[n]{\frac{ax+b}{cx+d}}\right)\mathrm{d}x = \int F\left(-\frac{d \cdot z^n - b}{c \cdot z^n - a}; z\right)\frac{n(ad - bc)\,z^{n-1}}{(c\,z^n - a)^2}\,\mathrm{d}z$

für $ad - bc \neq 0, n \in \mathbb{N}$ mit $x = -\dfrac{d\,z^n - b}{c\,z^n - a}$;

3.16 $\displaystyle\int F(x; \sqrt{a\,x^2 + bx + c})\,\mathrm{d}x =$

$\displaystyle= \int F\left(\frac{a\,z^2 - c}{2\,az + b}; \sqrt{a} \cdot \frac{a\,z^2 + bz + c}{2\,az + b}\right)\frac{(a\,z^2 + bz + c) \cdot 2\,a}{(2\,az + b)^2}\,\mathrm{d}z$

für $a > 0$ mit $x = \dfrac{a\,z^2 - c}{2\,az + b}$, $z = x + \dfrac{1}{\sqrt{a}} \cdot \sqrt{a\,x^2 + bx + c}$;

3.17 $\int F(x\,;\,\sqrt{a\,x^2 + b\,x + c})\,\mathrm{d}x =$

$$= \int F\left(\frac{2\cdot\sqrt{c}\cdot z + b}{z^2 - a}\;;\;\frac{\sqrt{c}\cdot z^2 + b\,z + a\cdot\sqrt{c}}{z^2 - a}\right)\left(-\,2\cdot\frac{\sqrt{c}\cdot z^2 + b\,z + a\sqrt{c}}{(z^2 - a)^2}\right)\mathrm{d}z$$

für $\quad c > 0,\quad$ sowie $\quad c = 0, b \neq 0$

mit $x = \dfrac{2\cdot\sqrt{c}\cdot z + b}{z^2 - a}$, $z = \dfrac{\sqrt{a\,x^2 + b\,x + c} + \sqrt{c}}{x}$;

3.18 $\int F(x\,;\,\sqrt{a\,x^2 + b\,x + c})\,\mathrm{d}x =$

$$= \int F\left(\frac{a\,x_2 - x_1\,z^2}{a - z^2}\;;\;a z\cdot\frac{x_2 - x_1}{a - z^2}\right)\cdot 2\,a z\cdot\frac{x_2 - x_1}{(a - z^2)^2}\;\mathrm{d}z$$

mit $x_1 \neq x_2$ als reellen Lösungen von $a\,x^2 + b\,x + c = 0$

und $x = \dfrac{a\,x_2 - x_1\,z^2}{a - z^2}$, $z = \dfrac{1}{x - x_1}\cdot\sqrt{a\,x^2 + b\,x + c}$;

3.19 $\int F(x\,;\,\sqrt{ax + b}\;;\;\sqrt{cx + d})\,\mathrm{d}x =$

$$= \int F\left(\frac{z^2 - b}{a}\;;\;z\;;\;\sqrt{\frac{c\,z^2 + ad - bc}{a}}\right)\frac{2\,z}{a}\;\mathrm{d}z \quad\text{für } a \neq 0 \quad\text{mit } x = \frac{z^2 - b}{a}\,.$$

3. Sachverzeichnis

Die rechts der registrierten Wörter angegebenen Zahlen verweisen auf die Seiten. Das Zeichen~ bezieht sich auf sprachliche Endungen.